Konstrantr nsbücher

Herausgeber Professor Dr.-Ing. K. Kollmann, Karlsruhe

Band 24

Gestaltung von Gußstücken

Von

H. Hentze

Springer-Verlag Berlin Heidelberg GmbH 1969

Dr.-Ing. HORST HENTZE

Dozent an der Staatlichen Ingenieurschule
für Maschinenwesen in Kassel

ISBN 978-3-540-04585-4   ISBN 978-3-662-11868-9 (eBook)
DOI 10.1007/978-3-662-11868-9

Titel-Nr. 6163

Vorwort

Der Einsatz von Gußteilen in Maschinen, Apparaten, Transportmitteln u. a. ist vor allem deshalb bedeutungsvoll, weil das Gießen ein stoffsparendes, abfallarmes Fertigungsverfahren ist. In der modernen Fertigung hat es daher auch eine ähnliche Bedeutung wie die Umformverfahren, die aber meist nicht so universell einzusetzen sind. Gußteile können allerdings nur dann erfolgreich und wirtschaftlich eingesetzt werden, wenn sie fertigungsgerecht, funktionsgerecht und damit auch stoffgerecht konstruiert sind. Einen knappgefaßten Überblick zu geben über die wichtigsten Konstruktionsregeln für Gußteile ist Sinn dieses Buches. Besonderer Wert ist hierbei auf die fertigungsgerechte Gestaltung gelegt, da diese gerade bei Gußteilen Voraussetzung für die Funktionserfüllung ist. Die individuelle Anwendung der Konstruktionsregeln ist jedoch nur durch Zusammenarbeit mit den angeführten Fertigungsstellen möglich. Im Kapitel ,,Funktionsgerechte Gestaltung'' werden in erster Linie Festigkeitsfragen behandelt. Insbesondere wird auf die vor allem bei Gußteilen leichte Anwendung der Gestaltfestigkeitslehre hingewiesen. Im Kapitel ,,Gußwerkstoffe'' werden die wichtigsten Eigenschaften der genormten Gußwerkstoffe angeführt. Eine ausführliche Darstellung würde den Rahmen des Buches sprengen. Auch sollten aus Gründen der Wirtschaftlichkeit genormte Werkstoffe bevorzugt werden.

In der Literaturübersicht werden vor allem solche Bücher aufgeführt, die ein tieferes Eindringen in die angeschnittenen Themen ermöglichen. Sollten die in vorliegender Schrift dargelegten Richtlinien zur Gestaltung von Gußteilen bei geringerem Entwicklungsaufwand zu wirtschaftlichen, sich bewährenden Konstruktionen führen, so ist das gemeinsame Ziel des Herausgebers, des Verlages und des Verfassers erreicht. Den Firmen und den zahlreichen Fachleuten, die zu diesem Buch wertvolle Unterlagen und Ratschläge beigesteuert haben, möchte ich ganz besonders danken.

Kassel, im September 1968

H. Hentze

Inhaltsverzeichnis

1. Gußwerkstoffe

1.1 Eisen–Graphit-Werkstoffe (GG, GGG, GTS, GTW)

1.1.1 Einleitung

Unter Eisen–Graphit-Werkstoffen sind solche Gußwerkstoffe zu verstehen, die im Endzustand ein Stahlgrundgefüge mit eingelagerten Graphiteinschlüssen haben. Eigentlich müßten diese Werkstoffe Stahl–Graphit-Werkstoffe heißen, aus verschiedenen Gründen hat sich aber die obige Bezeichnung eingebürgert.

Tabelle 1a. *Gußeisen mit Lamellengraphit. Grauguß, unlegiert und niedriglegiert*
(Dichte 7,2 — 7,4 kp/cm³)
(Auszug aus DIN 1691, Ausgabe 1964)

Kurzzeichen	Sorte nach DIN 1691 Ausg. 11. 1949 x, bis auf weiteres zugelassen Kurzzeichen[1]	Werkstoffnummer[2]	Zugfestigkeit[3] σ_{zB} Normalprobe[4] kp/mm² mind.	Sonderprobe[4] kp/mm² mind.	Probenabmessung Rohguß-durchmesser des Probestücks mm	Nenn-durchmesser der Zugprobe mm
GG-10		0.6010	10		30	20
	GG-12	0.6012	12		30	20
	GG-14	0.6014	14		30	20
GG-15		0.6015	15	23	13	8
				18	20	12,5
					30	20
				11	45	32
	GG-18	0.6018	18		30	20
GG-20		0.6020	20	28	13	8
				23	20	12,5
					30	20
				16	45	32
	G-22	0.6022	22		30	20
GG-25		0.6025	25	33	13	8
				28	20	12,5
					30	20
				21	45	32
	GG-26	0.6026	26		30	20
GG-30		0.6030	30	33	20	12,5
					30	20
				26	45	32
GG-35		0.6035	35	38	20	12,5
					30	20
				31	45	32
GG-40		0.6040	40		30	20
				36	45	32

[1] Diese Sorten können bei Benutzung von bestehenden Unterlagen weiter verwendet werden, wenn die Umstellung auf die neuen Sorten aus besonderen Gründen nicht vorgenommen werden kann.

[2] Eine Norm über Werkstoffnummern ist in Vorbereitung. Die kursiv gesetzten Zahlen sind vorgeschlagen.

[3] Die Mindestwerte der Zugfestigkeit der Gußeisensorten GG-15 bis GG-40 dürfen um höchstens 10 kp/mm² überschritten werden, wenn bei der Bestellung nichts anderes vereinbart wurde.

[4] Im getrennt gegossenen Probestück.

Zu dieser Werkstoffgruppe zählen z. B. Gußeisen mit Lamellen- und Kugelgraphit und Temperguß. Die Herstellungsverfahren sind für die Großzahl von
derartigen Werkstoffen recht unterschiedlich. Einige dieser Werkstoffe sind nach
DIN genormt[1] (Tab. 1, 2, 3). Es muß aber darauf hingewiesen werden, daß die
angeführten Festigkeitseigenschaften nur für mitgegossene Probestäbe gelten.
Die Werkstoffeigenschaften im Werkstück können jedoch anders sein. Anhalts-

Tabelle 1 b. *Gußeisen mit Lamellengraphit* (Beiblatt zum Entwurf der neuen Norm DIN 1691)
Zugfestigkeit und Härte können nach Wanddicke oder Oberflächen-Volumen-Verhältnis
eines Gußstückes geschätzt werden.

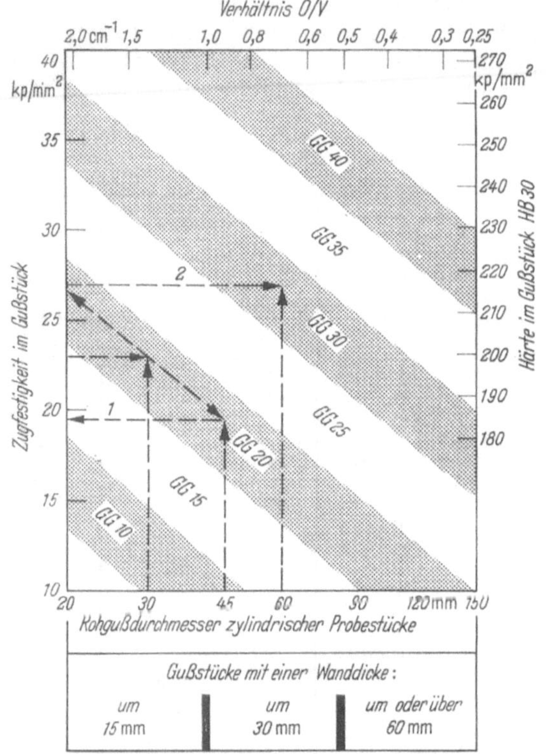

werte für die chemische Zusammensetzung gibt Tab. 4. Hinzu kommen bei den
hochfesten Sorten noch rel. niedrige Zusätze von Ni, Cr, Mo u. a. .

Durch das verwirrend große Angebot in dieser Werkstoffgruppe hat es der
Maschinenbauer schwer, sich den nach Eigenschaften, Preis und Fertigungsmög-
lichkeiten günstigsten Werkstoff auszusuchen. Außerdem sind wichtige Kennwerte des Werkstückstoffes (Gußstückstoffes) — also nicht des Werkstoffes in
mitgegossenen Proben — schwer zu beschaffen. Geht man aber bei einer Beschreibung der Eisen–Graphit-Werkstoffe nicht von der Herstellung, sondern von
den Gebrauchseigenschaften, insbesondere aber von den wichtigsten Festigkeits-
und Verformungskennwerten aus, so erkennt man ein übersichtliches Werkstoff-
band mit stetig sich ändernden Eigenschaften [*43, 44, 45*].

[1] Die Auszugsweise Wiedergabe der Normen erfolgt mit Genehmigung des Deutschen
Normenausschusses. Maßgebend ist die jeweils neueste Ausgabe des Normblattes im Norm-
format A4, des bei der Beuth-Vertrieb GmbH, 1 Berlin 30 und 5 Köln, erhältlich ist.

1.1.2 Gefügeaufbau und mechanische Eigenschaften

Elastizitätsmodul. Die mechanischen Eigenschaften hängen zweifellos vom Gefügeaufbau und damit auch von der chemischen Zusammensetzung ab. Besonders
gut läßt sich der Zusammenhang zwischen Gefügeaufbau und dem Ursprungselastizitätsmodul als dem wichtigsten Kennwert für die elastische Verformung

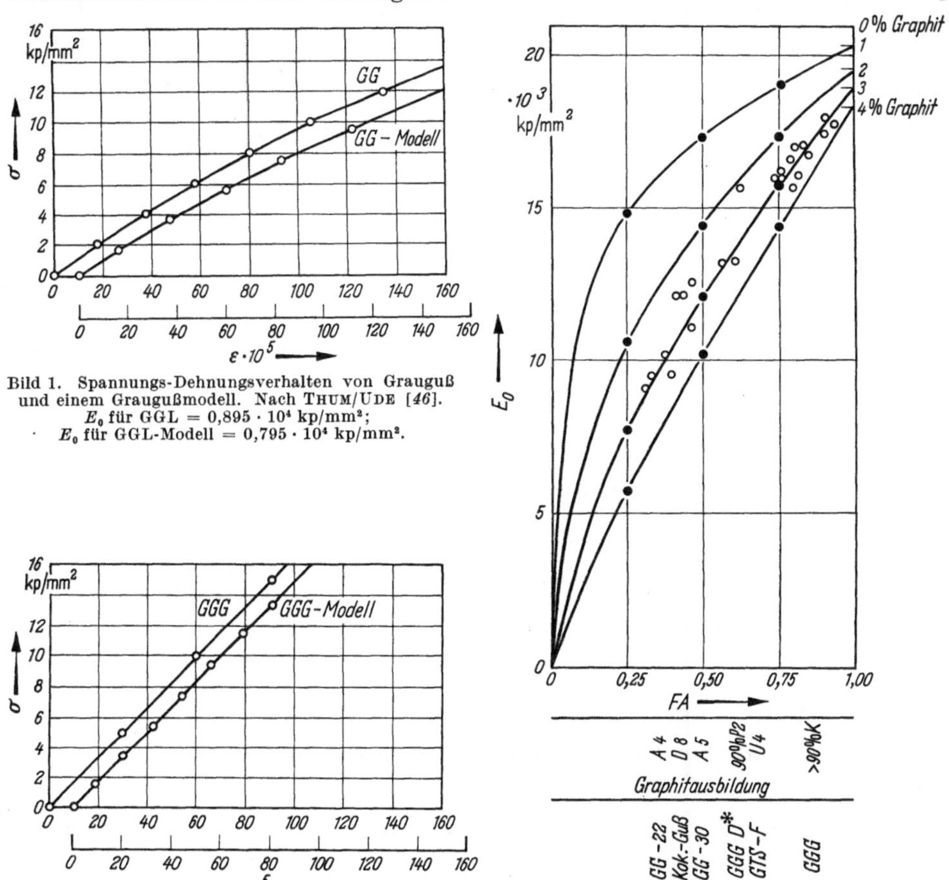

Bild 1. Spannungs-Dehnungsverhalten von Grauguß
und einem Graugußmodell. Nach THUM/UDE [46].
E_0 für GGL = 0,895 · 10⁴ kp/mm²;
E_0 für GGL-Modell = 0,795 · 10⁴ kp/mm².

Bild 2. Spannungs-Dehnungsverhalten von Gußeisen
mit Kugelgraphit und einem GGG-Modell.
Nach THUM/UDE [46].
E_0 für GGG = 1,64 · 10⁴ kp/mm²;
E_0 für GGG-Modell = 1,67 · 10⁴ kp/mm².

Bild 3. Elastizitätsmodul E_0 in Abhängigkeit
von Graphitausbildung und Graphitmenge (Gewichts-
teile). Graphitausbildung nach Stahl-Eisen-Prüfblatt
1560-57 gekennzeichnet.
Für nicht, bzw. niedrig legierte E-G-W [46].

erklären. Unter dem Ursprungselastizitätsmodul versteht man das Steigungsmaß der Spannungs–Dehnungskurve im praktisch linearen Anfangsbereich. Für
die meisten metallischen Werkstoffe, damit auch für die Eisen–Graphit-Werkstoffe, gilt zwar, daß der Ursprungselastizitätsmodul mit zunehmender Kaltverformung des Ausgangsgefüges niedriger wird, man kann aber trotzdem bei den
meisten Gußteilen ab GG-20 in erster Näherung mit dem Ursprungselastizitätsmodul des Ausgangswerkstoffes rechnen. Die grundlegenden Arbeiten über die
Beziehung zwischen Gefügeaufbau und Elastizitätsmodul stammen von THUM
und UDE [30]. UDE hat bereits 1929 durch Schlitzen, bzw. Bohren von Stahl-
flachstäben Modellwerkstoffe für GG und GGG hergestellt (Bilder 1, 2). Durch

Tabelle 1 c. *Austenitisches Gußeisen mit Lamellengraphit*

| Sorte | | Gewährleistete Werte Chemische Zusammensetzung in Gew.-% | | | | | | Zug-festigkeit[2] σ_B kp/mm[2] |
Kurzzeichen	Werkstoff-nummer[1]	C max.	Si	Mn	Ni	Cr	Cu	mindestens
GGL-NiMn 13 7	0.6652	3,0	1,5–3,0	6,0–7,0	12–14			14
GGL-NiCuCr 15 6 2	0.6655	3,0	1,0–2,8	1,0–1,5	13,5–17,5	1,0–2,5	5,5–7,5	15
GGL-NiCuCr 15 6 3	0.6656	3,0	1,0–2,8	1,0–1,5	13,5–17,5	2,5–3,5	5,5–7,5	18
GGL-NiCr 20 2	0.6660	3,0	1,0–2,8	1,0–1,5	18–22	1,0–2,5		15
GGL-NiCr 20 3	0.6661	3,0	1,0–2,8	1,0–1,5	18–22	2,5–3,5		18
GGL-NiSiCr 20 4 3	0.6667	2,5	3,5–5,5	1,0–1,5	18–22	1,5–4,5		18
GGL-NiCr 30 3	0.6676	2,6	1,0–2,0	0,4–0,8	28–32	2,5–3,5		17
GGL-NiSiCr 30 5 5	0.6680	2,6	5,0–6,0	0,4–0,8	29–32	4,5–5,5		15
GGL-Ni 35	0.6683	2,4	1,0–2,0	0,4–0,8	34–36			14

[1] Eine Norm über Werkstoffnummern der Hauptgruppe 0 ist in Vorbereitung. Die kursiv gesetzten Zahlen sind vorgeschlagen.

[2] an getrennt gegossenen Probestücken

[3] Die angegebenen Eigenschaften hängen von der chemischen Zusammensetzung ab. Gegegebenenfalls ist eine engere Begrenzung der Zusammensetzung erforderlich.

Auffederung der „Stahlbrücken" über den keine Zugspannung übertragenden Graphiteinschlüssen wird der Elastizitätsmodul der Eisen–Graphit-Werkstoffe kleiner als der eines Stahles entsprechender chemischer Zusammensetzung (ohne Graphit). Diese Beziehung wird dargestellt für nicht oder niedrig legierte Sorten in Bild 3 oder allgemeiner durch die Formel

$$E_0 = f(E_{0St}, \text{Graphitform, -größe und -menge})$$
$$E_0 = E_{0St} \, (1 - v) \cdot F_A^{6,5 \cdot v}$$

(Auszug aus DIN 1694, Okt. 1966)

Eigenschaften[3]	Hinweise für die Verwendung
Nicht magnetisierbar	Nicht magnetisierbare Gußteile, z. B. Preßdeckel für Turbogeneratoren, Gehäuse für Schaltanlagen, Isolatorenflansche, Klemmen, Durchführungen
Gut korrosionsbeständig, vor allem gegen Alkalien, verdünnte Säuren, Seewasser und Salzlösungen, recht gut oxydationsbeständig, gute Gleiteigenschaften, hohe Wärmeausdehnung, nicht magnetisierbar, sofern Chromgehalt niedrig	Pumpen, Ventile, Ofenbauteile, Laufbüchsen, Kolbenringträger für Leichtmetallkolben, nicht magnetisierbare Gußteile
Gegenüber GGL-NiCuCr 15 6 2 korrosions- und erosionsbeständiger	Pumpen, Ventile, Ofenbauteile, Laufbüchsen, Kolbenringträger für Leichtmetallkolben
Ähnlich wie GGL-NiCuCr 15 6 2, jedoch korrosionsbeständiger gegenüber Alkalien, gut oxydationsbeständig, gute Gleiteigenschaften, hohe Wärmeausdehnung, nicht magnetisierbar, sofern Chromgehalt niedrig	Wie GGL-NiCuCr 15 6 2, jedoch vorzugsfür Alkalienpumpen, Kessel für Ätzalkali, Seifen-, Nahrungsmittel-, Kunstseide- und Kunststoffindustrie, Verwendung dort, wo allgemein kupferfreie Werkstoffe erforderlich sind
· Wie GGL-NiCr 20 2, jedoch erosions-, oxydations und wachstumsbeständiger	
Gut korrosionsbeständig, auch gegen verdünnte Schwefelsäure, sehr gut oxydationsbeständig	Pumpenteile, Ventile, Gußteile für Industrieöfen
Bis 800 °C oxydations- und wärmeschockbeständig, gut korrosionsbeständig bei erhöhten Temperaturen, besonders erosionsbeständig in Naßdampf und Salzschlämmen, mittlere Wärmeausdehnung	Pumpen, Kessel, Ventile, Filterteile, Abgasleitungen, Turboladergehäuse
Besonders korrosions-, erosions- und oxydationsbeständig, mittlere Wärmeausdehnung	Wie GGL-NiSiCr 20 4 3
Wärmeschockbeständig, geringe Wärmeausdehnung	Maßbeständige Teile für Werkzeugmaschinen, wissenschaftliche Instrumente, Glaspreßformen

Tabelle 2 a. *Gußeisen mit Kugelgraphit*[1] (Dichte 7,2 kg/dm³)
(Auszug aus DIN 1693, Ausgabe September 1961)

Sorte		Zugfestigkeit σ_B kp/mm² mind.	Streckgrenze σ_S kp/mm² mind.	Bruchdehnung δ_5 % mind.	Gefüge
Kurzzeichen	Werkstoffnummer[2]				
GGG-45	—	45	35	5	vorwiegend ferritisch
GGG-38	—	38	25	17	vorwiegend ferritisch
GGG-42	—	42	28	12	vorwiegend ferritisch
GGG-50	—	50	35	7	ferritisch/perlitisch
GGG-60	—	60	42	2	ferritisch/perlitisch
GGG-70	—	70	50	2	vorwiegend perlitisch

[1] Ausführliche Darstellung der Werkstoffeigenschaften befindet sich in den Mitteilungen Blatt Nr. 1403 der Zentrale für Gußverwendung, 4 Düsseldorf, Grunerstr. 31.

[2] Eine Norm über Werkstoffnummern für Eisen-Kohlenstoff-Gußwerkstoffe ist in Vorbereitung.

Tabelle 2b. *Austenitisches Gußeisen mit Kugelgraphit*

Sorte Kurzzeichen Werkstoffnummer[1]	Chemische Zusammensetzung in Gew.-%[2]					Mechanische Eigenschaften[3]			
	C	Si	Mn	Ni	Cr	Zug-festig-keit σ_B kp/mm² mindestens	0,2-Grenze $\sigma_{0,2}$ kp/mm² mindestens	Bruch-deh-nung δ % mindestens	Kerbschlag-zähigkeit (DVM-Probe) kpm/cm²
GGG-NiMn 13 7 *0.7652*	max.3,0	2,–3,0	6–7	12–14		40	22	10	
GGG-NiCr 20 2 *0.7660*	max.3,0	1,7–3,0	0,7–1,5	18–22	1,0–2,5	38	21	8	2,0
GGG-NiCr 20 3 *0.7661*	max.3,0	1,7–3,0	0,7–1,5	18–22	2,5–4,0	40	22	6	
GG-NiSiCr 20 4 2 *0.7665*	max.3,0	3,5–5,5	1,0–1,5	18–22	1,0–2,5	38	22	10	
GGG-Ni 22 *0.7670*	max.3,0	1,7–3,0	1,8–2,4	21–24		38	21	20	3,0
GGG-NiMn 23 4 *0.7673*	2,2–2,6	1,9–2,6	4,0–4,4	22–24		42	18	25	3,5
GGG-NiCr 30 3 *0.7676*	max.2,6	1,5–2,8	max.0,5	28–32	2,5–3,5	38	22	7	
GGG-NiCr 30 1 *0.7677*	max.2,6	1,5–2,0	max.0,5	28–32	1,0–1,5	38	21	13	
GGG-NiSiCr 40 5 5 *0.7680*	max.2,6	5,0–6,0	max.0,5	29–32	4,5–5,5	40	24	1	
GGG-Ni 35 *0.7683*	max.2,4	1,5–2,8	max.0,5	34–36		38	21	20	
GGG-NiCr 35 3 *0.7685*	max.2,4	1,5–2,8	max.0,5	34–36	2,0–3,0	38	22	5	

[1] Eine Norm über Werkstoffnummern der Hauptgruppe 0 ist in Vorbereitung. Die kursiv gesetzten Zahlen sind vorgeschlagen.

[2] Phosphor max. 0,08%

[3] an getrennt gegossenen Probestücken

[4] Die angegebenen Eigenschaften hängen von der chemischen Zusammensetzung ab. Gegebenenfalls ist eine engere Begrenzung der Zusammensetzung erforderlich.

Darin ist v der Volumenanteil des Graphits am Gesamtgefüge und F_A ein Faktor, der Graphitform und -größe kennzeichnet. Es sei darauf hingewiesen, daß bei hochlegierten Eisen–Graphit-Werkstoffen (z. B. Ni > 28%) E_{0St} relativ niedrig

(Auszug aus DIN 1694, Okt. 1966)

Eigenschaften[4]	Hinweise für die Verwendung
Nicht magnetisierbar, ähnlich wie GGL-NiMn 13 7, jedoch mit verbesserten mechanischen Eigenschaften	Nicht magnetisierbare Gußteile, z. B. Preßdeckel für Turbogeneratoren, Gehäuse für Schaltanlagen, Isolatorenflansche, Klemmen, Durchführungen
In Zusammensetzung Korrosions- und Hitzebeständigkeit ähnlich wie GGL-NiCr 20 2, doch infolge der Kugelgraphitausbildung verbesserte mechanische Eigenschaften. Gute Gleiteigenschaften, hohe Wärmeausdehnung. Nicht magnetisierbar, sofern Chromgehalt niedrig	Pumpen, Ventile, Kompressoren, Laufbüchsen, Turboladergehäuse, Abgasleitungen, nicht magnetisierbare Gußteile
Ähnlich wie GGG-NiCr 20 2, jedoch erosions- und oxydationsbeständiger	Pumpen, Ventile, Kompressoren, Laufbüchsen, Turboladergehäuse, Abgasleitungen
Gut korrosionsbeständig, auch gegen verdünnte Schwefelsäure. Sehr gut oxydationsbeständig. Gegenüber GGL-NiSiCr 20 4 3 verbesserte mechanische Eigenschaften	Pumpenteile, Ventile, Gußteile für Industrieöfen bei erhöhter mechanischer Beanspruchung
Hohe Dehnung. Geringer korrosions- und hitzebeständig als GGG-NiCr 20 2. Hohe Wärmeausdehnung. Bis −100 °C kaltzäh. Nicht magnetisierbar	Pumpen, Ventile, Kompressoren, Laufbüchsen, Turboladergehäuse, Abgasleitungen, nicht magnetisierbare Gußteile
Besonders hohe Dehnung, Kaltzäh bis −196 °C, nicht magnetisierbar	Gußteile der Kältetechnik für Einsatz bis −196 °C
Ähnlich wie GGL-NiCr 30 3, jedoch besser mechanische Eigenschaften, besonders wärmeschockbeständig, bei Zusatz von 1% Molybdän gute Warmfestigkeit	Pumpen, Kessel, Ventile, Filterteile, Abgasleitungen, Turboladergehäuse
Ähnlich wie GGG-NiCr 30 3; gute Gleiteigenschaften	
Eigenschaften ähnlich wie GGL-NiSiCr 30 5 5, jedoch verbesserte mechanische Eigenschaften, bei Zusatz von 1% Molybdän gute Warmfestigkeit	Wie GGG-NiSiCr 20 4 2
Geringe Wärmeausdehnung ähnlich wie GGL-Ni 35, wegen Kugelgraphitausbildung noch wärmeschockbeständiger und verbesserte mechanische Eigenschaften	Maßbeständige Teile für Werkzeugmaschinen, wissenschaftliche Instrumente, Glaspreßformen
Ähnlich wie GGG-Ni 35, jedoch erhöhte Warmfestigkeit, besonders bei Zusatz von 1% Molybdän	Gasturbinen-Gehäuseteile, Glaspreßformen

werden kann. Die folgenden Beziehungen gelten aber nur für nicht oder niedrig legierte Eisen–Graphit-Werkstoffe. Für Stahlguß, der gelegentlich mit Mikrolunkern durchsetzt ist, gelten übrigens die selben Beziehungen. Zur Veranschaulichung sind aus dem für normale Konstruktionsteile in Frage kommenden Bereiche des Werkstoffbandes der Eisen–Graphit-Werkstoffe einige charakteristische ausgewählt worden. (Bilder 4 bis 11). (Tab. 5 bis 7). Die sehr wichtige Graphitausbildung ist nach dem Stahl–Eisen-Prüfblatt 1560−57 angegeben. Die Abhängigkeit der Elastizitätsmodule bei Druck- und Biegebeanspruchung und des Gleitmoduls vom Elastizitätsmodul auf Zug sind Bild 12 zu entnehmen. Für

Tabelle 3. *Temperguß* (Dichte 7,4 kg/dm³)
(Auszug aus DIN 1692, Ausgabe Juni 1963)

Sorte		Durchmesser des Probestabes mm	Zugfestigkeit kp/mm² mind.	0,2-Grenze[1] kp/mm² mind.	Bruchdehnung ($L_0=3d$) % mind.	Brinellhärte kp/mm² höchstens	Kennzeichnende Gefügebestandteile
Kurzzeichen	Werkstoffnummer						
Sorten und Eigenschaften von entkohlend geglühtem (weißem) Temperguß							
GTW-35[2]	—	9 12 15	34 35 36	— — —	6 4 3	220	s. Bild 26 gegenüber GTW-40 größere Schwankungs- breite zulässig
GTW-40	—	9 12 15	36 40 42	20 22 23	10 5 3	220	s. Bild 26 Kern: lamellarer Perlit + Temperkohle
GTW-45	—	9 12 15	40 45 48	23 26 28	12 7 5	200	s. Bild 26 Kern: körniger Perlit + Temperkohle
GTW-55	—	9 12 15	52 55 57	34 36 37	7 5 4	240	s. Bild 26 Kern: feinkörniger Perlit + Temperkohle
GTW-65[3]	—	9 12 15	62 65 67	41 43 44	4 3 2	270	s. Bild 26 Entkohlungstiefe ge- ring; Vergütungsge- füge + Temperkohle
GTW-S38[4]	—	9 12 15	32 38 40	17 20 21	15 12 8	200	s. Bild 26 Entkohlungstiefe be- sonders groß
Sorten und Eigenschaften von nicht entkohlend geglühtem (schwarzem) Temperguß							
GTS-35[5]	—	12 15	35	20	12	bis 150	Ferrit + Temperkohle
GTS-45	—	12 15	45	30	7	160—200	Perlit (lamellar bis körnig) + Ferrit + Temperkohle
GTS-55	—	12 15	55	36	5	180—220	Perlit (lamellar bis körnig) + Temper- kohle, Ferritanteil möglich
GTS-65	—	12 15	65	43	3	210—250	Perlit (lamellar bis körnig)+Temperkohle
GTS-70[3]	—	12 15	70	55	2	240—270	Vergütungsgefüge + Temperkohle

[1] Bei Tempergußsorten mit ausgeprägter natürlicher Streckgrenze liegt diese erfahrungsgemäß mindestens 2 kp/mm² höher als die 0,2-Grenze.

[2] Für Fittings muß eine höhere Dehnung gewährleistet werden.

[3] Vergütet (Begriff siehe DIN 17014).

[4] Für Festigkeitsschweißungen ohne thermische Nachbehandlung geeigneter GTW.

[5] Früher GTS-38.

den Bereich der hier beschriebenen Eisen–Graphit-Werkstoffe liegt die Querdehnzahl μ etwa zwischen 0,28 und 0,24 [*45, 46, 47, 48, 78*].

Elastizitätsgrenze. Die Elastizitätsgrenze ist die Spannung, bei der eine bestimmte, sehr kleine bleibende Dehnung gerade eintritt (Bilder 13, 14). Die Verformung tritt an den „Stahlbrücken" auf; also wird sie durch die Graphitform, -größe und -menge sowie von der Festigkeit des Grundgefüges beeinflußt. Vergleicht man Stoffe mit nahezu gleicher Graphitmenge (2 bis 4%), so kann als Kennwert für die Graphitausbildung (Graphitform und -größe) nach Bild 3 der

Tabelle 4. *Anhaltswerte für die chemische Zusammensetzung von Gußeisen mit Lamellengraphit GGL, Gußeisen mit Kugelgraphit GGG, weißem und schwarzem Temperguß GTW und GTS [49]*

Gußwerkstoff	Legierungsbestandteile					
	C	Si	Mn	P	S	Sonstige
GG	3,0···3,5	1,5···2,5	0,5···1,0	0,5···0,7	≦0,15	
GGG	3,5···3,8	2,5	≦0,4	0,1	≦0,01	Mg 0,06···0,12
GTW	3,0···3,3	0,7···0,5	1,72S + 0,15	<0,1	0,2	C + Si <3,9
GTS	2,4···2,8	1,4···1,0	1,72S + 0,15	<0,1	≦0,10	C + Si <3,9

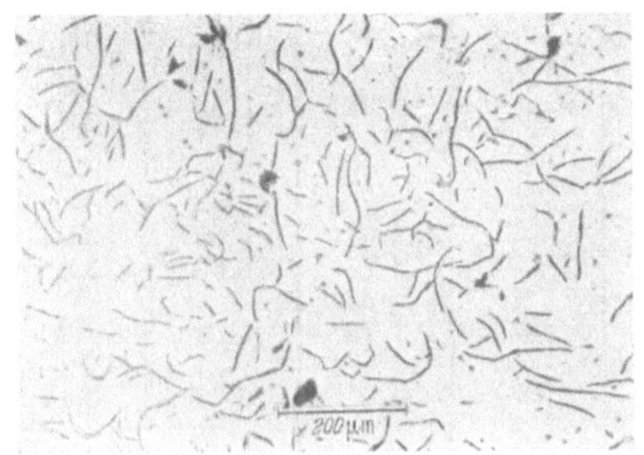

Bild 4. GG-22, Graphitausbildung [46].　　　　　　Bild 5. GG-30, Graphitausbildung [46].

Tabelle 5. *Chemische Zusammensetzung verschiedener Eisen-Graphit-Werkstoffe (Mittelwerte) [46]*

Bezeichnung	C ges [%]	Si [%]	Mn [%]	P [%]	S [%]	Mg [%]	Ni [%]	Cr [%]	Mo [%]	Cu [%]	Sc
GG-22	3,49	1,68	0,45	0,60	0,18	0,00	0,00	0,04	0,00	0,05	0,99
GG-30	3,14	1,81	0,85	0,25	0,13	0,00	0,00	0,06	0,08	0,00	0,87
Kokillenguß	2,97	2,50	0,71	0,39	0,14		0,00	0,00			0,86
GTS	2,21	1,23	0,38	0,086	0,09		0,00	Sp.			
GGG.A	3,54	2,33	0,24	0,07	0,008	0,05	0,52	0,009	Sp.	0,05	1,01
GGG.B	3,42	2,52	0,33	0,068	0,015	0,049	1,48	0,05	0,00	0,06	0,99
GGG.C	3,42	2,29	0,53	0,091	0,015	0,046	1,08	0,009	0,00	0,03	0,97
GGG.D	3,32	2,57	0,46	0,09	0,012	0,049	0,22	0,005	0,00	0,08	0,97
GGG.E	3,67	2,60	0,41	0,071	0,010	0,040	1,68	0,005	0,00	0,04	1,07
GGG.F	3,71	2,41	0,25	0,03	0,01		1,86		0,36		1,07

Die verschiedenen Chargen aus Kugelgraphitgußeisen (GGG) sind fortlaufend mit A, B, C usw. gekennzeichnet.

Elastizitätsmodul für Zug gesetzt werden. Man könnte also zwecks übersichtlicher Darstellung die Elastizitätsgrenze als Funktion des Elastizitätsmoduls mit dem Parameter Grundgefügefestigkeit auftragen. Es ist besser, anstelle der Grundgefügefestigkeit die hiervon etwa stetig abhängige Kleinlastgrundgefügehärte oder näherungsweise die Brinellhärte HB 30/10 einzusetzen (Bild 15). Bei gußfehlerfreien, nicht oder niedriglegierten Eisen–Graphit-Werkstoffen mit 2 bis 4 Gewichtsprozenten Graphit (den meisten Eisen–Graphit-Werkstoffen) gilt Bild 15 mit einer Streuung von ungefähr ±15%.

Tabelle 6. *Graphitausbildung und Elastizitätskennwerte verschiedener Eisen-Graphit-Werkstoffe (Mittelwerte)* [46]

Wärmebehandlungen:

G-Gußzustand.

F-Ferritischglühen: 2 h 950 °C/Ofenabkühlung auf 700 °C/ 8 h 700 °C/Ofenabkühlung auf 500 °C/Luft.

V-Zähvergütung: 2 h 870 °C/Öl/1 h 580—600 °C /Luft.

Z-Zwischenstufenvergütung: 30 min 870 °C/Salzbad 3 min 400 °C/Wasser/30 min 550 °C/Wasser.

Der schwarze Temperguß wurde schon im ferritischen Zustand angeliefert.

Bezeichnung	Graphit-ausbildung	E_0 Zug $[10^4 \text{kp/mm}^2]$	E_0 Druck $[10^4 \text{kp/mm}^2]$	E_0 Bieg. $[10^4 \text{kp/mm}^2]$	*) E_0 U.S. $[10^4 \text{kp/mm}^2]$	*) G_0U.S. $[10^4 \text{kp/mm}^2]$	*) mU.S. $[\varepsilon_l/\varepsilon_q]$
GG-22-G	A 4	0,94	1,16	—	1,18	0,47	3,89
GG-22-F	A 4	0,96	—	—	1,16	0,47	2,82
GG-22-V	A 4	0,90	—	—	1,10	0,44	3,89
GG-30-G	A 5	1,21	1,37	1,25	1,35	0,53	3,80
GG-30-F	A 5	1,11	—	—	1,33	0,53	3,93
GG-30-V	A 5	1,26	—	—	1,30	0,51	3,66
Kokilleng.-G	D 8	1,23	—	—	—	—	—
Kokilleng.-F	D 8	1,00	—	—	—	—	—
GTS-F	U 4	1,56	—	—	1,63	0,65	3,93
GGG.A-G	95% K 3 5% M u. P	1,74	—	—	1,75	0,69	3,82
GGG.A-F	95% K 3 5% M u. P	1,87	—	—	1,73	0,69	4,00
GGG.A-V	95% K 3 5% M u. P	1,67	—	—	1,70	0,68	3,84
GGG.B-F	95% K 4 5% M u. P						
GGG.C-G	90% K 4 10% M.u. P.	1,69	1,76	1,66	1,74	0,69	3,84
GGG.C-F	90% K 4 10% M u. P	1,60	1,71	1,75	1,69	0,68	4,17
GGG.C-V	90% K 4 10% M u. P	1,66	1,68	1,57	1,67	0,68	4,24
GGG.C-Z	90% K 4 10% M u. P	1,61	—	—	—	—	—
GGG.D-G	90% K 4 10% M u. P	1,69	1,72	1,67	1,55	0,63	4,17
GGG.D-F	90% K 4 10% M u. P	1,67	1,72	1,60	1,67	0,66	3,82
GGG.D-V	90% K 4 10% M u. P	1,59	1,65	1,61	1,60	0,65	4,17
GGG.D*-F	90% P 2 10% L 4	1,33	—	—	—	—	—
GGG.D*-V	90% P 2 10% L 4	1,32	—	—	—	—	—
GGG.D*-Z	90% P 2 10% L 4	1,33	—	—	—	—	—
GGG.E-G	95% K 3 5% M u. P	1,59	1,73	1,59	1,73	0,67	3,79
GGG.E-F	95% K 3 5% M u. P	1,57	1,68	1,52	1,69	0,69	4,67
GGG.E-V	95% K 3 5% M u. P	1,60	1,63	1,60	1,57	0,63	3,96
GGG.F-G	95% K 3 5% M u. P	1,78	—	—	1,71	0,67	3,66

* Mit Ultraschall gemessen (U.S.).

Tabelle 7. *Festigkeitskennwerte verschiedener Eisen-Graphit-Werkstoffe (Mittelwerte)* [46]

Bezeichnung	Brinellhärte HB 30 [kp/mm²]	Elastizitätsgrenze $\sigma_{0,02}$ [kp/mm²]	Streckgrenze $\sigma_{0,2}$ [kp/mm²]	Zugfestigkeit σ_B [kp/mm²]	Bruchdehnung δ_5 [%]	Schlagbiegezähigkeit a_b [mkp/cm²]	Biegewechselfestigkeit am Glattstab σ_{bw} [kp/mm²]	am Kerbstab σ_{bwk} [kp/mm²]	Kerbwirkungszahl $\beta_k = \dfrac{\sigma_{bw}}{\sigma_{bwk}}$
GG-22-G	211	12,0	19,6	21,6	0,37		9,5	13	0,73
GG-22-F	141	10,7	15,0	16,3	0,40	0,27	8	10,8	0,74
GG-22-V	272	16,0	—	25,2	0,16		12	13,5	0,89
GG-30-G	234	18,2	28,6	30,8	0,33		13,1	10,4	1,26
GG-30-F	158	12,8	18,3	20,7	0,77	0,33	11	13,7	0,80
GG-30-V	302	29,5	46,3	46,3	0,20		15	13	1,15
Kokillenguß-G	230	12,0	24,1	23,5	0,22		20,5	10	2,05
Kokillenguß-F	158	10,9	17,2	18,3	0,29		15,5	7	2,22
GTS-F	113	15,2	18,4	32,2	12,0	6,6	19,5	12,5	1,56
GGG.A-G	260	29,5	43,1	73,9	3,0				
GGG.A-F	147	24,5	27,8	44,4	19,5	12,3			
GGG.A-V	335	54,5	82,1	83,9	0,31				
GGG.B-F	183			51,2	12,3	1,8			
GGG.C-G	286	37,5	49,8	57,3	0,73	0,48	26,0	19,5	1,33
GGG.C-F	175	29,5	35,3	46,5	5,0	2,0	21,6	16,6	1,30
GGG.C-V	345	62,5	76,1	80,8	0,89	0,7	29,0	24,8	1,17
GGG.C-Z	302	59	88,0	94,0	0,57	1,1	25,8	19,4	1,33
GGG.D-G	260	33	42,8	44,4	0,37	0,65	21,0	17,3	1,21
GGG.D-F	170	27,5	32,0	39,8	5,9	8,3	21,6	14,6	1,48
GGG.D-V	312	67	73,2	76,1	0,17	0,88	27,4	23,7	1,16
GGG.D*-F	141	16	22,2	28,1	3,4	0,96	15,0	11,8	1,27
GGG.D*-V	267	26,5	49,0	51,6	0,31	0,63	18,7	14,0	1,34
GGG.D*-Z	254	27	48,0	52,8	0,32	0,74	18,0	16,1	1,12
GGG.E-G	256	34	47,4	77,1	3,3	0,95	26,7	17,4	1,54
GGG.E-F	171	29,5	34,5	47,2	18,4	11,0	23,3	16,2	1,44
GGG.E-V	328	75,5	90,3	93,3	0,44	0,8	31,6	21,5	1,47
GGG.F-G	262	40,3	50,7	69,8	2,4				

0,2-Grenze. Die 0,2 Grenze kann aus den Spannungs–Dehnungsschaubildern entnommen werden. Aus den oben beschriebenen Gründen ist eine zusammenfassende Darstellung nach Bild 16 angebracht.

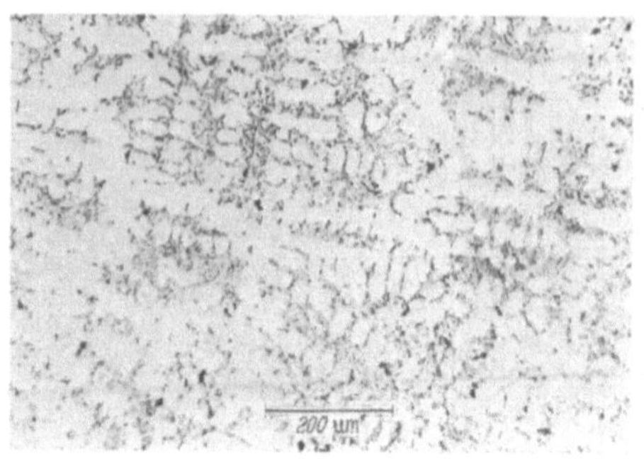

Bild 6. Kokillengußeisen, Graphitausbildung [46].

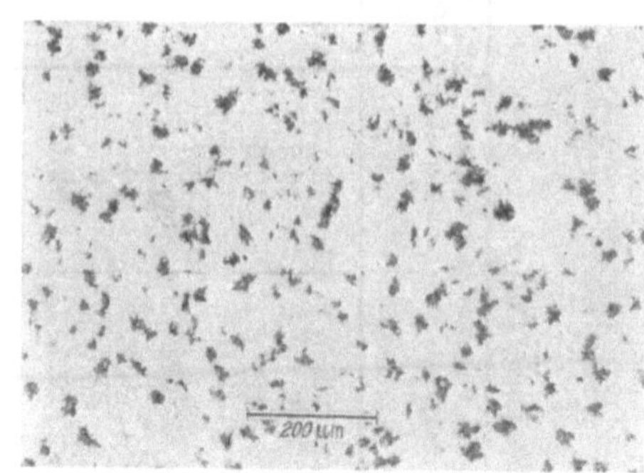

Bild 7. GTS, Graphitausbildung [46].

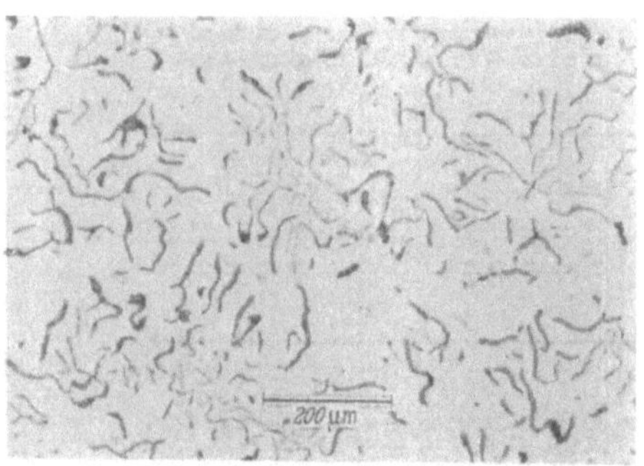

Bild 8. Entartetes Gußeisen mit Kugelgraphit GGG.D*, Graphitausbildung [46].

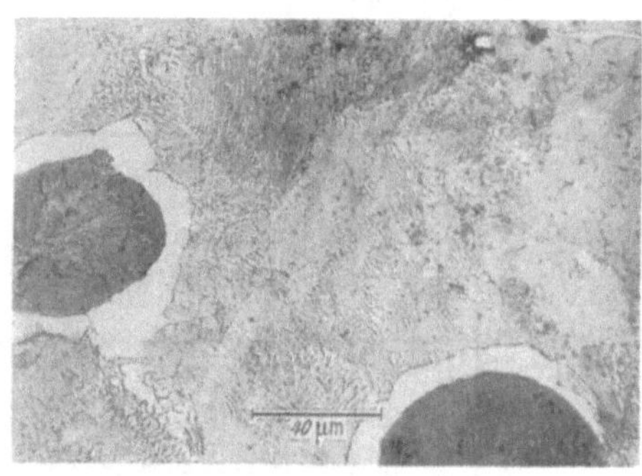

Bild 9. Gußeisen mit Kugelgraphit, vorwiegend perlitisches Grundgefüge [46].

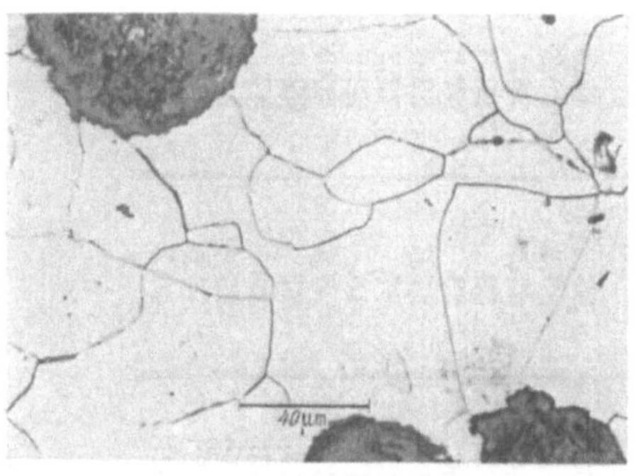

Bild 10. Gußeisen mit Kugelgraphit, ferritisches Grundgefüge [46].

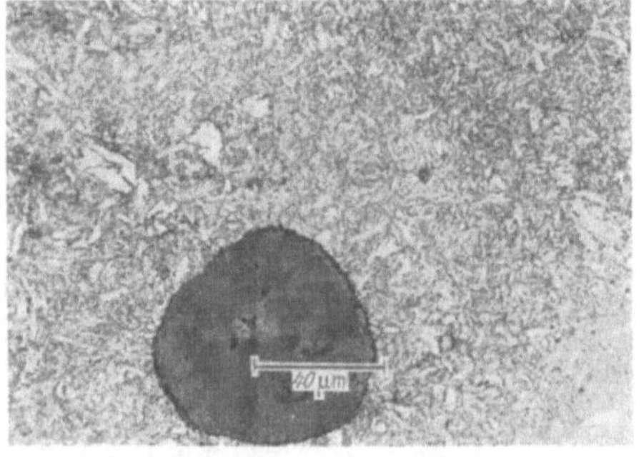

Bild 11. Gußeisen mit Kugelgraphit, zäh vergütetes Grundgefüge [46].

Zugfestigkeit. In gleicher Weise kann die Zugfestigkeit angegeben werden (Bild 17). Bei Werkstoffen im Gußzustand ist jedoch die Streuung oft größer als 15%. Im Gegensatz zu den wärmebehandelten Güten liegt dies möglicherweise an Eigenspannungen, die noch vom Guß herrühren. Bei den vergüteten und ferritisch geglühten Güten sind die Gußeigenspannungen bei sachgemäßer Wärmebehandlung weitgehend ausgelöst. Verlängert man in Bild 17 die Kurven gleicher

Härte bis zum Elastizitätsmodul von Stahl, so kommt man auf Festigkeitswerte, die der Zugfestigkeit von vergüteten Federstählen mit entsprechendem Silizium- und Mangangehalt gleichen. Auch hierdurch wird die Stetigkeit der Festigkeitsänderungen im Band der Eisen–Graphit-Werkstoffe unterstrichen.

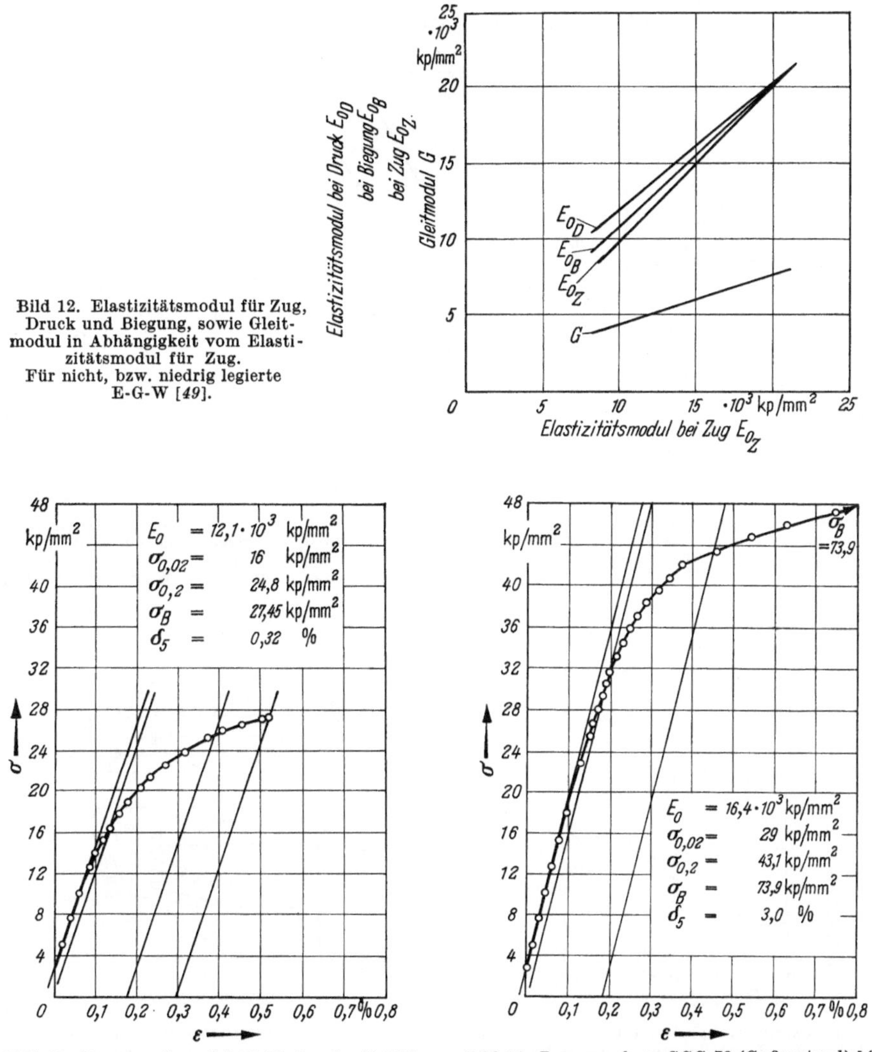

Bild 12. Elastizitätsmodul für Zug, Druck und Biegung, sowie Gleitmodul in Abhängigkeit vom Elastizitätsmodul für Zug. Für nicht, bzw. niedrig legierte E-G-W [49].

Bild 13. Zugversuch an GG-30 (Gußzustand) [46].

Bild 14. Zugversuch an GGG-70 (Gußzustand) [46].

Die hier beschriebenen Festigkeitswerte gelten nur innerhalb der eingangs erwähnten Grenzen sowohl für Gußstückstoffe als auch für Probenwerkstoffe (ohne Gußhaut). Hat man z. B. in Bild 17 nur 2 verläßliche Werte eines Werkstoffes, so kann man sämtliche übrigen Werte aus den Bildern 12, 15, 16 und 17 nehmen.

Dauerschwingfestigkeit. Eine ähnliche Gesetzmäßigkeit wie bisher gilt auch für die Dauerschwingfestigkeit (Bilder 18 und 19). Auf einen besonderen Effekt muß hierbei jedoch hingewiesen werden.

Sind die Graphiteinschlüsse sehr klein, sehr zahlreich und gleichmäßig verteilt (wie meist beim Kokillenguß), so ist an glatten Proben oder Bauteilen vor allem bei Biegung die Dauerschwingfestigkeit rel. hoch, da sich eine verstärkte Entlastungskerbenwirkung bemerkbar macht. Bei scharf gekerbten Proben, bzw. Bauteilen ist dagegen die Wahrscheinlichkeit groß, daß gerade im Kerbgrund eine senkrecht zum Kraftfluß liegende Graphitlamelle angeschnitten wird. Die Dauer-

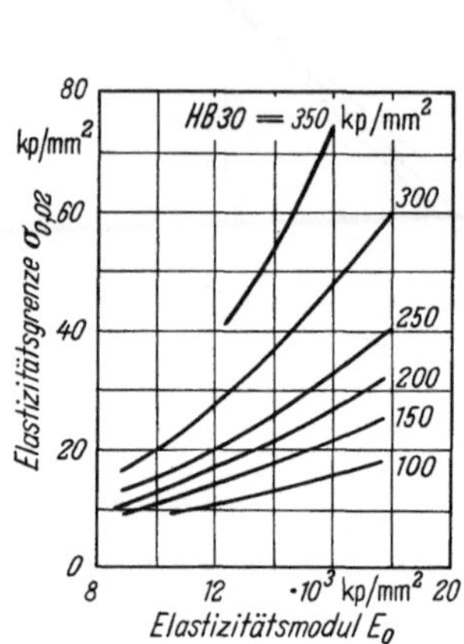

Bild 15. Elastizitätsgrenze in Abhängigkeit vom Zugmodul und der Härte für nicht, bzw. niedrig legierte E-G-W mit 2 bis 4% Graphit [49].

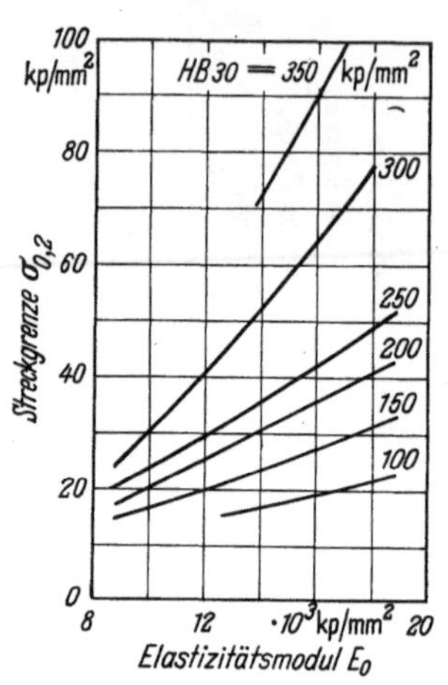

Bild 16. Streckgrenze in Abhängigkeit vom Zugmodul und der Härte für nicht, bzw. niedrig legierte E-G-W mit 2 bis 4% Graphit [49].

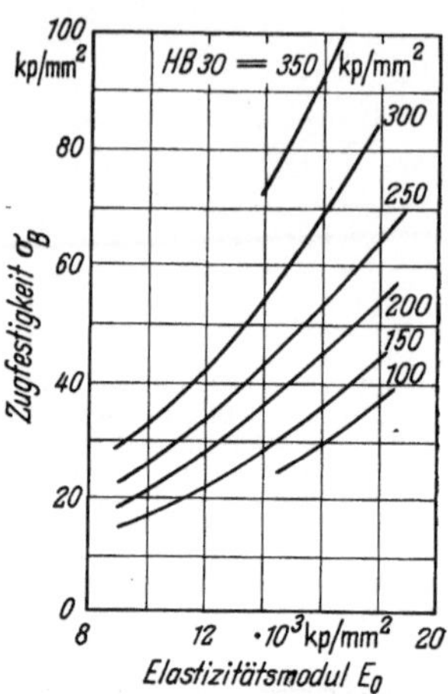

Bild 17. Zugfestigkeit in Abhängigkeit vom Zugmodul und der Härte für nicht, bzw. niedrig legierte E-G-W mit 2 bis 4% Graphit [49].

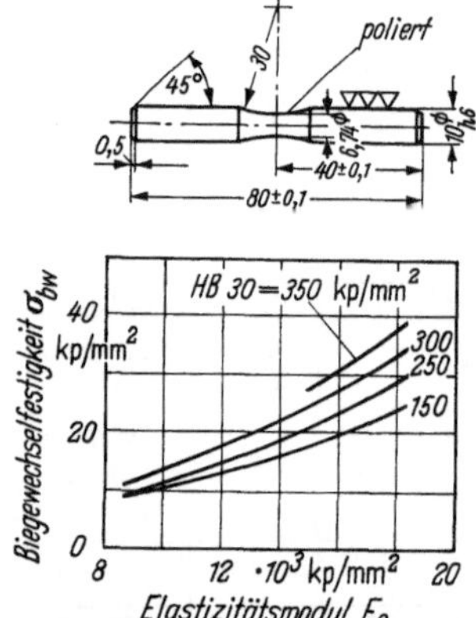

Bild 18. Biegewechselfestigkeit von glatten Proben in Abhängigkeit vom Zugmodul und der Härte für nicht, bzw. niedrig legierte E-G-W mit 2 bis 4% Graphit [49].

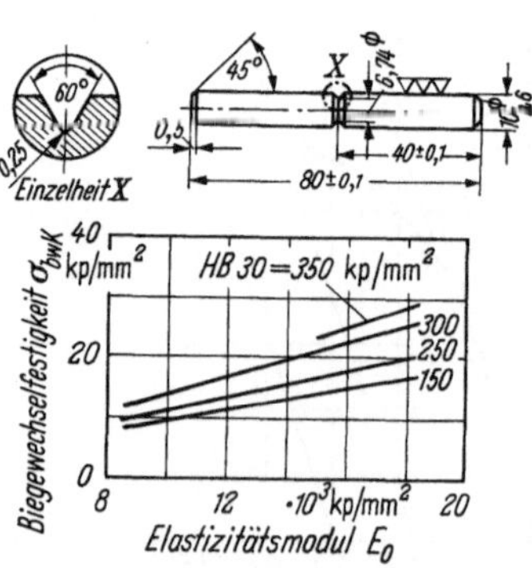

Bild 19. Biegewechselfestigkeit von gekerbten Proben in Abhängigkeit vom Zugmodul und der Härte [49].

schwingfestigkeit ist dann klein [38]. Man kann daraus auch wieder entnehmen, daß sich äußere Kerben meist dann erst ungünstig bemerkbar machen, wenn sie schärfer und — oder tiefer als die inneren Kerben im Werkstoffgefüge sind (siehe auch gemessene β_k Werte [46]). Darüberhinaus ist allgemein der Einfluß von Werkstück- oder Probengröße (bei gleicher Gefügebeschaffenheit), Form und Beanspruchungsart zu berücksichtigen. Hierzu benötigt man die Wechselfestigkeit (Bild 20). Dieses Diagramm ist ermittelt mit Hilfe von Zug–Druck-Wechselfestigkeiten im Bereich kleinerer Elastizitätsmodule [5] und über später angegebene Beziehungen aus den Biegewechselfestigkeiten der gekerbten Proben ($\alpha_k \approx 2{,}9$) im Bereich höherer Elastizitätsmoduli (hier brauchte der oben erwähnte Oberflächeneinfluß nicht berücksichtigt zu werden). Die Wechselfestigkeit steigt also von $0{,}6 \cdot \sigma_{bW}$ auf etwa $0{,}7 \cdot \sigma_{bW}$ an.

Für die bisher beschriebenen Eisen–Graphit-Werkstoffe können nun Dauerschwingfestigkeitsschaubilder nach DIN 50100, 6.23 aufgestellt werden (Bild 21). Die Verbindungslinie zwischen $+\sigma_W$ und σ_{zB} ist normalerweise leicht nach oben gewölbt. Sicherheitshalber wird empfohlen, eine Gerade zu zeichnen. Grenze für die Oberspannung ist die Streckgrenze. Es wird darauf aufmerksam gemacht, daß für jeden Gußstückstoff ein eigenes Haigh-Schaubild aufgestellt werden muß. Dabei können also für eine Gußsorte je nach Werkstückgröße verschiedene Diagramme gelten. Im Bereich negativer Mittelspannungen sind die σ_A-Werte

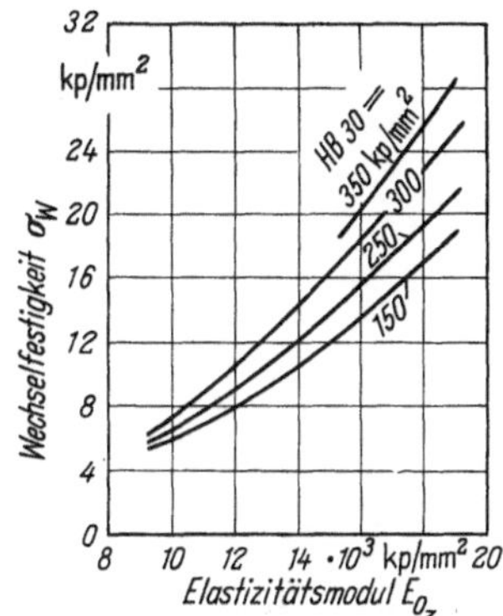

Bild 20. Zug-Druck-Wechselfestigkeit in Abhängigkeit vom Elastizitätsmodul (Zug) und der Härte für nicht, bzw. niedrig legierte Eisen–Graphit-Werkstoffe mit ca. 2 bis 4% Graphit.

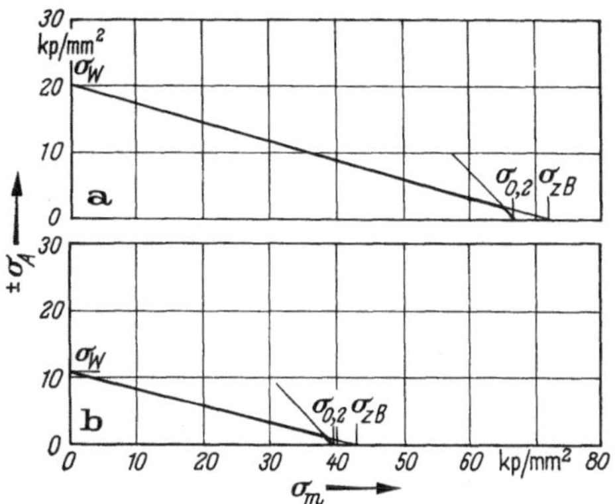

Bild 21. Konstruktion von Dauerschwingfestigkeits-Schaubildern für Eisen-Graphit-Werkstoffe, erklärt an zwei Beispielen (ein GGG und ein GGL). Nach HAIGH.
a) Haigh-Schaubild für einen Eisen-Graphit-Werkstoff mit $E_{oz} = 1{,}65 \cdot 10^4$ kp/mm² und HB 30 = 300 kp/mm²;
b) Haigh-Schaubild für einen Eisen-Graphit-Werkstoff mit $E_{oz} = 1{,}2 \cdot 10^4$ kp/mm² und HB 30 = 300 kp/mm².

größer als bei entsprechenden positiven σ_m-Werten. Mit Hilfe der Haigh-Schaubilder können nun die Gestaltfestigkeiten für Zug–Druck und Biegung bestimmt werden. Für Scher- bzw. Verdrehbeanspruchung liegen leider recht wenig Versuchsergebnisse vor. Doch kann für die hier beschriebenen Eisen–Graphit-Werkstoffe in grober Näherung angenommen werden, daß die Schub- oder Scherfestigkeiten für zügige und schwingende Beanspruchung etwa gleich den entsprechenden Festigkeiten bei Zugbeanspruchung sind. Mit Hilfe von ϱ^* und χ können dann auch die Gestaltfestigkeiten ausgerechnet werden. Bei zusammengesetzter Beanspruchung ist eine der üblichen Festigkeitshypothesen zu benutzen.

Dämpfung. Die Dämpfung ist abhängig vom Werkstoff, der Beanspruchungsart und der Höhe der Beanspruchung. Von besonderem Interesse ist die Dämpfung bei recht niedrigen Spannungen (Zug–Druck). Dabei hängt die Dämpfung von nicht - oder niedrig legierten Eisen–Graphit-Werkstoffen mit etwa 2 bis 4% Graphit praktisch nur von der Graphitausbildung und damit vom Elastizitätsmodul ab. In den Bildern 22 und 23 sind mit zwei verschiedenen Geräten die rel. logarithmischen Dämpfungsdekemente $\delta = \ln \dfrac{A_1}{A_2}$ gemessen worden [50]. Die wahren Werte liegen etwas niedriger, da noch die geringe Dämpfung des Schallkopfes und der Ankopplung abgezogen werden müssen. Mit zunehmenden Werk-

2*

stoffspannungen macht sich zusätzlich der Einfluß des Grundgefüges bemerkbar. Bei weichem Stahlgrundgefüge ist dann die Dämpfung höher als bei hartem Grundgefüge [51].

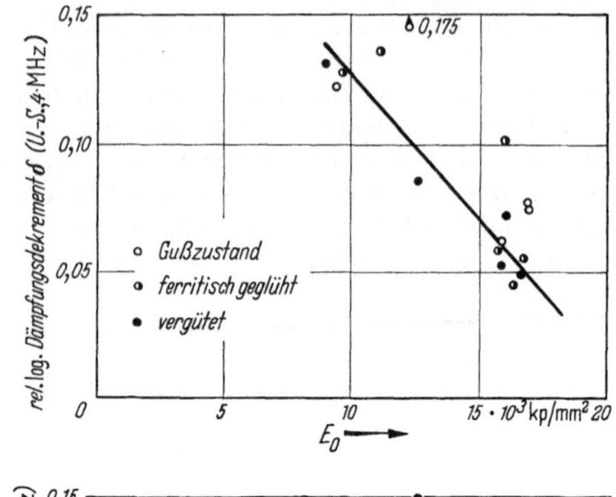

Bild 22. Dämpfung bei kleinen Zug-Druck-Spannungen in Abhängigkeit vom Zugmodul (mit Impuls-Schall-gerät gemessen) für nicht, bzw. niedrig legierte E-G-W mit 2 bis 4% Graphit [50].

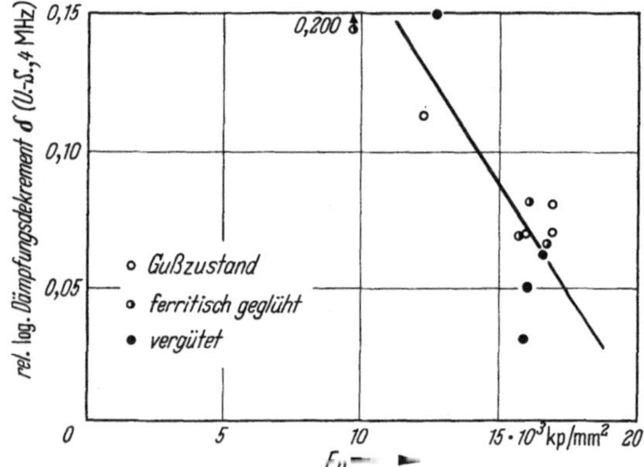

Bild 23. Dämpfung bei kleinen Zug-Druck-Spannungen in Abhängigkeit vom Zugmodul (mit Echoskop ge-messen) für nicht, bzw. niedrig legier-te E-G-W mit 2 bis 4% Graphit [50].

1.1.3 Gußstückabmessungen und mechanische Eigenschaften

Die bisherigen Ausführungen bezogen sich auf Beziehungen zwischen Gefüge-aufbau und mechanischen Eigenschaften, gleich, ob es sich um Proben, kleine oder große Gußstücke handelte. Voraussetzung war allerdings fehlerfreier Guß ohne weißerstarrte Stellen. Bei gleicher Gattierung und Schmelze entstehen aber je nach Abkühlungsgeschwindigkeit in der Form unterschiedliche Gefüge und damit unterschiedliche Festigkeitseigenschaften. Mitgegossene Kontrollproben haben daher meist andere Eigenschaften als der Gußstückstoff, es sei denn, daß ein für das Gußstück repräsentativer Probestabdurchmesser oder eine repräsen-tative Probeplattendicke ausgewählt werden [52]. Die Beziehungen zwischen Festigkeitseigenschaften von verschieden großen Gußstücken, bzw. von Proben und Gußstücken, ein und derselben Gattierung und Erschmelzung werden im folgenden dargestellt.

Geht man bei nicht oder niedrig legiertem Gußeisen mit Lamellengraphit von mittleren Gußstückwanddicken und -größen bei geeigneter Gießtechnik und Ver-wendung von Sandformen aus, so erhält man einen „ausgereiften" Guß mit vor-wiegend perlitischem Grundgefüge. Bei geringen Wanddicken neigt der gleiche

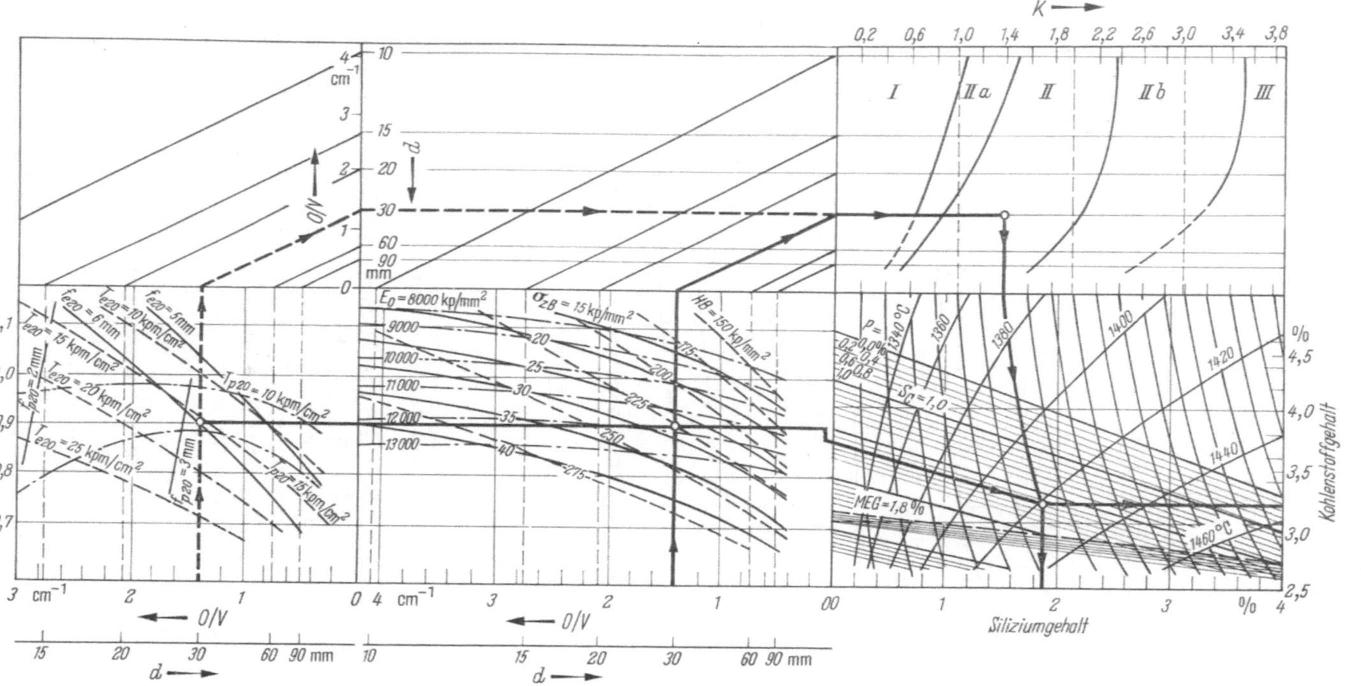

Bild 24. Betriebsnomogramm für Gußeisen mit Lamellengraphit [49].

d Durchmesser des Probestabes; O Oberfläche und V Volumen des Gußstückes; f_{e20} elastische Bruchdurchbiegung (Auflageabstand 20 d); f_{p20} plastische Bruchdurchbiegung (Auflageabstand 20 d); T_{e20} spezifische elastische Brucharbeit (Auflageabstand 20 d): T_{e20} spezifische plastische Brucharbeit (Auflageabstand 20 d); E_0 Elastizitätsmodul (Zug); HB Brinellhärte HB 30; σ_{zB} Zugfestigkeit; K Graphitisierungstendenz nach LAPLANCHE. Bereiche: I ledeburitisches Gefüge; II perlitisches Gefüge; IIa und IIb Übergangsgefüge; III ferritisches Gefüge; MEG Menge eutektischen Graphits; Temperatur in °C Schmelztemperatur; S_C Sättigungsgrad; P Phosphorgehalt.   (Der Einfluß des Phosphorgehalts auf den Sättigungsgrad und die Menge eutektischen Graphits- ist durch Parallelverschiebung der S_C- und MEG-Geraden berücksichtigt.)

Eingetrages Beispiel:

Gegeben: Probestabdurchmesser $d = 30$ mm (bzw. Oberfläche: Volumen des Gußstückes $O/V \approx 1,4$ cm⁻¹), erforderliche Zugfestigkeit σ_{zB} 26 kp/mm² bei perlitischem Grundgefüge (II) und relativ niedrigem Phosphorgehalt von 0,4%.

Gesucht: Weitere Festigkeitseigenschaften, Gattierung und Schmelztemperatur.

Ergebnisse: $E_0 \approx 1160$ kp/mm², HB 30 ≈ 225 kp/mm²; $T_{e20} = 16$ mkp/cm²; $T_{p20} \approx 14$ mkp/cm²; $f_{e20} = 6$ mm; $f_{p20} \approx 3,2$ mm; $S_C \approx 0,9$; $C_{ges} \approx 3,2\%$; $S_i \approx 1,9\%$; MEG $\approx 1,8 + 0,3 \approx 2,1\%$; Schmelztemperatur 1420 °C.

Guß zur ledeburitischen oder weißen Erstarrung, bei größeren Wanddicken zur
Bildung von ferritischem Grundgefüge bei gröberer Graphitausbildung.

Das Betriebsnomogramm (Bild 24) zeigt diesen Zusammenhang. Die mechanischen Eigenschaften gelten nur für die Felder II und IIb bei A-Graphit nach
Stahl–Eisen-Prüfblatt 1560-57. Durch nachfolgende Wärmebehandlung können
die Festigkeitseigenschaften bei gleichbleibendem E-Modul noch verändert werden.

Ein ähnliches Betriebsnomogramm könnte man auch für Gußeisen mit Kugelgraphit (genauer: K-Graphit nach Stahl–Eisen-Prüfblatt 1560-57) aufstellen. Die

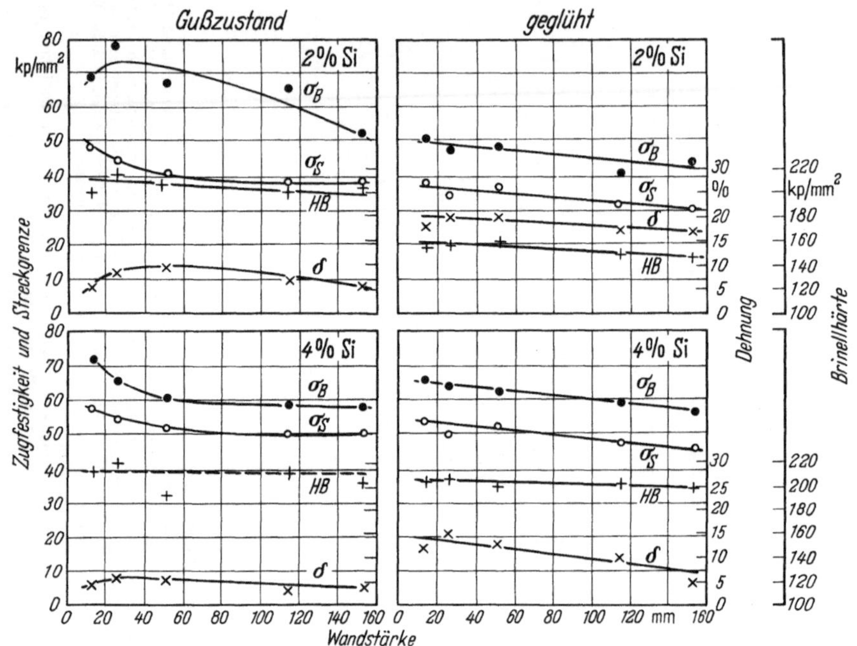

Bild 25. Mechanische Eigenschaften von Gußeisen mit Kugelgraphit (Sphäroguß)
in Abhängigkeit von der Wanddicke. Nach REESE, ROTE und CONGER [53].

Änderung der mechanischen Eigenschaften bei verschiedenen Gußstückabmessungen ist weitaus geringer als bei GG (Bild 25). Der Elastizitätsmodul wird praktisch nicht verändert, die Festigkeitseigenschaften hängen dann nur noch vom
Grundgefüge (Ferrit, Perlit, Vergütungsgefüge) ab. Durch eine Wärmebehandlung kann daher der Wanddickeneinfluß praktisch aufgehoben werden.

Werkstücke aus GG und GGG können bis zu mehreren Tonnen Gewicht hergestellt werden. Bei schwarzem Temperguß erreicht man ungefähr 100 kg und
bei weißem Temperguß etwa 30 kg Gußstückgewicht. Der endgültige Gefügezustand von Temperguß entsteht durch eine Wärmebehandlung. In der bisher
beschriebenen Art ist also keine Wanddickenabhängigkeit der Festigkeitseigenschaften zu erwarten. Nur beim weißen Temperguß ist die Dicke der entkohlten
Randzone zu berücksichtigen (Bild 26). Bei zunehmendem Anteil der Randzone
am Gesamtquerschnitt der Werkstückwandung nimmt die Zugfestigkeit ab und
die Bruchdehnung zu. Ist der Anteil der ferritischen und perlitischen Randzone
am Gesamtquerschnitt dagegen gering, so können in erster Näherung die bisher
beschriebenen Gefüge–Festigkeits-Beziehungen angewandt werden.

Anhand des Betriebsnomogrammes für nicht, bzw. niedrig legiertes Gußeisen mit Lamellengraphit (Bild 24) soll noch auf eine Besonderheit aufmerksam gemacht werden. Hat man an einem Gußstück dünne und dicke Wandungen, wobei die dünnen Wandungen noch außen liegen mögen, so wird das Gefüge der dünneren Wandung mehr Fe_3C enthalten als dasselbe der dickeren Wandung. So kann z. B. die dickere Wand perlitisches Grundgefüge mit normalen Graphiteinschlüssen (Bereich II) haben, die dünnere Wand dagegen meliertes Gefüge (Bereich II a) oder sogar ledeburitisches Gefüge (Bereich I). Da das melierte oder noch mehr das ledeburitische Gefüge recht spröde und hart ist, brechen z. B. beim Fräsen die dünnere Wandung oder das Werkzeug oder beides aus [54]. Liegt ein derartiger Konstruktionsfehler vor und wird eine normale Härtetoleranz für das ganze Gußstück vorgeschrieben, so ist eine recht kostspielige Wärmebehandlung nicht zu umgehen. Dünnere Wandungen im Inneren eines Gußstückes sind demgegenüber nicht so anfällig gegen „harte Stellen", da die Abkühlungsgeschwindigkeit in der Form dort niedriger als außen ist. Will man dagegen aus Gründen der

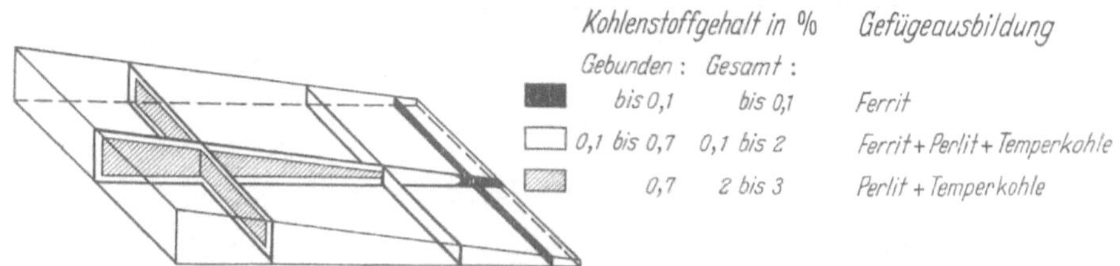

Bild 26. Gefügeausbildung von weißem Temperguß in Abhängigkeit von der Wanddicke. Nach R. GNADE, bzw. DIN 1692.

Verschleißfestigkeit an Gleitflächen eines Gußstückes weiß eingestrahlte (ledeburitische) Stellen haben, so muß man dort Kühleisen (Kokillen) in der Form vorsehen, z. B. am Nockenumfang von Nockenwellen oder an Werkzeugmaschinengleitbahnen.

1.1.4 Wärmebehandlung

Eine sachgemäße Wärmebehandlung ist nur mit Hilfe eines zweckmäßigen Wärmebehandlungsplanes möglich. Um die Aufstellung derartiger Pläne zu erleichtern, werden im folgenden Beziehungen zwischen Wärmebehandlung und Gefügeaufbau einiger charakteristischer Eisen–Graphit-Werkstoffe aufgezeigt [49, 56].

Spannungsfreiglühen. Das einzige, insbesondere für Gußstücke aus GG und GGG praktisch in Frage kommende Verfahren zum relativ schnellen und vor allem gleichmäßigen Spannungsabbau ist das Spannungsfreiglühen. Durch höhere Temperaturen wird die Streckgrenze oder genauer die Zeitdehngrenze soweit erniedrigt, daß die darüber liegenden Eigenspannungen abgebaut werden. Die Höhe dieses Spannungsabbaues hängt vom Werkstoff, vor allem von seinem Gehalt an Legierungselementen, von der Temperatur und von der Zeit (Bild 27 und 28) ab. Meist ist für unlegiertes Gußeisen (mit Lamellen- oder Kugelgraphit) eine Glühtemperatur von etwa 500 bis 550 °C und für niedrig legiertes Gußeisen eine solche von 550—600 °C bei anschließender Ofenabkühlung vorteilhaft. Mehrmonatiges Auslagern bei Raumtemperatur bringt im allgemeinen nur einen Spannungsabbau in der Größenordnung von 10%, ist also hinsichtlich des Entspannens nicht besonders wirkungsvoll. Geht man mit der Temperatur über die oben angeführten Werte, so muß man mit einem im folgenden beschriebenen Festigkeitsabfall rechnen.

Ferritischglühen. Beim Ferritischglühen wird das vorher zumeist mehr oder weniger perlitische Grundgefüge in ferritischen Zustand überführt. Sollte das Ausgangsmaterial zum Teil weiß erstarrt sein, so ist vor dem Ferritischglühen zunächst bei 900 bis 950 °C und z. B. 2 Stunden Haltezeit zu austenitisieren. Die Ferritisierung des Grundgefüges erfolgt durch Diffusion des gelösten Kohlenstoffes zum Graphit hin. Proportional zur Diffusion des Kohlenstoffes tritt eine bleibende Dehnung (Wachsen) des Eisen–Graphit-Werkstoffes ein. Das Wachstum bzw. der Grad der Kohlenstoffdiffusion ist vom Werkstoff, der Glühtemperatur und der Glühzeit abhängig. So fördert z. B. Silizium die Diffusion besonders stark. Auch wird durch Silizium die Temperatur erhöht, bei der die Diffusion am schnellsten erfolgt (Temperatur des unteren A_1-Haltepunktes), und ebenso auch

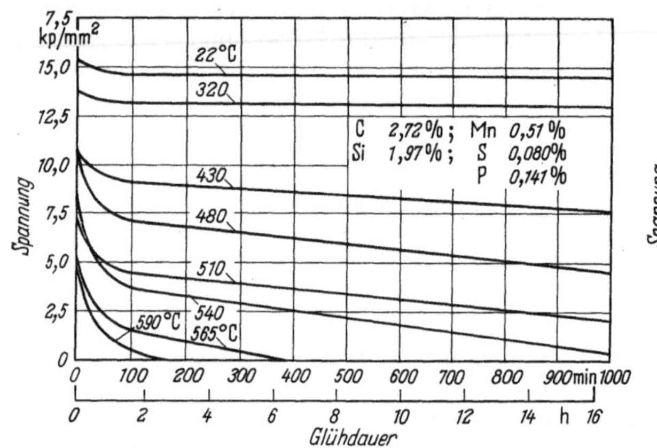

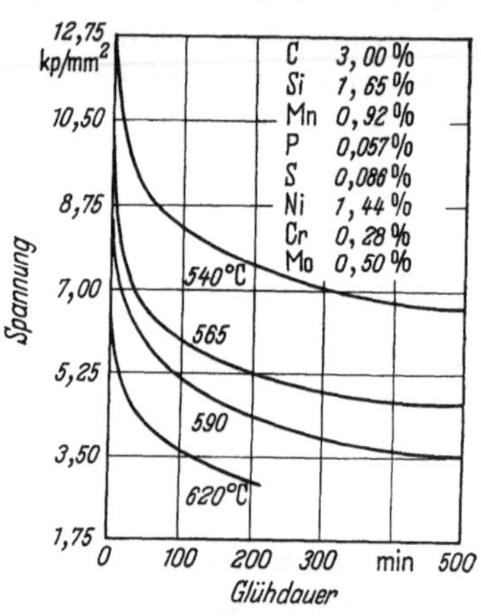

Bild 27. Eigenspannungen an Versuchskörpern aus unlegiertem Gußeisen mit Lamellengraphit in Abhängigkeit von Temperatur und Haltedauer. Nach C. O. BURGESS [55].

Bild 28. Eigenspannungen an Versuchskörpern aus legiertem Gußeisen mit Lamellengraphit in Abhängigkeit von Temperatur und Haltedauer. Nach C. O. BURGESS [55].

die Temperatur, bis zu der die Kohlenstoffdiffusion zu den Graphiteinschlüssen hin noch erfolgen kann (Temperatur des oberen A_1-Haltepunktes). Die Bilder 29 und 30 veranschaulichen diesen Sachverhalt. Es sind in Bild 30 drei Werkstoffe eingetragen, die aus der Gruppe der Eisen–Graphit-Werkstoffe ausgewählt wurden, um die Ferritisierung in Abhängigkeit von der Glühtemperatur und der Zeit darzustellen. Im einzelnen handelt es sich hier um Gußeisen mit Lamellengraphit der Qualitäten GG-22 und GG-30 sowie um eine Charge aus Gußeisen mit Kugelgraphit. Sämtliche drei Gußeisensorten sind im Ausgangszustand (Gußzustand) perlitisch. Das Wachstum oder proportional hierzu die Kohlenstoffdiffusion bzw. der Grad der Ferritisierung des Grundgefüges können aus den Bildern 31, 32, 33 abgelesen werden. Die Ferritisierung beginnt merklich erst bei ungefähr 575 °C, nimmt dann aber bei entsprechender Haltezeit schon bei wenig höherer Temperatur bis zur völligen Ferritisierung des Grundgefüges zu. Das sich hierbei einstellende Grenzwachstum hängt vom Gesamtkohlenstoffgehalt und der Graphitausbildung ab. Je mehr sich die Graphiteinschlüsse der Kugelform nähern, um so geringer wird bei den hier gewählten Haltezeiten das Grenzwachstum. Zu beachten ist, daß sich den angegebenen Wachstumskurven das durch Oxydation des Werkstoffes verursachte Wachsen überlagern kann.

An dieser Stelle sei angefügt, daß die Kohlenstoffdiffusion bei nicht oder niedrig legierten Eisen–Graphit-Werkstoffen mit martensitischem Grundgefüge

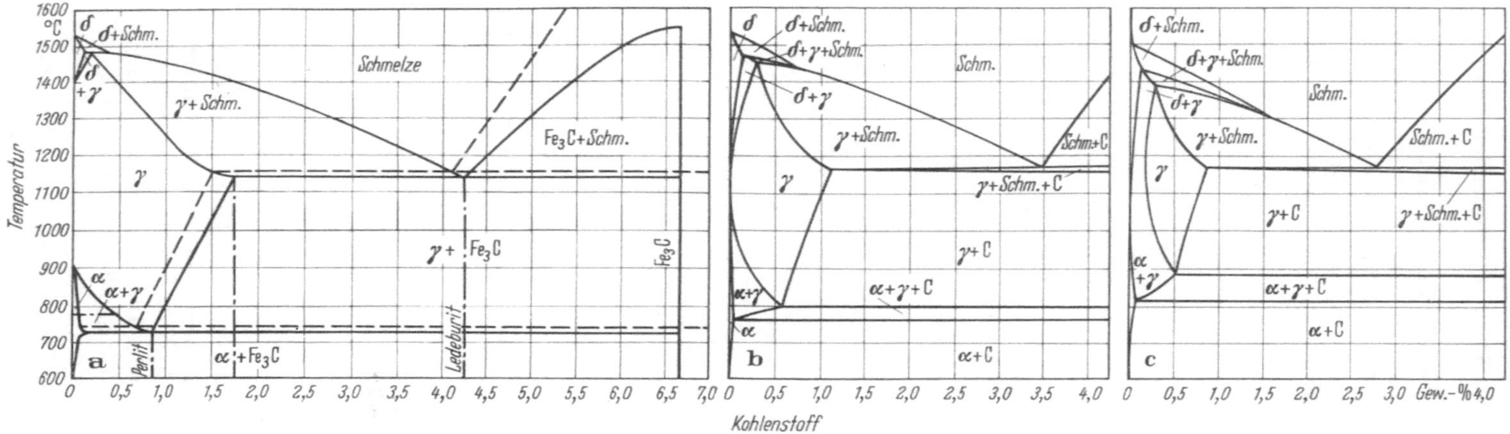

Kohlenstoff

Bild 29. Die wichtigsten Zustandsschaubilder für Stahlguß und Eisen-Graphit-Werkstoffe [5].
a) Vertikalschnitt bei 0% Si (metastabiles System, stabiles System gestrichelt); b) Vertikalschnitt bei 2,4% (Si stabiles System); c) Vertikalschnitt bei 4,8% Si (stabiles System).

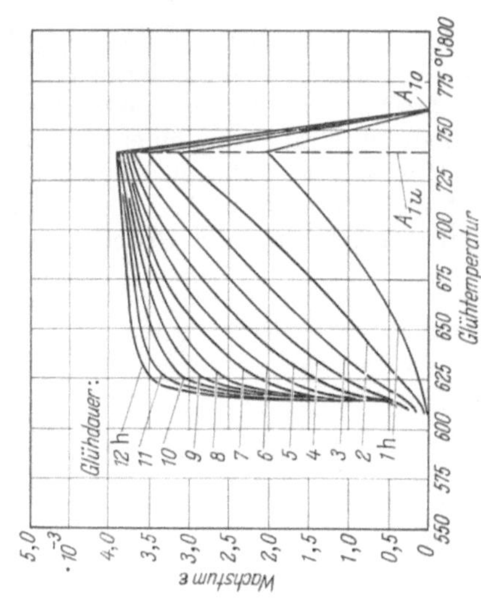

Bild 32. Wachsen durch Kohlenstoffdiffusion von GG-30 (3,2% C, 1,8% Si, 0,8% Mn) in Abhängigkeit von Temperatur und Haltedauer [55].

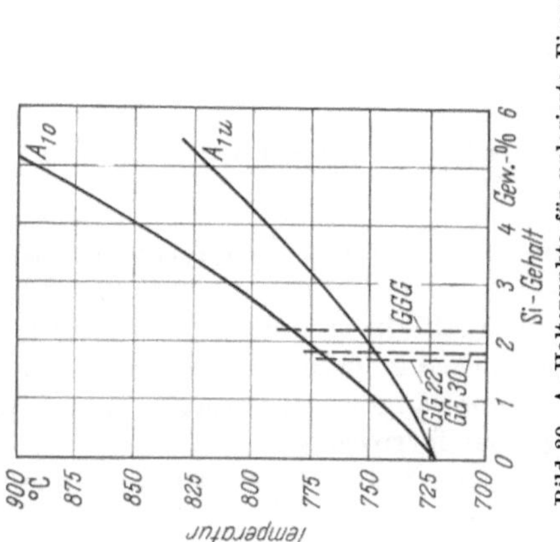

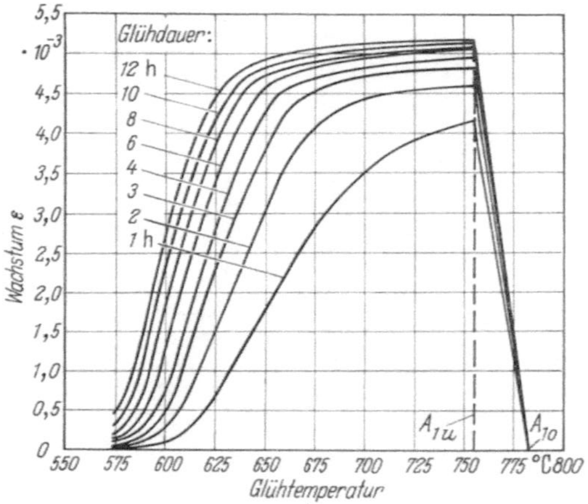

Bild 31. Wachsen von GG-22 (3,5% C, 1,7% Si, 0,5% Mn) in Abhängigkeit von der Glühtemperatur und der Haltedauer auf Grund der Kohlenstoffdiffusion [55].

Bild 30. A₁-Haltepunkte für unlegierte Eisen-Graphit-Werkstoffe in Abhängigkeit vom Silizium-gehalt (Beispiele eingezeichnet) [55].

schon bei etwas niedrigeren als den Bildern 31, 32, 33 zu entnehmenden Temperaturen beginnt bzw. schneller erfolgt.

Austenitisieren. Unter Austenitisieren von Eisen–Graphit-Werkstoffen versteht man ein Glühen bei einer Temperatur, die oberhalb des oberen A_1-Punktes liegt. Hierbei wandelt sich zunächst das Grundgefüge vollkommen in Austenit um. Weiterhin geht ein Teil des Graphits im Austenit in Lösung. Der Grad der Kohlenstoffsättigung im Grundgefüge ist abhängig von der chemischen Zu-

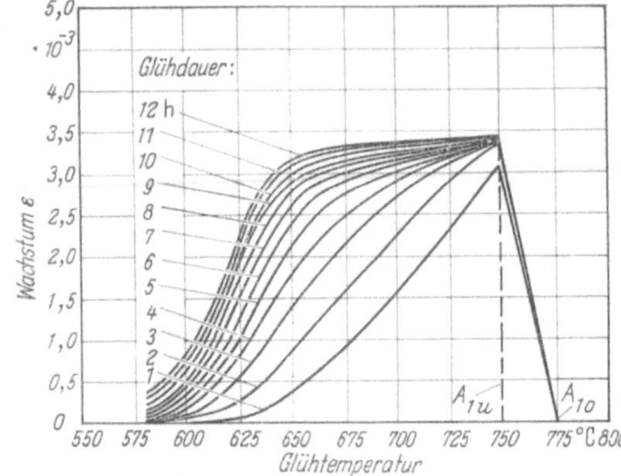

Bild 33. Wachsen infolge Kohlenstoffdiffusion von einem Gußeisen mit Kugelgraphit (3,6% C, 2,3% Si, 0,2% Mn, 0,5% Ni, 0,05% Mg) in Abhängigkeit von Temperatur und Haltedauer [55].

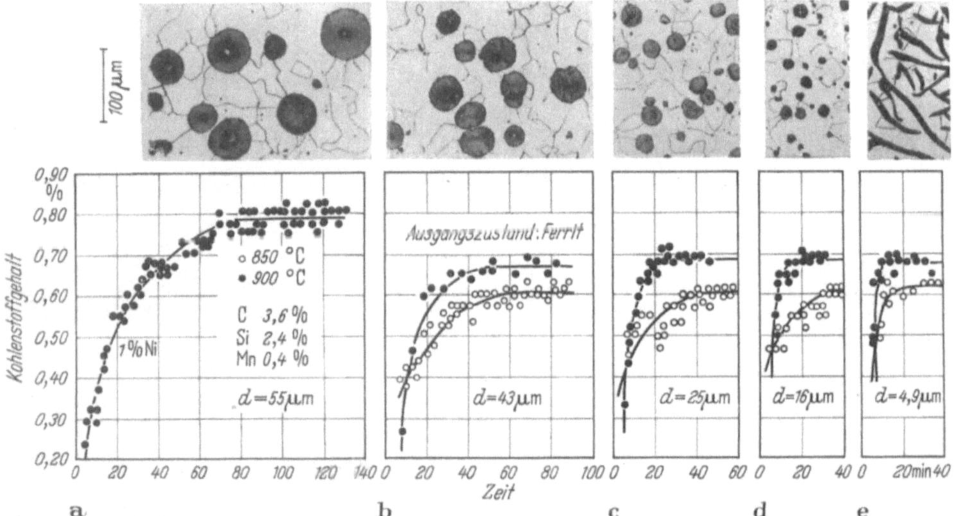

Bild 34. Anstieg des Gehaltes an dem im Grundgefüge gelösten Kohlenstoff in Abhängigkeit von Temperatur und Haltedauer. Die Gefügebilder stellen das jeweilige ferritische Ausgangsgefüge dar. Nach J. MOTZ [55].

sammensetzung des Eisen–Graphit-Werkstoffes und von der Glühtemperatur. Die Zeit, in der die Sättigung erreicht wird, hängt außerdem sowohl von der Graphitausbildung und der Graphitmenge als auch vom Gehalt an bereits im Grundgefüge gelöstem Kohlenstoff ab. Ein ferritisches Ausgangsgefüge erfordert daher eine längere Haltedauer als ein perlitisches. In Bild 34 werden diese Vorgänge bei ferritischem Ausgangsgefüge anschaulich dargestellt. Unter anderem geht daraus hervor, daß mit abnehmendem Sphärolithendurchmesser oder sinn-

gemäß auch abnehmender Graphitlamellendicke die Zeit bis zur Kohlenstoffsättigung kürzer wird.

Vorgänge beim Abkühlen von der Austenitisierungstemperatur. Normalerweise
härtet oder vergütet man Werkstücke aus Eisen–Graphit-Werkstoffen, indem man
sie zunächst austenitisiert, anschließend abschreckt und ggf. anläßt. Voraussetzung für die höchste erzielbare Härte ist ein Mindestgehalt an gelöstem Kohlenstoff von rd. 0,6%.

Der Abkühlvorgang kann isotherm oder kontinuierlich erfolgen. Bei der isothermen Abkühlung wird im Warmbad abgeschreckt. Die Gefügeänderungen
während einer derartigen Härtung bzw. Vergütung sind aus isothermen Zeit–
Temperatur-Umwandlungsschaubildern für den jeweiligen Werkstoff abzulesen.
Am Beispiel von unlegiertem Gußeisen mit Lamellen- bzw. Kugelgraphit sei zunächst der Einfluß der Graphitausbildung beschrieben (Bild 35, 36). Während

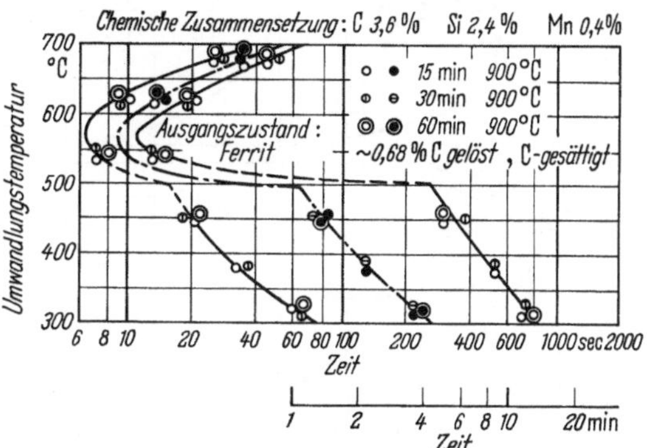

Bild 35. Isothermes TZU-Schaubild
eines unlegierten Gußeisens mit Lamellengraphit. Die linke Kurve stellt
den Beginn, die mittlere Kurve 50%
und die rechte Kurve ungefähr 95%
der Gefügeumwandlung dar.
Nach J. Motz [55].

die Perlitbildung bei Temperaturen zwischen 500 °C und 700 °C kaum durch
unterschiedliche Graphitausbildung beeinflußt wird, verzögert eine kompaktere
Graphitausbildung die Entstehung von Zwischenstufengefüge im Temperaturbereich von ungefähr 300···500 °C. Im entgegengesetzten Sinne wirkt sich im
Gebiet der Zwischenstufe eine Minderung des Gehaltes an gelöstem Kohlenstoff
aus. Legierungselemente verzögern die Gefügeumwandlung; die zahlreichen
Legierungsmöglichkeiten lassen aber eine Beschreibung der ZTU-Schaubilder in
diesem Rahmen nicht zu. Auf eine ausführliche Zusammenstellung der Literatur-
angaben über meist isotherme ZTU-Schaubilder von verschieden legierten Eisen–
Graphit-Werkstoffen wird im Schrifttum hingewiesen [55].

Häufig werden Werkstücke aus Eisen–Graphit-Werkstoffen von der Austenitisierungstemperatur kontinuierlich, z. B. in Wasser, Öl oder Luft, abgekühlt. Die
hierbei eintretenden Gefügeänderungen können mit Hilfe von kontinuierlichen
ZTU-Schaubildern beschrieben werden. Leider findet man für Eisen–Graphit-
Werkstoffe derartige Schaubilder selten. Da das Umwandlungsverhalten gleicharti-
ger Eisen–Graphit-Werkstoffe aus verschiedenen Chargen ständig Schwankungen
unterworfen ist, besteht vor allem bei den auf Änderungen von Abschreck-
medien und Werkstückabmessungen empfindlich reagierenden Umwandlungsvor-
gängen bei der kontinuierlichen Abkühlung ein Interesse an einfachen Prüfverfahren, mit deren Hilfe das Umwandlungsverhalten ausreichend genau erfaßt
werden kann. Ein solches Verfahren soll im folgenden kurz beschrieben werden.

Die Grundlage dieses Verfahrens ist der Stirnabschreckversuch. Bei nicht oder
niedrig legierten Eisen–Graphit-Werkstoffen ist es zulässig, abweichend von den
Vorschriften des Stahl–Eisen-Prüfblattes 1650—50 den Probendurchmesser von

25 mm bis auf 12 mm sowie den Durchmesser der Wasserdüse entsprechend von
12 mm auf 6 mm zu vermindern   Damit können auch Stirnabschreckproben aus
mitgegossenen Probestählen, deren für die Abgußverhältnisse der Gußstücke repräsentativer Durchmesser kleiner als 30 mm sein kann, hergestellt werden.
Geben die im Stirnabschreckversuch ermittelten Härtekurven schon einen guten
Anhalt für die Härtbarkeit, so kann die weitgehendere Auswertung für die Aufstellung von Härteplänen von Vorteil sein.   Trägt man die einzelnen, im Versuch
gewonnenen Härtewerte (HV oder HRC) über dem im logarithmischen Maßstab

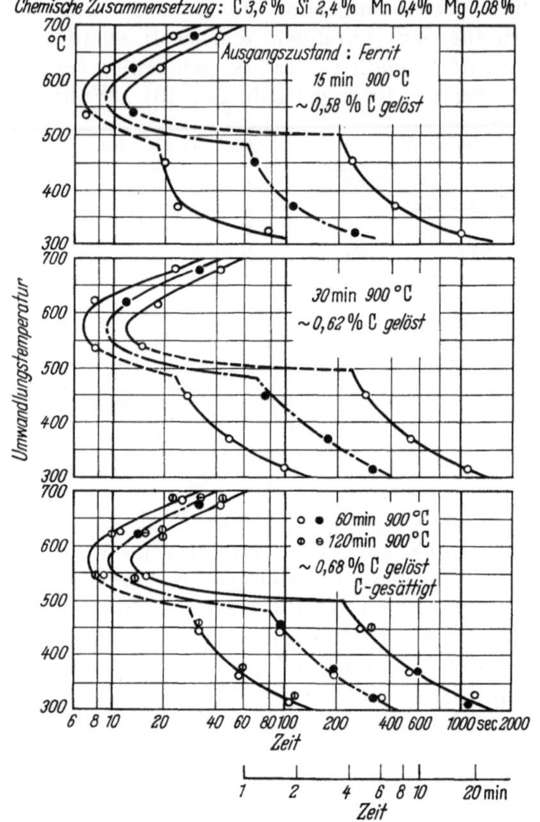

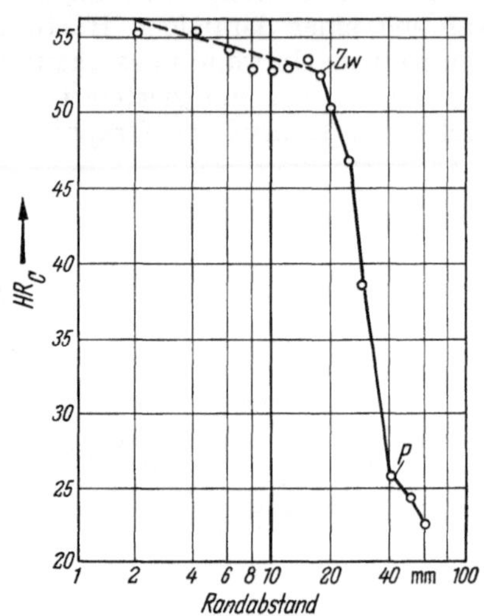

Bild 37. Härteverlauf einer Stirnabschreckprobe aus Gußeisen mit Kugelgraphit (3,4% C,
2,3% Si, 0,5% Mn, 1,2% Ni, 0,05% Mg).
Der Beginn der Zwischenstufengefügebildung
erfolgt bei Zw, der Beginn der Perlitbildung
bei P [55].

Bild 36. Isotherme TZU-Schaubilder eines
unlegierten Gußeisens mit Kugelgraphit.
Nach J. Motz [55].

eingezeichneten Stirnflächenabstand auf, so erkennt man im Kurvenverlauf Un-
stetigkeitsstellen, die von der Stirnfläche aus gesehen den Beginn der Bildung
eines neuen Gefügebestandteiles in der Stirnabschreckprobe kennzeichnen.   Der
an diesen Stellen vorliegende Gefügezustand kann metallographisch nachgewiesen
werden (Bild 37).

Die Härtekurven nicht bzw. niedrig legierter Eisen–Graphit-Werkstoffe und
auch Stähle weisen im konvexen Kurventeil aneinandergereihte Kurvenabschnitte
der Art $y = a \cdot b^{-nx} + c$ auf.   Jeweils bei der Bildung eines neuen Teilgefüges
beginnt ein neuer Kurvenabschnitt.   Auf einfach-logarithmischem Papier ergeben
die Kurvenabschnitte dann Geraden.   Es würde an dieser Stelle zu weit führen,
den Zusammenhang zwischen Werkstoffbeschaffenheit, Abkühlgeschwindigkeit
und Härte aufzeigen zu wollen.   Es sei nur darauf hingewiesen, daß dies unter be-

stimmten Vereinfachungen in den Grenzen zwischen 100 und 700 °C sowie über die Beziehung zwischen Abkühlgeschwindigkeit und Härte möglich ist. Da der Temperaturverlauf während der kontinuierlichen Abkühlung der Stirnabschreckprobe bekannt ist (Bild 38), lassen sich die Abkühlkurven ermitteln, die den Beginn der Bildung eines neuen Gefügebestandteiles kennzeichnen. Hierbei werden parallel zu den im allgemeinen Abkühl-Schaubild vorhandenen Abkühlkurven andere Kurven, die durch die aus der Härtekurve ermittelten ausgezeichneten Stirnflächenabstände bestimmt sind, eingetragen. Am Temperaturmaßstab muß die jeweils ausgewählte Abschrecktemperatur berücksichtigt werden. Der Abszis-

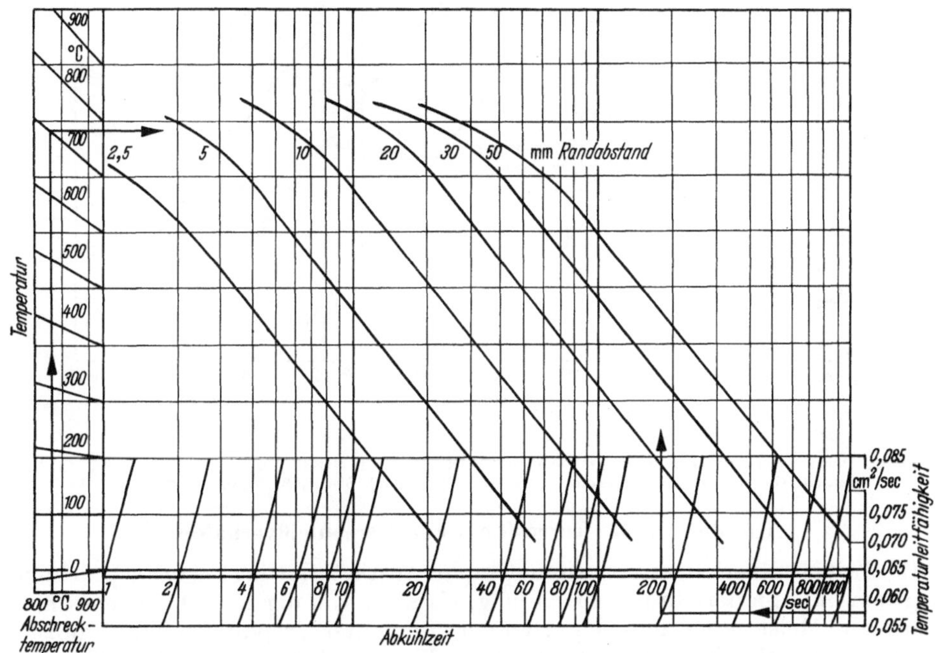

Bild 38. Abkühlverlauf nicht und niedrig legierter Eisen–Graphit-Werkstoffe und Stähle beim Stirnabschreckversuch [55].

senmaßstab ist in Abhängigkeit von der mittleren Temperaturleitfähigkeit ($a = \dfrac{\lambda}{\gamma \cdot c}$), die für den Temperaturbereich zwischen Raum- und Austenitisierungstemperatur gilt, zu verändern. Sollte die mittlere Temperaturleitfähigkeit nicht zu ermitteln sein, so können in erster Näherung für folgende nicht oder niedrig legierte Werkstoffe die angeführten Werte eingesetzt werden:

Hochwertiger Grauguß mit Lamellengraphit $\qquad a = 0{,}085 \dfrac{\text{cm}^2}{\text{s}}$

Gußeisen mit Kugelgraphit $\qquad a = 0{,}055 \dfrac{\text{cm}^2}{\text{s}}$

Untereutektoider Stahl $\qquad a = 0{,}065 \dfrac{\text{cm}^2}{\text{s}}$

Als Beispiel seien die Umwandlungs-Abkühlschaubilder für ein Gußeisen mit Lamellengraphit und ein solches mit Kugelgraphit angeführt (Bild 39). Mit Hilfe dieser Schaubilder lassen sich bei gegebenen Abkühlzeiten die Gefügebestandteile qualitativ bestimmen. Umgekehrt kann man die Abkühlzeiten so wählen, daß

man gerade noch die gewünschten Gefügebestandteile erhält. So läßt sich z. B.
ohne Schwierigkeit die kritische Abkühlgeschwindigkeit ablesen.

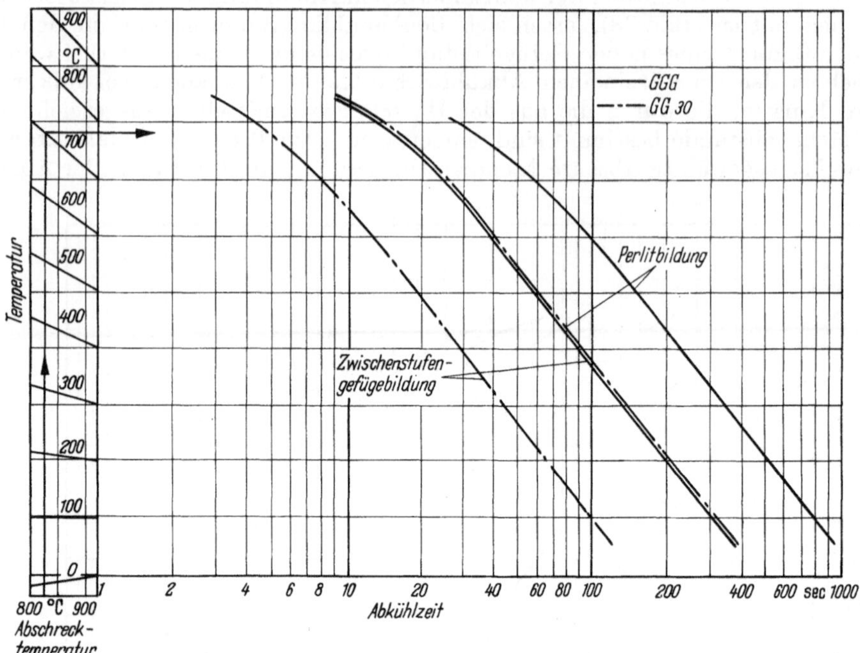

Bild 39. Den Umwandlungsbeginn kennzeichnende Abkühlkurven für GG-30 (3,2% C, 1,8% Si, 0,8% Mn)
und ein Gußeisen mit Kugelgraphit (3,4% C, 2,5% Si, 0,3% Mn, 1,5% Ni, 0,05% Mg) [55].

1.1.5 Zeitstand-, Korrosions- und Verschleißverhalten

Das Zeitstandverhalten von Eisen–Graphit-Werkstoffen bei Zugbeanspruchung
hängt sowohl von der Graphitausbildung, als auch von der Grundgefügebeschaffenheit ab. Meist verhalten sich Sorten mit kompakter Graphitausbildung günstiger als solche mit blattförmiger bei vergleichbarem Grundgefüge (Bild 40). Zuverlässig sind in Bild 40 allerdings nur die Meßwerte (eine Extrapolation von gut
einem Monat auf ca. 10 Jahre kann nie zuverlässig sein). Der Grundgefügeeinfluß

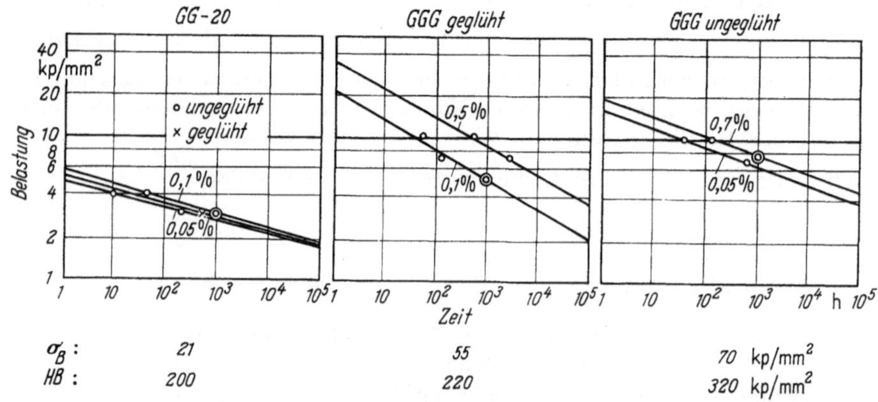

Bild 40. Zeitdehngrenzen von GG und GGG bei 450 °C. Nach W. A. STAUFFER [53].

auf die Zeitdehngrenze geht gut aus Bild 41 hervor. Die ferritischen und perlitischen Sorten sind praktisch unlegiert, die austenitischen haben meist Nickelgehalte von 20 bis 35%.

Ist schon das Zeitstandverhalten (und das Zeitschwingverhalten) ein recht komplexes Gebiet, das hier nur gestreift werden kann, so gilt das umsomehr für

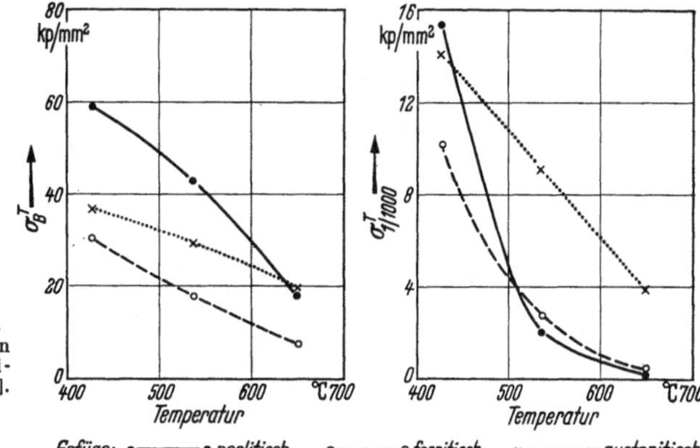

Bild 41. Warmzerreißfestigkeit und Zeitdehngrenze von Gußeisen mit Kugelgraphit. Nach American Brake Shoe Company [53].

das Korrosionsverhalten. Im allgemeinen hat die Graphitausbildung keinen starken Einfluß, während die Grundgefügebeschaffenheit ausschlaggebend ist (Bild 42). Die Ni–Resist-Sorten (in diesem Bilde) sind hoch-nickelhaltige, austenitische Güten. Andere Korrosionsmedien und andere Bedingungen können jedoch die im Beispiel erkennbare Rangordnung völlig ändern.

Da es sehr viele Arten der Verschleißbeanspruchung gibt, ist zu erwarten, daß auch das Verschleißverhalten sehr unterschiedlich ist. Gegenüber abrasiven Medien, z. B. Sand, Erde, Mahlgut usw. kann man die Tendenz des Verschleißverhaltens etwa mit Hilfe des Schleiftopfverfahrens erkennen. (Tab. 8. Als Bezugswerkstoff wird normalerweise ein unlegierter Stahl Ck 60 im normalisierten Zustand verwendet). Bei

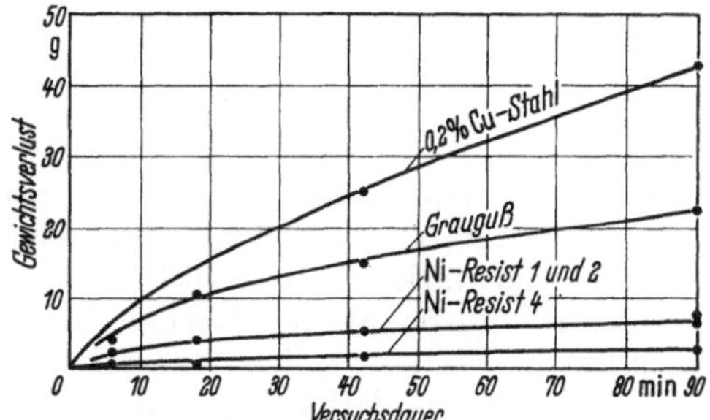

Bild 42. Korrosion von Ni-Resist 1,2 und 4 sowie von Grauguß und Walzstahl in Meeresatmosphäre [57].

Gleitverschleiß spielen dagegen andere Gesichtspunkte eine Rolle. Graphiteinschlüsse wirken sich bei hydrodynamischer Schmierung ungünstig aus, da das „Druckkissen" unterbrochen wird.

Im Bereich der Misch-, Grenz- und Festkörperreibung sind Graphiteinschlüsse häufig vom Vorteil, da die Anschweißneigung gegenüber den meisten Gegenwerkstoffen herabgesetzt wird. Damit kann selbst im Starkverschleißbereich der Verschleißkurve (Verschleiß in Abhängigkeit von einer übertragenen Arbeit) kein Fressen eintreten. Die Höhe der jeweiligen zulässigen Flächenpressung hängt nun sowohl von der Graphitausbildung als auch von der Grundgefügebeschaffenheit ab. Je höher die Elastizitätsgrenze des Werkstoffes ist, um so geringer ist die Gefahr des Einbrechens oder plastischen Nachgebens der Gleitfläche. Je niedriger die Anschweißneigung des Grundgefüges gegen den Gleitpartner ist, um so geringer

Tabelle 8. *Verschleiß-Widerstandsziffern einiger Gußeisensorten.* Nach W. A. STAUFFER [65]

Werkstoffbezeichnung	Zustand	Chemische Zusammensetzung							Vickers-härte 50 kp Belastung kp/mm²	Widerstands-ziffer W-Z[1]
		C	Si	Mn	P	S	Ni	Cr		
Hartguß	gegossen	Walzen-hartguß							645	2,71
Hartguß 47-283-5	gegossen	3,03	1,57	0,97				1,30	522	2,81
Hartguß EW Ch 1180	gegossen	3,94	0,63	0,28	0,12	0,04	8,38	12,24	433	2,90
Spezialgußeisen WH	gegossen	—	—	—	—	—			409	2,96
Weißes Gußeisen LH	gegossen	3,72	0,38	1,59	0,23	0,04			480	3,62
Nickel-Hartguß WNT	gegossen	3,00	0,70	0,50	—	—	3,5	1,6	756	4,67
Nickel-Hartguß NIB	gegossen	Ni-Hard		—	—	—	—	—	605	4,84
Sondergußeisen HC Sl-143-2C	gehärtet	2,86	0,41	1,04			0,07	26,4	787	5,43
Nickel-Hartguß WNS	gegossen	3,50	0,60	0,50	—	—	3,3	1,7	816	5,48
Chrom-Nickel- Hartguß I BU	gegossen	Walzen-hartguß							836	5,50
Nickel-Hartguß NIB	gegossen	Ni-Hard							605	6,05

[1] Die Widerstandsziffer ergibt sich aus dem Verhältnis zwischen dem Verschleißvolumen des Bezugswerkstoffs und dem des untersuchten Materials. Die Widerstandsziffer 2 bedeutet z. B., daß der untersuchte Werkstoff zweimal widerstandsfähiger ist als der Bezugswerkstoff.

ist auch der Verschleiß. Beim Wälzverschleiß ist das Zeit- oder Dauerschwingverhalten zusätzlich von wesentlichem Einfluß.

1.2 Stahlguß

1.2.1 Festigkeitseigenschaften

Stahlguß, also Stahl, dessen Formgebung durch Gießen erfolgt, ist nicht direkt mit Walz- oder Schmiedestahl gleicher chemischer Analyse zu vergleichen. Liegt nicht zu starke Transkristallisation vor, so nähert sich das richtungsabhängige Verhalten von Stahlguß mehr der Isotropie. Dagegen sind besonders bei Walzstahl die Festigkeitseigenschaften quer zur Walzrichtung oft deutlich schlechter als längs zur Walzrichtung. Auch werden bei Stahlguß die Festigkeitseigenschaften stärker von der chemischen Analyse beeinflußt als bei Walzstahl. Das gilt sowohl in positiver als auch negativer Richtung. Es muß also praktisch jeder Stahlguß in irgend einer Weise desoxydiert werden. Auch die erwünschte Feinkörnigkeit, Mikrolunkerfreiheit und Freiheit von Haarrissen kann durch die Gattierung beeinflußt werden. Menge, Art und Form von Schlackeneinschlüssen hängen von sachgemäßer Gattierung und geeigneter Schmelzenführung ab. Im Gegensatz zu üblichem Grauguß wird Stahlguß nur wärmebehandelt geliefert. Erst durch die der Gattierung, dem Schmelzverfahren, dem Gießverfahren und dem Gußstück angepaßte Wärmebehandlung werden die, der verlangten Güte entsprechenden Festigkeitseigenschaften erzielt (Tab. 9). Außer den genormten Güten können praktisch sämtliche Walzstähle als Stahlguß geliefert werden. Dabei muß jedoch auf die besonderen Belange des Stahlgusses Rücksicht genommen werden, z. B. betreffs Desoxydation. Bei sonst gleicher chemischer Zusammensetzung sind die Festigkeitseigenschaften meist ungünstiger als bei Walzstählen, gemessen in Walzrichtung.

Tabelle 9. *Stahlguß für allgemeine Verwendungszwecke* (Auszug aus DIN 1681, Ausgabe Juni 1967)
Gewährleistete Eigenschaften (Mindestwerte) bei Raumtemperatur (Dichte 7,85 kg/dm³)

| Stahlgußsorte | | Zugfestigkeit kp/mm² | Streckgrenze[1] kp/mm² | Bruchdehnung ($L_0 = 5\,d_0$) % | Bruch-einschnürung[2] % | Kerbschlag-zähigkeit (DVM-Probeb) kgm/cm² | Faltversuch[3,4] (Biegeprobe) | Magnetische Indultion[4] bei einer Feldstärke von | | |
Kurzname	Werkstoff-nummer							25 A/cm	50 A/cm T[5]	100 A/m
GS-38 [6]	1.0416	38	19	25	35	—	—	1,45	1,60	1,75
GS-38.3 [6]	1.0420					5	$D = 2\,a$			
GS-45 [6]	1.0443	45	23	22	30	—	—	1,40	1,55	1,70
GS-45.3 [6]	1.0446					4	$D = 3\,a$			
GS-52	1.0551	52	26	18	25	—	—	1,35	1,55	1,70
GS-52.3	1.0552					3	$D = 4\,a$			
GS-60	1.0553	60	30	15	—	—	—	1,30	1,50	1,65
GS-60.3	1.0558					2	—			
GS-62	1.0555	62	35	15	—	—	—	—	—	—
GS-62.3	1.0559					2	—			
GS-70	1.0554	70	42	12	—	—	—	—	—	—

[1] Bei Verwendungszwecken, für die das AD-Merkblatt W5 maßgebend ist, ist im Hinblick auf die Festigkeitskennwerte für Temperaturen oberhalb Raumtemperatur das genannte AD-Merkblatt zu beachten.

[2] Die Werte sind für die Abnahme nicht maßgebend.

[3] Biegewinkel 180°; *a* Probedicke, *D* Dorndurchmesser.

[4] Wird der Nachweis des Biegeverhaltens im Faltversuch und/oder der magnetischen Induktion verlangt, ist dies bei der Bestellung anzugeben.

[5] 1 T (= 1 Tesla) $\hat{=}$ 10⁴ G.

[6] Der Kohlenstoffgehalt in der Schmelzenanalyse und auch im Stück an den für Konstruktionsschweißungen bestimmten Stellen darf 0,25% nicht überschreiten.

Vorausgesetzt, daß weder Eigenspannungen noch sonstige Guß- und Wärmebehandlungsfehler vorhanden sind, gilt etwa die Beziehung $\sigma_{zB} = 0{,}35 \cdot$ HB 30 bis etwa HB 30 $= 400$ kp/mm² für nicht und niedrig legierte Güten. Unter den gleichen Bedingungen ist

$$\sigma_E \approx 0{,}9 \cdot \sigma_S \,,$$

$$\sigma_W / \sigma_{zB} \approx 0{,}32 \text{ bis } 0{,}38 \,,$$

$$\tau_W / \sigma_{zB} \approx 0{,}25 \text{ bis } 0{,}3 \,.$$

Die niedrigen Faktoren gelten für die minderfesten, die höheren Faktoren für die hochfesten Stahlgußsorten. Nach dem gleichen Schema wie im vorigen Kapitel können mit Hilfe von σ_{zB}, σ_S und τ_B, τ_{tS} die Dauerschwingfestigkeitsschaubilder konstruiert werden (bei fehlenden τ_B-Werten können die Dauerschwingschaubilder für Schubspannungen in die Koordinaten des Zug–Druck-Bildes gezeichnet werden, wobei die σ_A- und τ_A-Linien parallel verlaufen).

Im Gegensatz zu Gußeisen mit Lamellengraphit besteht nur eine geringfügige Änderung der Festigkeitseigenschaften bei zunehmender Wanddicke. Dies liegt zum großen Teil an der stets erfolgenden, der Wanddicke angepaßten Wärmebehandlung. Das bei größeren Wanddicken grobkörnigere Gefüge setzt in erster Linie die Streckgrenze herab. Selbstverständlich ist bei Gußstücken aus Stahlguß die Gefahr der Mikrolunkerbildung besonders gegeben. Es sind aber bereits Gußstücke mit einigen hundert Tonnen Gewicht mit entsprechenden Wanddicken und zufriedenstellenden Festigkeitseigenschaften gegossen worden.

1.2.2 Wärmebehandlung

In diesem Abschnitt kann praktisch nur auf einfache Wärmebehandlungen von nicht oder niedrig legierten Stahlgußsorten eingegangen werden. Stahlrohguß ist wegen des ungünstigen Gefügezustandes und wegen Gefügeeigenspannungen für die meisten Zwecke nicht zu gebrauchen. Zur Erzielung eines zweckmäßigen Gefügezustandes für die Weiterverarbeitung, bzw. für den Gebrauch sind in Tab. 10 die wichtigsten Wärmebehandlungen angeführt. Meist wird normal-

Tabelle 10. *Primärwärmebehandlung von Stahlguß*
Nach W. TROMMER [1]

Verfahren und Durchführung	Zweck
1. Spannungsfreiglühen unter $Ac_1 - 721\,°C$	Beseitigen sowie Ausgleich von Guß-, Schweiß- und Abkühlungsspannungen.
2. Weichglühen um Ac_1 — unter und über 721 °C	Erzielen leichter Bearbeitbarkeit. Beseitigen von zu hartem oder zufällig gehärtetem Gefüge, auch bei Kaltverfestigung
a) Perlitisieren	Glühen auf kugeligen Zementit
b) mit unterbrochener Abkühlung	wie vor mit kürzerer Gesamtglühzeit
c) mit vorangehendem Härten	wie vor mit feinster Kugelform
d) abgestimmt auf die Zusammensetzung	Weichglühen von Stählen ohne Umwandlung bzw. von hochlegierten Stählen
3. Normalglühen, Umkörnern, Homogenisieren über Ac_3	Verbessern, Regenerieren, Rückfeinen des Gefüges, Umwandeln der Gußstruktur sowie der Struktur von überhitztem bzw. grob rekristallisiertem Gefüge
4. Diffusionsglühen, Vorglühen weit über Ac_3	Ausgleich ungleichmäßiger Primärkristallisation sowie Legierungsgehalte

geglüht. Zum Ausgleich von Kristallseigerungen an vorwiegend legiertem Stahlguß wird auch diffusionsgeglüht. Im Anschluß an das Normalisieren oder auch das Diffusionsglühen wird dann spannungsfrei- und weichgeglüht. Durch langsames, gesteuertes Abkühlen nach dem Weichglühen wird gleichzeitig entspannt.

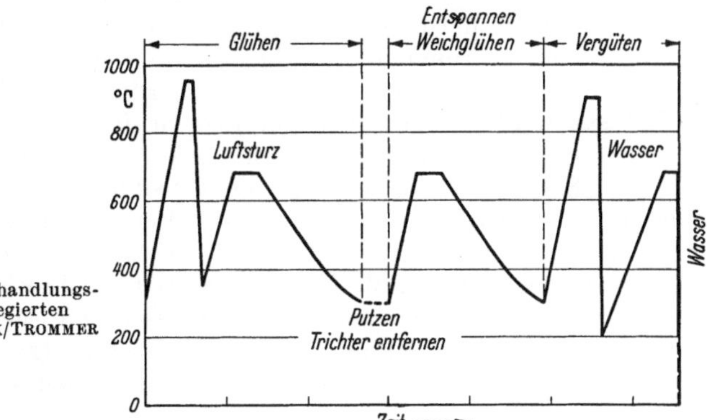

Bild 43. Mögliches Wärmebehandlungsschema für die Vergütung legierten Stahlgusses. Nach JURETZEK/TROMMER [1].

Nach dieser Wärmebehandlung kann das Gußstück bearbeitet werden. Unlegierter Stahlguß wird dann meistens so belassen. Niederlegierter Stahlguß wird im Anschluß an die mechanische Vorbearbeitung (Schruppen) häufig vergütet, um die günstigsten Festigkeitseigenschaften zu erzielen (Bild 43).

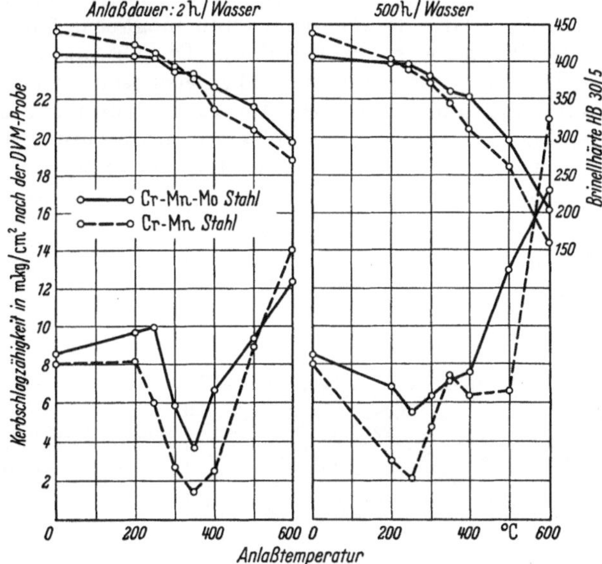

Bild 44. Einfluß von Gußstückstoff und Anlaßtemperatur auf die Versprödung. Nach H. SCHRADER [1].

Die Aufstellung von Wärmebehandlungsplänen erfordert viel Erfahrung, aber auch ständige Kontrolle der chemischen Zusammensetzung des Gefüges und der Festigkeitseigenschaften an den verschiedensten Stellen des Gußstückes. Die Wärmebehandlung und häufig auch die spangebende Vorbearbeitung wird daher normalerweise von der Stahlgießerei durchgeführt. Trotzdem sollte der Konstrukteur so genau wie möglich über die Wärmebehandlung seiner Stahlgußstücke

3*

Bescheid wissen, da die Verarbeitbarkeit und die Gebrauchseigenschaften sehr stark von der Wärmebehandlung abhängig sind. Die wichtigsten Werkstoffkennwerte für die Wärmebehandlung sind den Auflösungsschaubildern und den Zeit–Temperatur-Schaubildern der entsprechenden Stähle zu entnehmen [58]. Glühtemperaturen sind dabei dem kontinuierlichen Auflösungsschaubild, Haltezeiten ggfls. dem isothermen Auflösungsschaubild zu entnehmen. Gefüge und Härteänderungen bei üblichen Abkühlungsvorgängen, wie Ölabschrecken, Luftabkühlen oder Ofenabkühlen sind im kontinuierlichen ZTU-Schaubild dargestellt. Für die bei Stahlguß seltener durchgeführte Stufenhärtung oder auch Zwischenstufenvergütung werden wichtige Werkstoffkennwerte dem entsprechenden isothermen ZTU-Schaubild entnommen. Leider sind für Stahlguß wenig derartiger Schaubilder veröffentlicht. Näherungsweise kann man aber die Schaubilder für Walzstähle heranziehen. Sie stimmen um so besser, je feinkörniger der Stahlguß ist. Einen gewissen Aufschluß geben auch Stirnabschreckhärtekurven, die nach dem bereits in Kapitel 1.1.4 beschriebenen Verfahren ausgewertet werden können. Weiterhin geben Anlaßschaubilder Auskunft über geeignete Anlaßtemperaturen beim Vergüten. Bereiche der Anlaßversprödung können damit vermieden werden (Bild 44).

1.2.3 Zeitstand-, Bestrahlungs-, Korrosions- und Verschleißverhalten

Das Zeitstandverhalten von Stahlguß ist in erster Linie von der Legierung, in zweiter Linie von der Wärmebehandlung abhängig, zweckmäßiges Erschmelzen und Vergießen vorausgesetzt. Die niedriglegierten Sorten werden meist vergütet (Tab. 11). Im ferritischen Grundgefüge sind dann möglichst feine, gleichmäßig verteilte Karbide (ferritische warmfeste Stähle). Die Gruppe der Chromstähle mit mehr als 12% Cr und geringen anderen Legierungsanteilen (Mo, Ni) wird ebenso im vergüteten Zustand eingesetzt. Im hartvergüteten Zustand ist der Verschleißwiderstand gegen Erosion u. ä. bei Temperaturen unter 500 °C verhältnismäßig günstig. Für höhere Temperaturen ist die Gruppe der austenitischen

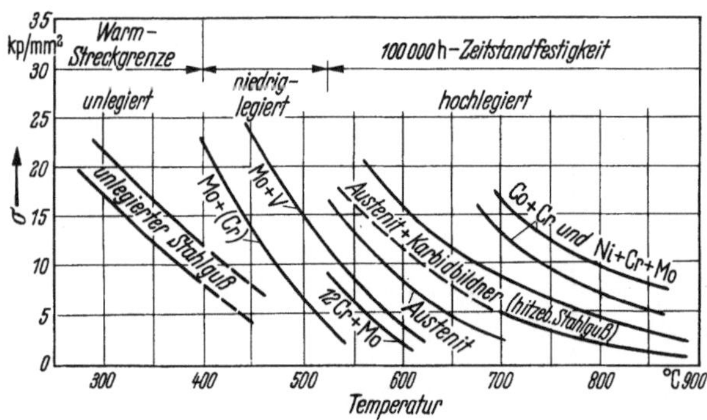

Bild 45. Richtwerte für warmfeste Stahlguß-Sorten. Nach H. ZEUNER [59, 60].

Stähle besonders geeignet. Diese Stähle haben bei niedrigem Kohlenstoffgehalt (<0,15%) vorwiegend hohe Chrom- und Nickelgehalte (>18% Cr, >9% Ni). Daher ist das Grundgefüge austenitisch. Weitere Legierungszusätze mit großer Kohlenstoffaffinität (Karbidbildner Nb, Mo) „stabilisieren" das austenitische Gefüge bei besonders hohen Temperaturen, bzw. langen Beanspruchungszeiten. Gleichzeitig blockieren sie das Gleiten längs der Gitterebenen und erhöhen damit den Verformungswiderstand. Nach der mechanischen Vorbearbeitung sollte nach Möglichkeit homogenisiert werden, z. B. durch Glühen bei 1150 °C, ggf. mit

Tabelle 11. *Warmfester ferritischer Stahlguß* (Auszug aus DIN 17245 Ausgabe Juli 1967)

Chemische Zusammensetzung der warmfesten Stahlgußsorten (Schmelzenanalyse)

| Stahlgußsorte | | Chemische Zusammensetzung[1] in Gew.-% | | | | | | |
Kurzname	Werkstoff-nummer	C	Si	Mn	Cr	Mo	V	Sonstige
GS-C 25	1.0619	0,18—0,23	0,30—0,50	0,50—0,80	$\leqq$ 0,30			
GS-22 Mo 4	1.5419	0,18—0,23	0,30—0,50	0,50—0,80	$\leqq$ 0,30	0,35—0,45		
GS-17 CrMo 5 5	1.7357	0,15—0,20	0,30—0,50	0,50—0,80	1,00— 1,50	0,45—0,55		
GS-17 CrMoV 5 11	1.7706	0,15—0,20	0,30—0,50	0,50—0,80	1,20— 1,50	0,90—1,10	0,20—0,30	
G-X 22 CrMoV 12 1	1.4931	0,20—0,26	0,20—0,40	0,50—0,70	11,30—12,20	1,00—1,20	0,25—0,35	0,70—1,00 Ni
G-X 22 CrMoWV 12 1	1.4932	0,20—0,26	0,20—0,40	0,50—0,70	11,30—12,20	1,00—1,20	0,25—0,35	0,70—1,00 Ni 0,40—0,60 W

[1] Der Phosphor- und Schwefelgehalt darf bei dem Stahl GS-C 25 höchstens je 0,050%, bei den Stählen GS-22 Mo 4, GS-17 CrMo 5 5 und GS-17 CrMoV 5 11 höchstens je 0,040% betragen; bei Stahl G-X 22 CrMo(W)V 12 1 sind Phosphorgehalte $\leqq$ 0,045 und Schwefelgehalte $\leqq$ 0,030% zulässig.

Gewährleistete mechanische Eigenschaften der warmfesten Stahlgußsorten

| Stahlgußsorte | | Zug-festigkeit kp/mm² | 0,2-Grenze bei einer Temperatur von | | | | | | | Bruch-dehnung ($L_0 = 5\,d_0$) % mind. | Kerbschlag-zähigkeit[2] kgm/cm² mind. |
Kurzname	Werkstoff-nummer		20 °C[1]	200 °C	300 °C	350 °C	400 °C	450 °C	500 °C		
						kp/mm² mind.					
GS-C 25	1.0619	45—60	25	19,5	17	15,5	14	13		22	5
GS-22 Mo 4	1.5419	45—60	25	21	19,5	18,5	17,5	16,5	15	22	5
GS-17 CrMo 5 5	1.7357	50—65	32	26 5	24	22,5	21	19 5	18,5	20	5
GS-17 CrMoV 5 11	1.7706	60—80	45	39,5	36,5	35	33,5	31,5	30	15	5
G-X 22 CrMoV 12 1	1.4931	70—90	60	54	49,5	45,5	42	38	33	15	3
G-X 22 CrMoWV 12 1	1.4932	70—90	60	54	49,5	45,5	42	38	33	15	3

[1] Bei 20 °C gelten die Werte für die Streckgrenze, sofern sie sich ausprägt.
[2] Geprüft an der DVM-Probe. — Als Prüfergebnis ist das Mittel von drei Proben zu werten.

1. Gußwerkstoffe

anschließender Wasserabschreckung. Bild 45 gibt über den Einsatz warmfester Werkstoffe einen guten Überblick, ebenso Bild 46. Da durch zu starke Versprödung der Bruchwiderstand der (stets gekerbten) Gußstücke herabgesetzt wird, ist besonders bei der Werkstoffauswahl auf die Versprödungsneigung zu

Zu Tabelle 11. *Anhaltsangaben über Verhalten unter Langzeitbeanspruchung*

1. Die nachstehende Tabelle enthält vorläufige Anhaltsangaben über die Langzeit-Warmfestigkeitswerte der warmfesten Stahlgußsorten. Die aufgeführten Werte sind die *Mittelwerte* des bisher erfaßten Streubereichs, die nach Vorliegen weiterer Versuchsergebnisse von Zeit zu Zeit überprüft und unter Umständen berichtigt werden. Nach den bisher zur Verfügung stehenden Unterlagen aus Versuchen von mehr als 10000 bis z. T. weit über 50000 Stunden kann angenommen werden, daß die *untere* Grenze des Streubereichs der Zeitstandfestigkeit bei den angegebenen Temperaturen für die aufgeführten Stahlgußsorten um rd. 20% tiefer liegt als der angegebene Mittelwert. Bei der 1%-Zeitdehngrenze ist die Streuung im allgemeinen höher.

2. Die angegebenen Werte werden vom Stahlhersteller auf Grund eigener oder in seinem Auftrag durchgeführter Zeitstandversuche mit einer Dauer von mindestens 10000 Stunden, die bei einer der angeführten Temperaturen an der betreffenden oder an einer vergleichbaren Stahlsorte eigener Herstellung vorgenommen wurden, nachgewiesen.

Stahlgußsorte		Temperatur °C	1%-Zeitdehngrenze[1] für		Zeitstandfestigkeit[2] für	
Kurzname	Werkstoff-nummer		10000 h	100000 h	10000 h	100000 h
			kp/mm²		kp/mm²	
GS-C 25[3]	1.0619	400	13,0	9,0	16,0	13,0
		410	11,5	7,8	14,3	11,0
		420	10,2	6,9	12,8	9,6
		430	9,0	6,0	11,4	8,4
		440	8,0	5,2	10,1	7,4
		450	7,0	4,5	9,0	6,5
		460	6,2	3,8	8,0	5,7
		470	5,4	3,3	7,1	5,0
		480	4,7	2,8	6,3	4,4
		490	4,0	2,4	5,6	3,8
		500	3,5	2,1	5,0	3,3
GS-22 Mo 4	1.5419	450	20,8	13,4	29,0	20,0
		400	19,5	12,1	26,3	17,5
		470	18,1	10,7	23,7	15,1
		480	16,6	9,3	21,2	12,9
		490	15,1	7,9	18,8	10,8
		500	13,5	6,4	16,5	9,0
		510	11,8	5,1	14,3	7,5
		520	10,2	4,0	12,1	6,1
		530	8,4	3,1	10,2	4,7
		540	6,7	2,3	8,5	3,5
		550	5,1	1,7	7,0	2,5
GS-17 CrMo 5 5	1.7357	450	22,4	17,2	30,0	23,0
		460	21,2	15,7	27,7	20,9
		470	19,9	14,2	25,4	18,8
		480	18,5	12,7	23,1	16,7
		490	17,1	11,0	20,9	14,8
		500	15,5	9,3	19,0	13,0
		510	13,8	7,8	16,9	11.1
		520	12,1	6,4	15,0	9,5
		530	10,5	5,2	13,2	7,8
		540	9,1	4,2	11,5	6,1
		550	7,6	3,3	10,0	5,0

Tabelle 11 (Fortsetzung)

Stahlgußsorte		Temperatur °C	1%-Zeitdehngrenze[1] für		Zeitstandfestigkeit[2] für	
Kurzname	Werkstoff nummer		10 000 h	100 000 h	10 000 h	100 000 h
			kp/mm²		kp/mm²	
GS-17 CrMoV 5 11	1.7706	450	34,7	26,0	38,0	31,5
		460	32,1	23,7	35,7	29,0
		470	29,9	21,5	33,5	26,5
		480	27,4	19,1	31,1	24,0
		490	25,2	16,9	28,9	21,7
		500	22,9	14,9	26,5	19,5
		510	20,7	12,9	24,5	17,5
		520	18,5	11,1	22,3	15,5
		530	16,4	9,3	20,2	13,5
		540	14,5	7,7	18,1	11,5
		550	12,5	6,3	16,0	9,5
		560	10.8	4,9	14,0	8,0
		570	9,1	3,9	12,2	6,5
		580	7,5	3,0	10,5	5,0
G-X 22 CrMoV 12 1	1.4931	450	31,1	26,4	39,0	31,5
G-X 22 CrMoWV 12 1	1.4932	460	29,2	24,5	36,5	29,5
		470	27,4	22,7	34,2	27,3
		480	25,6	20,9	32,0	25,1
		490	23,7	19,2	29,6	23,0
		500	22,0	17,5	27,5	21,0
		510	20,2	15,7	25,3	19,1
		520	18,5	14.1	23,1	17,4
		530	16,7	12,4	21,0	15,5
		540	15,1	10,8	18,9	13,8
		550	13,4	9,3	17,0	12,0
		560	11,9	7,9	15,1	10,5
		570	10,4	6,7	13,3	9,0
		580	9,1	5,5	11,6	7,5
		590	7,8	4,4	10,0	6,1
		600	6,7	3,5	8,5	5,0

[1] Das ist die auf den Ausgangsquerschnitt bezogene Spannung, die zur einer bleibenden Dehnung von 1% nach 10 000 oder 100 000 h führt.

[2] Das ist die auf den Ausgangsquerschnitt bezogene Spannung, die zum Bruch nach 10 000 oder 100 000 h führt.

[3] Die Werte gelten für Stahlguß GS-C 25 im vergüteten Zustand.

achten (Bilder 47 und 48). Konstruktiv wichtige Werkstoffkennwerte sind in den Bildern 49 bis 51 dargestellt.

Ein neues Anwendungsgebiet von Stahlguß liegt im Reaktorbau vor. Im Druckgefäß des Reaktors treten bei Druck- und Siedewasserreaktoren Temperaturen auf von rd. 320 °C, bei Heißdampfreaktoren bis ca. 500 °C (am Brennelement bis 650 °C). Wegen der erforderlichen Festigkeit (Zeitdehngrenze) und Korrosionsbeständigkeit bei diesen Temperaturen werden meist austenitische Stähle mit rel. hohem Nickel- und Chromgehalt, die fast rein niobstabilisiert sind, eingesetzt. So wurde z. B. für einen im Vakuum-Feingußverfahren hergestellten Stabhalter in einem CO_2-gekühlten Reaktor ein Stahl mit 0,04% C, 21% Cr, 25% Ni und 0,6% Nb und für den Thermischen Schild (10,3 t Stückgewicht) eines MZFR-Reaktors ein Stahl mit <0,1% C, 20% Cr, 10% Ni und <1% Nb verwendet [75, 76]. Bei derartigen Stählen muß darauf geachtet werden, daß

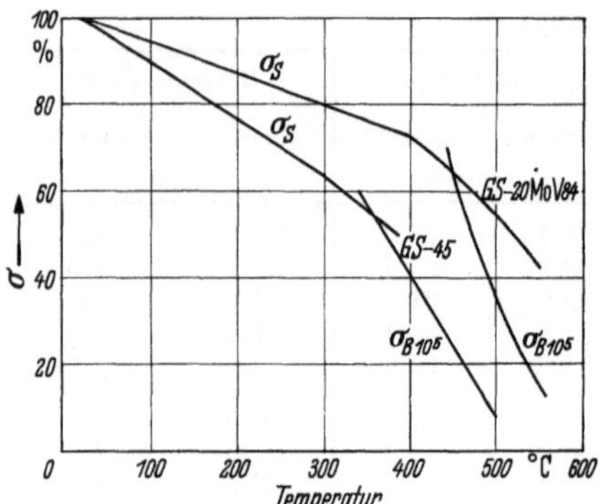

Bild 46. Warmstreckgrenze und Zeitstandfestigkeit
für Stahlguß GS-45 und für warmfesten Stahlguß
GS-20MoV8 4.Nach G. PAHL [13].

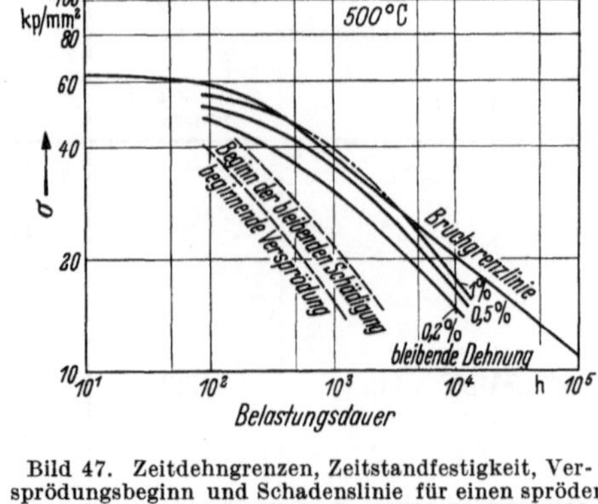

Bild 47. Zeitdehngrenzen, Zeitstandfestigkeit, Ver-
sprödungsbeginn und Schadenslinie für einen spröden
vergüteten Stahl mit 0,11% C, 0,72% Cr, 0,88 %Mo,
1,53% Ni. Nach THUM/RICHARD [13, 61].

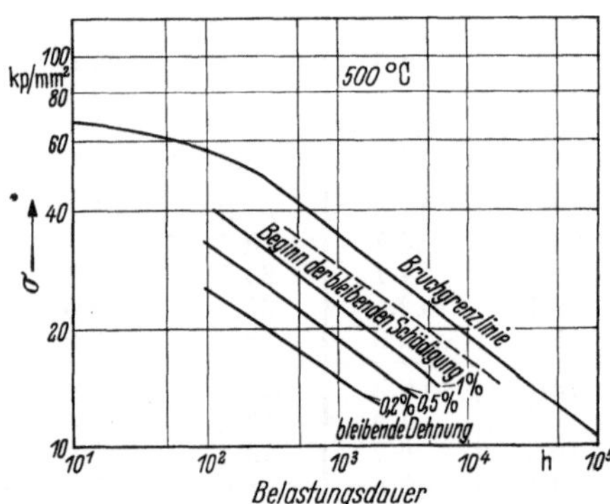

Bild 48. Zeitdehngrenzen, Zeitstandfestigkeit
und Schadenslinie für einen zähen vergüteten Stahl
mit 0,31% C, 2,58% Cr, 0,26% Mo und 0,48% V.
Nach THUM/RICHARD [13, 61].

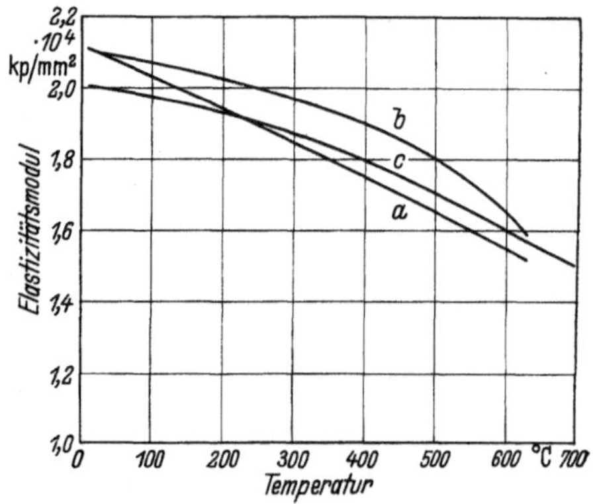

Bild 49. Elastizitätsmodul von a ferritischen warmfesten Stählen, b zwölfprozentigen Chromstählen und c
austenitischen warmfesten Stählen in Abhängigkeit
von der Temperatur. Nach G. PAHL [13].

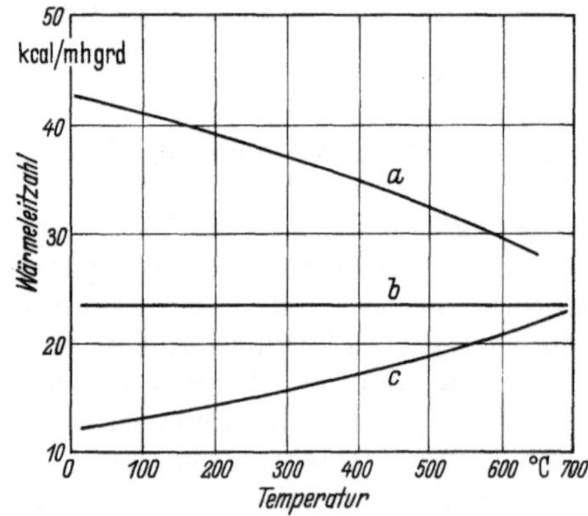

Bild 50. Wärmeleitzahl von a ferritischen warmfesten
Stählen, b zwölfprozentigen Chromstählen und c
austenitischen warmfesten Stählen in Abhängigkeit
von der Temperatur. Nach G. PAHL [13].

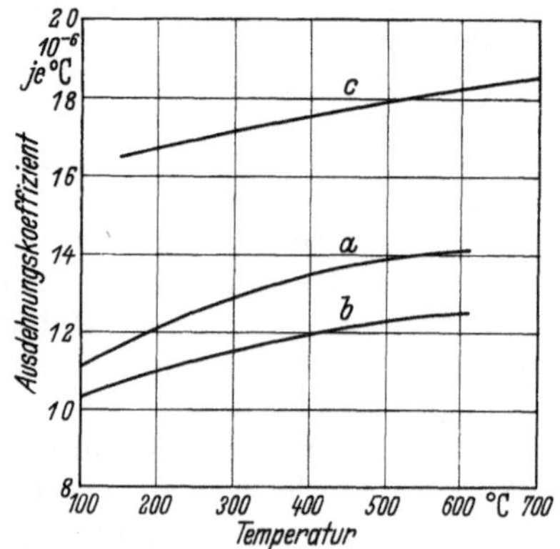

Bild 51. Linearer mittlerer Ausdehnungskoeffizient
von a ferritischen warmfesten Stählen, b zwölfprozentigen Chromstählen und c austenitischen
warmfesten Stählen. Nach G. PAHL [13].

keine Legierungselemente mit langer Halbwertszeit — wie Kobalt 60 (5 Jahre), aber auch Tantal 182 (111 Tage) — angewandt werden, da der Reaktor dann wegen zu starker γ-Strahlung nicht repariert werden könnte. Bauteile in der Nähe der Brennelemente sollen meist wenig thermische (langsame) Neutronen absorbieren um die Kernreaktion nicht abzubremsen, d. h. Legierungselemente wie Mn, W, Ta usw. sollten nicht genommen werden (Tab. 12) [74]. Wird dagegen zwecks Abschirmung eine Neutronenabsorption verlangt, so werden die austenitischen Stähle auch mit max. 1,3% Bor legiert.

Tabelle 12. *Absorptionsquerschnitte verschiedener Metalle für langsame (thermische) Neutronen* (in cm^{-1}). Nach E. SCHMIDT und K. LINDNER

Be	0,0011	Cr	0,25	W	1,2
Mg	0,0024	Ti	0,29	Ta	1,2
Zr	0,008	Cu	0,31	Co	3,0
Nb	0,062	V	0,33	Hf	4,6
Mo	0,16	Ni	0,40	B	104
Fe	0,19	Mn	1,01	Cd	180

Das Festigkeitsverhalten der angeführten austenitischen Stähle unter Neutronenbestrahlung ist noch nicht ausreichend untersucht. Die Gefügeänderung ist in Bild 52 dargestellt. Der durch sehr kurzzeitigen Temperaturanstieg gekennzeichnete Überhitzungsbereich ist gestrichelt umrandet, der teilrekristallisierte Umlagerungsbereich ist ausgezogen umrandet [72]. Bei Betriebstemperaturen um 300 °C scheinen sich Zeitstandfestigkeit, Zeitdehngrenze und Zähigkeit nicht stark zu verändern. Bei Temperaturen um 650 °C ist bei austenitischen Stählen ein deutlicher Abfall der Zeitstandfestigkeit, sowie in noch stärkerem Maße der

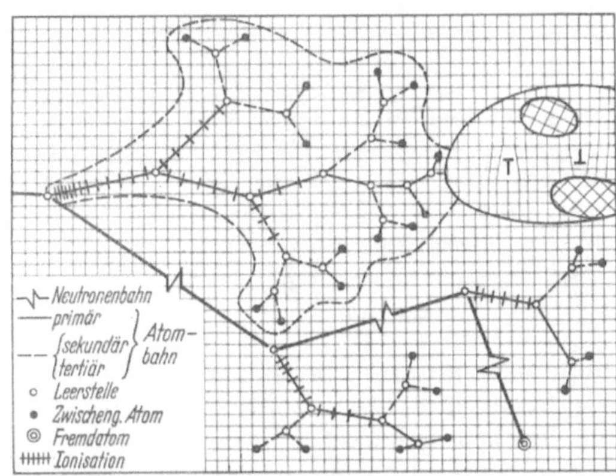

Bild 52. Auswirkungen der Neutronenbestrahlung in Metallgefüge, schematisch im zweidimensionalen Gitter gezeichnet [72].

Zähigkeit zu erwarten [73]. In Bild 53 werden Zeitstandschaubilder eines ausgehärteten austenitischen Stahles A-286 (Walzstahl) im bestrahlten und unbestrahlten Zustand mit denen von Nickellegierungen René 41 und Hastelloy X verglichen (ein wesentlicher Unterschied zwischen A-286 und entsprechendem fehlerfreien Stahlguß ist nicht zu erwarten).

Die Korrosionsbeständigkeit von Stahlguß hängt sehr wesentlich von dem Korrosionsmedium und den Korrosionsbedingungen ab. Gegenüber vielen Säuren, Seewasser und Industrieatmosphäre nimmt die Korrosionsbeständigkeit bei Chrom- oder Siliziumgehalten über 15% stark zu. Der angeführte Chromgehalt muß im Eisen gelöst und darf nicht mit Kohlenstoff gebunden sein. Man kann hier eine gewisse Parallelität zur Warmfestigkeit (Zunderbeständigkeit) der Stähle feststellen. Auf die besonders schlechte Bearbeitbarkeit von Siliziumstahlguß muß aufmerksam gemacht werden.

Um einen Anhalt für das Verschleißverhalten gegenüber Sanderosion und ähnliche Beanspruchungen zu erhalten, werden in Tab. 13 wiederum Ergebnisse von Schleiftopfversuchen (in Wasser–Sand) angeführt. Das Verhalten gegenüber Gleitverschleiß ist im Gegensatz zu Eisen–Graphit-Werkstoffen bei nahezu hydrodynamischer Schmierung günstiger, d. h. die zulässige Flächenpressung kann wegen der nicht durch Graphiteinschlüsse unterbrochenen Oberfläche meist größer sein. Im Bereich der Misch- oder Festkörperreibung hängt der Verschleiß stark von der Anschweißneigung des Verschleißpartners ab. Geeignete Verschleißpartner mit niedriger Anschweißneigung — Eisen–Graphit-Werkstoffe, Lager-

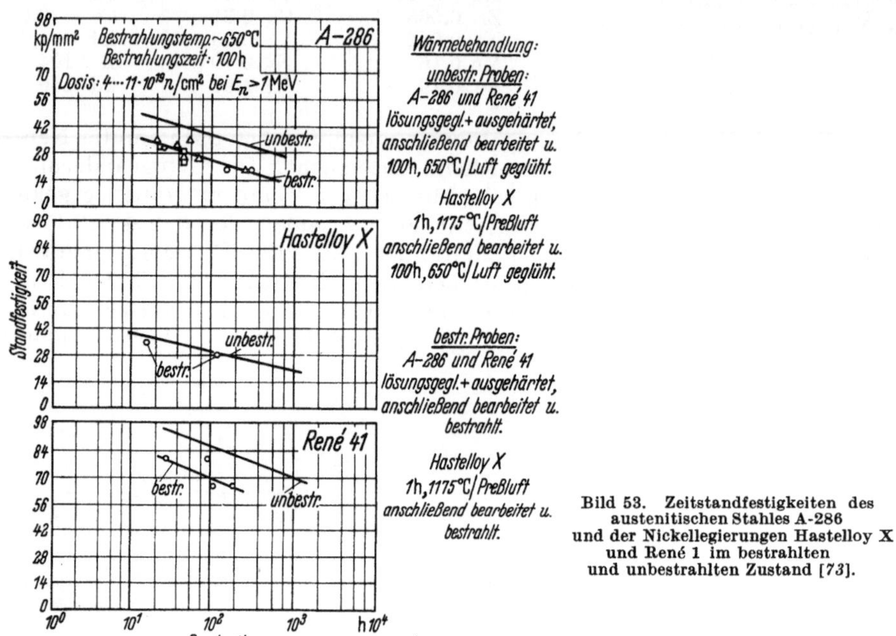

Bild 53. Zeitstandfestigkeiten des austenitischen Stahles A-286 und der Nickellegierungen Hastelloy X und René 1 im bestrahlten und unbestrahlten Zustand [73].

metalle, Aluminiumbronze, Kunststoffgleitflächen — ergeben rel. geringen Verschleiß; Stahl mit Stahl sollte bei starker Gleitbeanspruchung nicht gepaart werden. Richtig gehärteter Stahlguß (HRc > 60) ist bei feingeschliffener Oberfläche gut beständig gegen Wälzverschleiß. Bei Oberflächenhärtung muß die Einhärtetiefe aber ausreichend sein, damit die Härteschicht nicht einbricht.

1.3 Leichtmetalle

1.3.1 Festigkeitseigenschaften

Leichtmetallgußlegierungen sind fast ausschließlich Aluminium- und Magnesiumgußlegierungen. Die genormten Legierungen sind in den Tab. 14 und 15 angeführt. Während die zahlreichen Aluminiumlegierungen auf verschiedenste, in Tab. 14 angeführte Anwendungen abgestimmt sind, wird der einzige genormte Magnesiumgußtyp (Tab. 15) praktisch nur für Getriebe-, Kurbelwellen- und Ölpumpengehäuse von Kraftfahrzeugen eingesetzt. Zweifellos ist dieser Legierungstyp auch für zahlreiche andere Anwendungen geeignet. Eine Wanddickenabhängigkeit der Festigkeitseigenschaften ist vorhanden. Weil die Gußstückgewichte

(Fortsetzung s. S. 45)

Tabelle 13. *Verschleiß-Widerstandsziffern einiger Stähle.* Nach W. A. STAUFFER [65]

Werkstoffbezeichnung	Zustand	Chemische Zusammensetzung						Streck-grenze kp/mm²	Zug-festigkeit. kp/mm²	Dehnung L = 5 d %	Vickers-härte 50 kp Belastung kp/mm²	Wider-stands-ziffer-WZ[1]
		C	Si	Mn	Ni	Cr	Sonstige					
1. Verschiedene Stähle Austenitischer Mangan-Hartstahl 47-637-4v	abgeschreckt	1,19	0,52	12,68	—	—	—	35	80	30	227	1,86
Schnelldrehstahl StM aufgekohlt	roh gegossen	0,70	0,30	0,36	—	5,0	Mo = 1,0; V = 1,5; W = 20,0; Co = 12,0;	—	—	—	506	1,98
Martensitischer korrosions-fester Stahl AK 5	vergütet	0,50	0,35	0,60	—	15,50	—	—	173	—	507	2,28
Chromstahl 2002	vergütet	2,00	0,35	0,60	—	12,0	—	—	—	—	733	4,34
Schnelldrehstahl	gehärtet	0,70	0,12	0,30	—	5,0	W = 18,0; Co = 5,0; V = 1,0; Mo = 0,6;	—	—	—	857	4,50
Schnelldrehstahl StM aufgekohlt	roh gegossen	0,70	0,30	0,35	—	5,00	Mo = 1,0; V = 1,5; W = 20,0; Co = 12,0;	—	—	—	594	4,59
Chromstahl 2002	gehärtet Öl	2,00	0,35	0,60	—	12,50	—	—	—	—	847	6,02
2. Verschleißfester Stahlguß Verschleißfester Stahlguß HH	abgeschreckt	1,20	0,30	12,8	—	—	—	35	75	30	200	1,86
Verschleißfester Stahlguß MG	vergütet	0,98	0,78	1,98	0,06	14,4	P = 0,060 S = 0,020	—	—	—	526	2,52
Verschleißfester Stahlguß MG	vergütet	1,07	0,41	1,49	0,08	14,0	P = 0,060 S = 0,038	—	—	—	625	2,52

[1] Die Widerstandsziffer ergibt sich aus dem Verhältnis zwischen dem Verschleißvolumen des Bezugswerkstoffes und dem des untersuchten Materials.

Tabelle 14a. *Aluminium-Gußlegierungen*
(Auszug aus DIN 1725, Ausgabe Juni 1959×, Blatt 2)

Kurzzeichen	Werk-stoff-nummer[2]	Legierungs-bestandteile %	Dichte kg/dm^3 Ungefähr-werte	Lieferform und Lieferzustand	Werkstoffeigenschaften					Legierungs-nummer der Schmelz-werke
					Streck-grenze[3] $\sigma_{0,2}$ kp/mm^2	Zug-festigkeit[3] σ_B kp/mm$^{2\,4}$	Bruch-dehnung[3] δ_5 %	Brinell-härte HB[3] $(P=10D^2)$ kp/mm$^{2\,4}$	Biege-wechsel-festigkeit[5] σ_bW $(50 \cdot 10^6)$ ± kp/mm$^{2\,4}$	

1. Sand- und Kokillenguß[1]

Kurzzeichen	Werk-stoff-nummer	Legierungs-bestandteile	Dichte	Lieferform und Lieferzustand	Streck-grenze	Zug-festigkeit	Bruch-dehnung	Brinell-härte	Biege-wechsel-festigkeit	Legierungs-nummer
G-AlSi12	3.2581.01	Si 11,0−13,5 Mn 0 − 0,5 Al Rest wenn Fe >0,4, dann Mn >0,25	2,65	Sandguß unbehandelt	8− 9 (7)	17−22 (16)	4−8 (2)	50−70 (45)	5,5−6,5	−
G-AlSi12g	3.2581.44			Sandguß geglüht und abgeschreckt	9−10 (8)	18−22 (16)	6−10 (5)	50−60 (50)	8,5−10	
GK-AlSi12	3.2581.02			Kokillenguß unbehandelt	9−11 (9)	20−26 (16)	3−7 (2)	55−70 (50)	7−8	
GK-AlSi12g	3.2581.44			Kokillenguß geglüht und abgeschreckt	9−11 (9)	20−26 (16)	6−10 (4)	50−60 (50)	9−10	
G-AlSi12(Cu)	3.2583.01	Si 11,0−13,0 Mn 0 − 0,5 Al Rest wenn Fe >0,4 dann Mn >0,25	2,65	Sandguß	8−10 (8)	15−22 (15)	1−4 (1)	50−65 (50)	5,5−6,5	231
GK-AlSi12(Cu)	3.2583.02			Kokillenguß	9−12 (9)	18−26 (16)	2−4 (1)	55−75 (55)	7−8	
G-AlSi10Mg	3.2381.01	Si 9,0−11,0 Mg 0,2− 0,4 Mn 0 − 0,5 Al Rest wenn Fe >0,4, dann Mn >0,25	2,65	Sandguß unbehandelt	9−11 (8)	18−24 (17)	2−5 (2)	55−65 (55)	6,5−7,5	−
G-AlSi10Mg wa	3.2381.61			Sandguß warmausgehärtet	17−26 (17)	22−30 (20)	1−4 (1)	80−110 (75)	9−11	
G-AlSi10Mg	3.2381.02			Kokillenguß unbehandelt	11−15 (10)	20−26 (18)	1−4 (1)	65−85 (60)	8−10	
GK-AlSi10Mg wa	3.2381.61			Kokillenguß warmausgehärtet	20−28 (18)	24−32 (22)	1−4 (1)	85−115 (80)	10−11	

Legierung	Werkstoff-Nr.	Zusammensetzung	Dichte	Zustand						
G-AlSi10Mg(Cu)	3.2383.01	Si 9,0—11,0 Mg 0,2— 0,5 Mn 0 — 0,5 Al Rest wenn Fe >0,4, dann Mn >0,25	2,65	Sandguß unbehandelt	9—11 (8)	18—24 (17)	2—5 (1,5)	55—65 (55)	—	233
G-AlSi10Mg(Cu) wa	3.2383.61			Sandguß warmausgehärtet	17—26 (17)	22—30 (20)	1—4 (0,5)	80—110 (75)	9—11	
GK-AlSi10Mg(Cu)	3.2383.02			Kokillenguß unbehandelt	11—15 (10)	20—26 (18)	1—4 (0,5)	65—85 (60)	—	
GK-AlSi10Mg(Cu) wa	3.2383.61			Kokillenguß warmaus gehärtet	20—28 (18)	24—32 (22)	1—4 (0,5)	85—115 (80)	10—11	
G-AlSi5Mg	3.2341.01	Si 4,5— 6,0 Mg 0,5— 0,8 Mn 0 — 0,5 Ti 0 — 0,20 Al Rest wenn Fe >0,4, dann Mn >0,25	2,7	Sandguß unbehandelt	10—13 (9)	14—18 (13)	1—3 (0,5)	55—70 (55)	6—6,5	—
G-AlSi5Mg ka	3.2341.41			Sandguß kaltausgehärtet	15—18 (12)	18—25 (14)	2—5 (1)	70—85 (70)	7—7,5	
G-AlSi5Mg wa	3.2341.61			Sandguß warmausgehärtet	22—29 (16)	24—30 (17)	0,5—2 (0,5)	80—110 (80)	7—7,5	
GK-AlSi5Mg	3.2341.02			Kokillenguß unbehandelt	12—16 (10)	16—20 (14)	1,5—4 (1)	60—75 (60)	7—7,5	
GK-AlSi5Mg ka	3.2341.41			Kokillenguß kaltausgehärtet	16—19 (13)	21—27 (17)	2—6 (1)	70—90 (70)	8—8,5	
GK-AlSi5Mg wa	3.2341.61			Kokillenguß warmausgehärtet	24—29 (18)	26—30 (19)	1—3 (0,5)	90—110 (90)	8—8,5	
G-AlSi5Cu1	3.2131.01	Si 5,0— 6,0 Cu 1,0— 1,5 Mg 0,3— 0,6 Mn 0 — 0,5 Al Rest wenn Fe >0,4, dann Mn >0,25	2,7	Sandguß unbehandelt	10—14 (9)	16—22 (15)	1—3 (1)	65—80 (60)	6— 7	234
G-AlSi5Cu1 ka	3.2131.41			Sandguß kaltausgehärtet	16—20 (16)	20—27 (18)	1—3 (1)	75—100 (70)	7— 9	
G-AlSi5Cu 1wa	3.2131.61			Sandguß warmausgehärtet	17—26 (16)	21—28 (19)	0,5—2 (0,5)	80—110 (75)	7— 9	
GK-AlSi5Cu1	3.2131.02			Kokillenguß unbehandelt	12—15 (11)	18—23 (16)	1—3 (0,5)	70—85 (65)	7— 8	
GK-AlSi5Cu1 ka	3.2131.41			Kokillenguß kaltausgehärtet	17—21 (17)	22—29 (20)	1—3 (1)	80—110 (75)	8—10	

Tabelle 14a (Fortsetzung)

Kurzzeichen	Werk-stoff-nummer[2]	Legierungs-bestandteile %	Dichte kg/dm³ Ungefähr-werte	Lieferform und Lieferzustand	Werkstoffeigenschaften					Legierungs-nummer der Schmelz-werke
					Streck-grenze[3] $\sigma_{0,2}$ kp/mm²	Zug-festigkeit[3] σ_B kp/mm²[4]	Bruch-dehnung[3] δ_5 %	Brinell-härte HB[3] $(P=10\,D^2)$ kp/mm²[4]	Biege-wechsel-festigkeit[5] σ_{bW} $(50\cdot10^4)$ $\pm$ kp/mm²[4]	
GK-AlSi5Cu1 wa	3.2131.61			Kokillenguß warm-ausgehärtet	20—26 (18)	23—30 (21)	0,5—2 (0,3)	85—115 (80)	8—10	
G-AlSi9(Cu)	3.2573.01	Si 7,0 — 11,0 Mn 0 — 0,5 Al Rest wenn Fe >0,4 dann Mn >0,25	2,7	Sandguß	10—14 (9)	15—20 (14)	1—3 (0,5)	65—85 (60)	—	232
GK-AlSi9(Cu)	3.2573.02			Kokillenguß	11—15 (10)	17—22 (15)	1—2 (0,5)	70—90 (65)	—	
G-AlMg3	3.3241.01	Mg 2,0— 4,0 Si 0 — 1,3⁷ Mn 0 — 0,5 Ti 0 — 0,20 Al Rest Be nach Vereinbarung	2,7	Sandguß unbehandelt	8—10 (7)	14—19 (13)	3—8 (3)	50—60 (50)	6—6,5	—
G-AlMg3 wa	3.3241.61			Sandguß warm-ausgehärtet	13—16 (12)	21—28 (16)	2—8 (2)	70—90 (65)	7,5—8	
GK-AlMg3	3.3241.02			Kokillenguß unbehandelt	9—12 (7)	15—20 (14)	3—8 (3)	50—60 (50)	7—7,5	
GK-AlMg3 wa	3.3241.61			Kokillenguß warmausgehärtet	15—18 (12)	22—33 (18)	4—15 (2)	65—90 (65)	8—9	
G-AlMg3(Cu)	3.3243.01	Mg 2,0 — 4,0 Si 0 — 1,3⁷ Mn 0 — 0,6 Ti 0 — 0,20 Al Rest Be nach Vereinbarung	2,7	Sandguß	8—10 (7)	14—18 (13)	2—6 (2)	50—65 (50)	—	241
GK-AlMg3(Cu)	3.3243.02			Kokillenguß	9—11 (8)	14—20 (14)	3—8 (2)	50—65 (50)	—	
G-AlMg5	3.3261.01	Mg 4,0— 5,5 Si 0,5— 1,5⁷ Mn 0 — 0,5 Ti 0 — 0,20 Al Rest Be nach Vereinbarung	2,6	Sandguß	9—10 (9)	16—19 (13)	2—5 (1)	55—70 (55)	6—6,5	—
GK-AlMg5	3.3261.02			Kokillenguß	9—10 (9)	17—25 (14)	3—8 (1)	60—80 (55)	7—7,5	

G-AlMg10 ho	3.3591.43	Mg 9,0—11,0 Mn 0 — 0,30 Ti 0 — 0,15 Al Rest Be nach Vereinbarung	2,6	Sandguß homogenisiert	15—18 (15)	25—32 (22)	8—12 (6)	80—90 (80)	5,5—6,5	—
G-AlSi6Cu4	3.2151.01	Si 5,0— 7,0 Cu 3,0— 5,0 Mn 0,3— 0,6 Mg 0,1— 0,3 Al Rest	2,75	Sandguß	10—15 (10)	16—20 (14)	1—3 (0,5)	60—80 (60)	5—6	225
GK-AlSi6Cu4	3.2151.02			Kokillenguß	11—16 (10)	17—22 (15)	1—3 (0,5)	70—100 (65)	6—7	
G-AlSi7Cu3	3.2153.01	Si 6,0— 8,5 Cu 2,0— 4,0 Mn 0,3— 0,5 Mg 01— 0,3 Al Rest	2,75	Sandguß	10—15 (10)	16—20 (14)	1—3 (0,5)	60—80 (60)	5—6	226
GK-AlSi7Cu3	3.2153.02			Kokillenguß	11—16 (10)	17—22 (15)	1—3 (0,5)	70—100 (65)	6—7	
G-AlCu5Si3	3.1263.01	Cu 3,0— 6,0 Si 2,0— 4,0 Al Rest	2,8	Sandguß	12—16 (10)	16—20 (14)	0,5—2 (0,3)	75—100 (70)	—	223
GK-AlCu5Si3	3.1263.02			Kokillenguß	13—17 (11)	17—22 (15)	0,2—2 (0,2)	80—110 (75)	—	
G-AlCu4Ti ta	3.1841.61	Cu 4,0— 5,0 Ti 0,1— 0,3 Al Rest	2,75	Sandguß teilausgehärtet	18—22 (16)	27—35 (23)	4—9 (3)	80—95 (75)	8—9	—
G-AlCu4Ti wa	3.1841.62			Sandguß warmausgehärtet	20—26 (18)	29—36 (24)	3—8 (2)	90—105 (85)	8—9	
GK-AlCu4Ti ta	3.1841.61			Kokillenguß teilausgehärtet	18—22 (17)	32—39 (25)	7—13 (4)	85—100 (80)	9—10	
GK-AlCu4Ti wa	3.1841.62			Kokillenguß warmausgehärtet	22—27 (20)	33—40 (26)	4—9 (3)	95—110 (90)	9—10	
G-AlCu4TiMg ka	3.1371.41	Cu 4,0— 5,0 Mg 0,15—0,30 Ti 0,1— 0,3 Al Rest	2,75	Sandguß kaltausgehärtet	20—25 (18)	28—36 (23)	3—8 (2)	85—105 (80)	8—9	—
G-AlCu4TiMg wa	3.1371.61			Sandguß warmausgehärtet	21—33 (20)	30—40 (25)	2—6 (1)	100—12 (90)	8—9	
GK-AlCu4TiMg ka	3.1371.41			Kokillenguß kaltausgehärtet	19—25 (18)	32—40 (25)	8—18 (4)	90—105 (85)	9—10	
GK-AlCu4TiMg wa	3.1371.61			Kokillenguß warmausgehärtet	23—35 (22)	33—42 (26)	3—8 (2)	100—120 (95)	9—10	

Tabelle 14a (Fortsetzung)

Kurzzeichen	Werk-stoff-nummer[2]	Legierungs-bestandteile %	Dichte kg/dm³ Ungefähr-werte	Streck-grenze[3] $\sigma_{0,2}$ kp/mm²[4]	Bruch-dehnung[3] δ_5 %	Zug-festigkeit[3] σ_B kp/mm²[4]	Brinell-härte HB[3] ($P=10\,D^2$) kp/mm²[4]	Biege-wechsel-festigkeit[6] σ_{bW} ($50 \cdot 10^6$) $\pm$ kp/mm²[4]	Legierungs-nummer der Schmelz-werke
						Werkstoffeigenschaften			
GD-AlSi12	3.2582.05	Si 11,0—13,5 Mn 0 — 0,5 Al Rest wenn Fe >0,4 dann Mn >0,25	2,65	12—18	20—28	1—3	70—90	5,5—6,5	—
GD-AlSi10(Cu)	3.2572.05	Si 8,0—12,0 Mn 0 — 0,5 Mg 0 — 0,5 Al Rest wenn Fe >0,4 dann Mn >0,25	2,65	12—16	18—26	1—3	60—80	7—8	332
GD-AlSi6Cu3	3.2152.05	Si 5,0— 8,0 Cu 2,0— 4,0 Mn 0,2— 0,6 Al Rest bei Si > 7 kann Cu bis 1 gesenkt werden wenn Fe >0,4 dann Mn >0,25	2,8	14—18	20—28	1—3	70—90	8—9	311
GD-AlMg9	3.3292.05	Mg 7,0—10,0 Si 0 — 1,0 Mn 0,2— 0,5 Al Rest Be nach Vereinbarung	2,6	12—16	20—27	1—3	60—80	5,5—6,5	—
GD-AlMg8(Cu)	3.3282.05	Mg 6,0— 9,5 Si 0 — 1,3 Mn 0,2— 0,5 Al Rest Be nach Vereinbarung	2,6	12—14	16—24	1—3	60—80	6—7	341

2. Druckguß

Vorzugsweise für Druckguß zu verwendende Legierungen

Weitere Legierungen für Druckguß: G-AlSi12(Cu), G-AlSi10Mg, G-AlSi5Mg, G-AlSi5Cu1, G-AlMg3(Cu), G-AlMg5, G-AlSi9(Cu), G-AlMg3, G-AlSi6Cu4, G-AlSi7Cu3. Bei Druckguß erhalten diese Legierungen im Kurzzeichen die Kennbuchstaben GD.

Fußnoten zur Tab. 14a:

[1] Es ist grundsätzlich gestattet, Kokillenguß an Stelle von Sandguß zu liefern.

[2] Werkstoffnummern nach DIN 17007 Blatt 4

[3] Die nichteingeklammerten Werte sind an gesondert gegossenen Proben von etwa 100 mm² Querschnitt ermittelt und geben den Streubereich an. Sie können auch bei Gußstücken erreicht werden. Da die mechanischen Eigenschaften jedoch von der Gestalt und der Wanddicke der Gußstücke sowie von den gießtechnischen Gegebenheiten abhängen, kann mit diesen Werten nicht in allen Fällen gerechnet werden.

Die eingeklammerten Werte sind Mindestwerte im Gußstück und gelten für Wanddicken bis etwa 25 mm.

Wird eine Abnahme gewünscht, so muß sie bei Bestellung vereinbart werden.

Die Prüfung kann an gesondert gegossenen Probestäben der gleichen Schmelze, an angegossenen Leisten oder an Probestäben aus dem Gußstück vorgenommen werden.

In einigen Legierungen (z. B. G-AlSi5Cu1, G-AlSi5Cu1 ka, G-AlSi6Cu4, G-AlSi7Cu3, G-AlCu4TiMg ka, G-AlCu5Si3, GD-AlSi6Cu3) spielen sich mehr oder minder ausgeprägte Ausscheidungsvorgänge ab, die eine Erhöhung der Festigkeitswerte und Härte zur Folge haben. Diese Legierungen sollten daher erst 8 Tage nach dem Guß auf Festigkeitseigenschaften und Härte geprüft werden.

Für die Probestababmessungen gilt bei Sand- und Kokillenguß DIN 50125 und bei Druckguß DIN 50148.

[4] Statt der Benennung „Kilopond" und des Zeichens „kp" kann bei Anwendung dieser Norm auch die Bezeichnung „Kilogramm" und das Zeichen „kg" benutzt werden, sofern kein Zweifel über den Sinn der Benennung möglich ist (siehe auch DIN 1301).

[5] Umlaufbiegeversuch nach DIN 50113. Die Angaben sind keine Abnahmewerte.

[6] Flachbiegeversuch nach DIN 50142. Die Angaben sind keine Abnahmewerte.

[7] Anodisch oxydierte Gußstücke mit dekorativer Oberfläche sollen möglichst niedrigen Si-Gehalt haben. Bei der Legierung G-AlMg5 ist in diesem Fall die Unterschreitung der unteren Grenze von 0,5% Si zulässig.

Fortsetzung v. S. 38)

nur selten größer als 100 kg sind, wirkt sie sich bei richtiger Konstruktion nicht allzu stark aus. Da trotz unterschiedlichen Gitteraufbaues des Grundgefüges (Mg — hexagonal, Al — kubischflächenzentriert) die Verhältnisse verschiedener Festigkeitseigenschaften zueinander für die angeführten Aluminium- und Magnesiumlegierungen praktisch gleich sind, können für Mg-Gußlegierungen gemessene Dauerschwingfestigkeitsverhältnisse [7] in grober Näherung auch für Al-Gußlegierungen übernommen werden:

$$\sigma_W \approx 0{,}5 \cdot \sigma_{bW} \qquad \text{bei einem Probendurchmesser von 7,5 mm ,}$$

$$\tau_W \approx 0{,}6 \text{ bis } 0{,}9 \cdot \sigma_{bW} \qquad \text{bei einem Probendurchmesser von 7,5 mm .}$$

Diese Verhältnisse gelten jedoch nur für Wechselfestigkeiten um $\pm$ 5 kp/mm². Für nichtgenormte, hochfeste Magnesium- bzw. Aluminiumgußlegierungen werden die Verhältniszahlen größer sein. Damit lassen sich, wie bereits im Kapitel 1.1.2 beschrieben, die Dauerschwingfestigkeitsschaubilder aufstellen ($\tau_{tF} \approx 0{,}5\,\sigma_S$). In Bild 203 fällt die ϱ^*-Gerade von Magnesium- und Aluminiumgußlegierungen praktisch mit derjenigen von Eisen–Graphit-Werkstoffen zusammen. Oberflächenriefen u. ä. wirken sich in diesem Zusammenhang im Gegensatz zu Eisen–Graphit-Werkstoffen schon bei rel. kleinen Tiefen aus. Die Elastizitätsgrenze ist etwa halb so groß wie die Streckgrenze. Ein linearer Zusammenhang zwischen Härte und Zugfestigkeit ist nicht vorhanden.

1.3.2 Wärmebehandlung

Die wichtigste Wärmebehandlung für die Verbesserung der Festigkeitseigenschaften unter Beibehaltung der Zähigkeit ist das Aushärten (Ausscheidungshärten). Es ist nur bei geeigneten Legierungen durchzuführen (siehe z. B. Tab. 14). Durch Lösungsglühen gehen zunächst geeignete Legierungsbestandteile (Cu, Cu

Tabelle 14b. *Weitere Eigenschaften der Aluminium-Gußlegierungen*[1]
(Auszug aus DIN 1725, Ausgabe Juni 1959×, Blatt 2)

Kurzzeichen	Gießbarkeit	Oberflächenbehandlung		Beständigkeit gegen		Zerspanbarkeit	Schweißbarkeit
		mechanische Polierbarkeit	dekorative anodische Oxydation	Witterungseinflüsse	Seewasser		
G-AlSi12	ausgezeichnet	ausreichend	nicht. angewandt	sehr gut	gut	gut	ausgezeichnet
G-AlSi12(Cu)	ausgezeichnet	ausreichend	nicht angewandt	ausreichend	nicht angewandt	gut	ausgezeichnet
G-AlSi10Mg	ausgezeichnet	gut	nicht angewandt	sehr gut	gut	gut	ausgezeichnet
G-AlSi10Mg(Cu)	ausgezeichnet	gut	nicht angewandt	ausreichend	nicht angewandt	gut	ausgezeichnet
G-AlSi5Mg	sehr gut	sehr gut	ausreichend	ausgezeichnet	sehr gut	sehr gut	gut
G-AlSi5Cu1	sehr gut	sehr gut	bedingt	bedingt	nicht angewandt	sehr gut	sehr gut
G-AlSi9(Cu)	ausgezeichnet	gut	nicht angewandt	bedingt	nicht angewandt	gut	sehr gut
G-AlMg3	gut	ausgezeichnet	ausgezeichnet	ausgezeichnet	ausgezeichnet	ausgezeichnet	ausreichend
G-AlMg3(Cu)	gut	ausgezeichnet	ausgezeichnet	gut	bedingt	ausgezeichnet	ausreichend
G-AlMg5	gut	ausgezeichnet	ausgezeichnet	ausgezeichnet	ausgezeichnet	ausgezeichnet	gut
G-AlMg10 ho	ausreichend	ausgezeichnet	ausgezeichnet	ausgezeichnet	ausgezeichnet	ausgezeichnet	bedingt
G-AlSi6Cu4	sehr gut	gut	nicht angewandt	bedingt	nicht angewandt	sehr gut	gut
G-AlSi7Cu3	ausgezeichnet	gut	nicht angewandt	bedingt	nicht angewandt	sehr gut	sehr gut
G-AlCu5Si3	gut	gut	bedingt	bedingt	nicht angewandt	ausgezeichnet	ausreichend
G-AlCu4Ti	ausreichend	sehr gut	nicht angewandt	bedingt	nicht angewandt	ausgezeichnet	bedingt
G-AlCu4TiMg	ausreichend	sehr gut	nicht angewandt	bedingt	nicht angewandt	sehr gut	bedingt
GD-AlSi12	ausgezeichnet	ausreichend	nicht angewandt	sehr gut	gut	gut	ausreichend
GD-AlSi10(Cu)	sehr gut	gut	nicht angewandt	ausreichend	nicht angewandt	sehr gut	bedingt

GD-AlSi6Cu3	sehr gut	gut	bedingt	bedingt	nicht angewandt	sehr gut	bedingt
GD-AlMg9	gut	ausgezeichnet	ausreichend	ausgezeichnet	ausgezeichnet	ausgezeichnet	nicht angewandt
GD-AlMg8(Cu)	gut	ausgezeichnet	ausreichend	ausreichend	nicht angewandt	ausgezeichnet	nicht angewandt

[1] Die Bewertung der Eigenschaften in der Tabelle gibt lediglich Anhaltspunkte. Die Eigenschaften können sich je nach Werkstoffzustand, Anwendungsgebiet oder Behandlungsart ändern.

Die Einstufungen gelten auch für Kokillenguß. Handelt es sich um aushärtbare Legierungen, so ist der ausgehärtete Zustand berücksichtigt.

Weitere physikalische Eigenschaften der Aluminium-Gußlegierungen

E-Modul 6800—7800 kp/mm²

Elektrische Leitfähigkeit bei 20 °C 12— 22 $\dfrac{m}{\Omega \cdot mm^2}$

Elektrischer Widerstand bei 20 °C 0,082—0,045 $\dfrac{\Omega \cdot mm^2}{m}$

Wärmeleitfähigkeit bei 20—100 °C 0,2 —0,4 $\dfrac{cal}{cm \cdot s \cdot °C}$

Es handelt sich um Grenzwerte. Die Angaben hängen außer von der Legierungszusammensetzung auch vom Gefügezustand ab. Sie werden durch die Gießverfahren und die Wanddicke sowie durch die Wärmebehandlung beeinflußt.

+ Mg, Mg + Si, Mg + Zn) im Aluminium in Lösung (Bildung von Aluminium-Mischkristallen). Aus der Lösungsglühtemperatur wird rasch abgekühlt, so daß die Aluminiummischkristalle übersättigt sind. Bei anschließender Kaltauslagerung treten Entmischungen, bei Warmauslagerung außerordentlich feine Ausscheidungen innerhalb der Kristallite auf. Hierdurch wird eine sehr gleichmäßige Gleitblockierung des Atomgitters und damit Festigkeitssteigerung erzielt (Bilder 54 bis 56). Die Lösungsglühtemperaturen für die genormten Güten liegen bei 520 bis 530 °C, G-AL Mg 3: 560 bis 570 °C, die Haltezeiten zwischen 3 und 8 Stunden (dickwandiger Guß mit gröberem Gefüge erfordert die längeren Haltezeiten). Meist wird dann in Wasser abgeschreckt. Komplizierte Gußteile erfordern gelegentlich eine mildere Abkühlung in Öl. Für eine Haltezeit von 8—14 Stunden beträgt die Warmauslagerungstemperatur ca. 160 °C. Bei der Kaltauslagerung stellen sich etwa erst nach 8 Tagen die angegebenen Festigkeiten ein. In Tab. 15 angeführte Magnesiumlegierungen lassen sich ebenfalls aushärten. Das Lösungsglühen muß in drei Stufen: 8 h bei 300 °C, 8 h bei 400 °C, 8 h bei 410 °C, erfolgen. Die Abkühlung erfolgt an Luft. Wird warmausgehärtet, so geschieht dies bei 160 bis 200 °C bis zu 12 Stunden.

Unter Homogenisieren versteht man ein Lösungsglühen lediglich zum Ausgleich von Kristallseigerungen.

1.3.3 Zeitstand-, Korrosions- und Verschleißverhalten

Leichtmetallgußlegierungen werden im allgemeinen über längere Zeiten nur bei Temperaturen bis zu ungefähr 300 °C eingesetzt. In Bild 57 sind Zeitstandfestigkeiten und 1%-Zeitdehngrenzen nach 1000 und 10000 Std. für GK AL Si10 Mg eingetragen. Für besonders warmfeste Teile wird auch

Tabelle 15. *Magnesium-Gußlegierungen*
(Auszug aus DIN 1729, Ausgabe April 1960, Blatt 2)

Kurzzeichen (Kennfarbe)[1]	Werkstoffnummer[2]	Legierungsbestandteile %	Lieferform und Lieferzustand	Streckgrenze[3] $\sigma_{0,2}$ kp/mm²	Zugfestigkeit[3] σ_B kp/mm²	Bruchdehnung[3] δ_5 %	Brinellhärte HB ($P=10D^2$) kp/mm²	Biegewechselfestigkeit[4] σ_{bW} ($50\cdot10^4$) ± kp/mm²	Bisher handelsübliche Bezeichnung
G-MgAl6Zn3 (gelb-weiß)	3.5632.01	Al 5,5 —6,5 Zn 2,5 —3,5 Mn 0,15—0,3 Mg Rest	Sandguß unbehandelt	9—11 (8)	16—20 (13)	3—6 (1,5)	50—65	7—8	AZ 63
G-MgAl8Zn1 (gelb-blau)	3.5812.01	Al 7,5 —9,0 Zn 0,3 —1,0 Mn 0,15—0,3 Mg Rest	Sandguß unbehandelt	9—12 (8)	16—22 (13)	2—6 (1)	50—65	7—9	AZ 81
GK-MgAl8Zn1	3.5812.02		Kokillenguß unbehandelt						
G-MgAl8Zn1 ho	3.5812.43		Sandguß homogenisiert	9—12 (8)	24—28 (17)	8—12 (4)	50—65	8—10	
GK MgAl8Zn1 ho	3.5812.43		Kokillenguß homogenisiert						
GD-MgAl8Zn1	3.5812.05		Druckguß unbehandelt	14—16	20—24	1—2	60—85	5—6	
G-MgAl9Zn1 ho (gelb-schwarz)	3.5912.43	Al 8,3 —10,0 Zn 0,3 — 1,0 Mn 0,15— 0,3 Mg Rest	Sandguß homogenisiert	11—13 (9)	24—28 (17)	6—10 (3)	55—70	8—10	AZ 91
GK-MgAl9Zn1	3.5912.02		Kokillenguß unbehandelt	11—13 (9)	16—22 (12)	2—5 (1)	55—70	7—9	
GK-MgAl9Zn1 ho	3.5912.43		Kokillenguß homogenisiert	11—13 (9)	24—28 (17)	6—10 (3)	55—70	8—10	

Sorte	Werkstoff-nummer	Zusammensetzung	Gießart/Zustand						Kennfarbe
G-MgAl9Zn1 wa	3.5912.61	Al 8,3 −10,0 Zn 0,3 − 1,0 Mn 0,15− 0,3 Mg Rest	Sandguß warm ausgehärtet	14−15 (12)	24−28 (17)	2−4 (1,5)	65−90	8−10	AZ 91
GK-MgAl9Zn1 wa	3.5912.61		Kokillenguß warm ausgehärtet						
GD-MgAl9Zn1	3.5912.05		Druckguß unbehandelt	15−17	22−25	0,5−1,5	65−85	4−5	
G-MgAl9Zn2 (gelb-grün)	3.5922.01	Al 7,5 −9,5 Zn 0,5 −2,0 (Al+Zn 10,5) Mn 0,15−0,3 Mg Rest	Sandguß unbehandelt	9−13 (8)	16−22 (12)	2−5 (1)	50−70	7−9	AZ 92
GK-MgAl9Zn2	3.5922.02		Kokillenguß unbehandelt						
GD-MgAl9Zn2	3.5922.05		Druckguß unbehandelt	14−17	20−25	0,5−2	60−85	4−5	

Weitere physikalische Eigenschaften

Schmelzpunkt 590−610 °C
E-Modul 4200−4500 kp/mm²

Elektrische Leitfähigkeit bei 20 °C $\quad 6-10 \dfrac{\mathrm{m}}{\Omega \cdot \mathrm{mm}^2}$

Elektrischer Widerstand bei 20 °C $\quad 0{,}17-0{,}10 \dfrac{\Omega \cdot \mathrm{mm}^2}{\mathrm{m}}$

Dichte $\quad 1{,}8 \ \mathrm{kg/dm}^3$

Wärmeleitfähigkeit bei 20 −100 °C $\quad 0{,}14-0{,}20 \dfrac{\mathrm{cal}}{\mathrm{cm} \cdot \mathrm{s} \cdot {}^\circ\mathrm{C}}$

Es handelt sich um Anhaltswerte. Die Angaben hängen außer von der Legierungszusammensetzung auch vom Gefügezustand ab. Sie werden durch das Gießverfahren, die Wanddicke und die Wärmebehandlung beeinflußt.

---

[1] Die Kennfarbe dient zur Kennzeichnung der Masseln, Eingüsse und Steiger, Farbkennzeichnung ist erwünscht. Wird sie angewandt, so sollen ausschließlich die in dieser Norm angegebenen Farben benutzt werden (Farben nach DIN 5381). Die durch Fettdruck hervorgehobene Grundfarbe Gelb soll in breiteren Strichen aufgetragen werden. Es ist jeweils zu vereinbaren, ob der Anstrich vom Hersteller oder vom Verbraucher anzubringen ist. Es bleibt freigestellt, einzelne Stücke oder ganze Stapel zu kennzeichnen. Die Kennfarben gelten jeweils für die betreffende Legierungsgruppe.

[2] Werkstoffnummern nach DIN 17007 Blatt 4.

[3] Die nicht eingeklammerten Werte sind an gesondert gegossenen Proben von etwa 100 mm² Querschnitt ermittelt und geben den Streubereich an. Sie können auch bei Gußstücken erreicht werden. Da die mechanischen Eigenschaften jedoch von der Gestalt und der Wanddicke der Gußstücke sowie von den gießtechnischen Gegebenheiten abhängen, kann mit diesen Werten nicht in allen Fällen gerechnet werden.
Die eingeklammerten Werte sind Mindestwerte im Gußstück und gelten für Wanddicken bis etwa 25 mm.
Wird eine Abnahme gewünscht, so muß sie bei Bestellung vereinbart werden.
Die Prüfung kann an gesondert gegossenen Probestäben der gleichen Schmelze, an gegossenen Leisten oder an Probestäben aus dem Gußstück vorgenommen werden.
Für die Probestababmessungen gilt bei Sand- und Kokillenguß DIN 50125 und bei Druckguß DIN 50148.

[4] Für Sand- und Kokillenguß Umlaufbiegeversuch nach DIN 50113, für Druckguß Flachbiegeversuch nach DIN 50142. Die Angaben sind keine Abnahmewerte.

die schwierig vergießbare (Y)-Legierung G AL Cu Ni (ca. 4% Cu, 1,5% Mg, 2% Ni) eingesetzt (Bild 58). Aus diesem Bild ist weiterhin die Wechselfestigkeit bei höheren Temperaturen zu entnehmen. Ähnlich wie G AL Cu Ni verhält sich die verformte Legierung AL Cu Mg (ca. 4% Cu, 1,5% Mg), deren Zeitschwingfestigkeitsschaubild (Haigh-Diagramm) im Bild 59 dargestellt ist. Zeitdehngrenzen (0,1/1000) von Magnesiumlegierungen sind in Bild 60 angegeben.

Die Korrosionsbeständigkeit gegenüber Atmosphäre und Seewasser ist bei den Aluminium–Magnesiumlegierungen gut, bei Magnesium– und Aluminium–Siliziumlegierungen meist ausreichend und bei den aushärtbaren, kupferlegierten Aluminiumlegierungen schlecht. Eine direkte Paarung mit anderen Metallen, z. B. Stahl oder Kupferlegierungen, sollte wegen der hier gefährlichen möglichen Kontaktkorrosion vermieden werden.

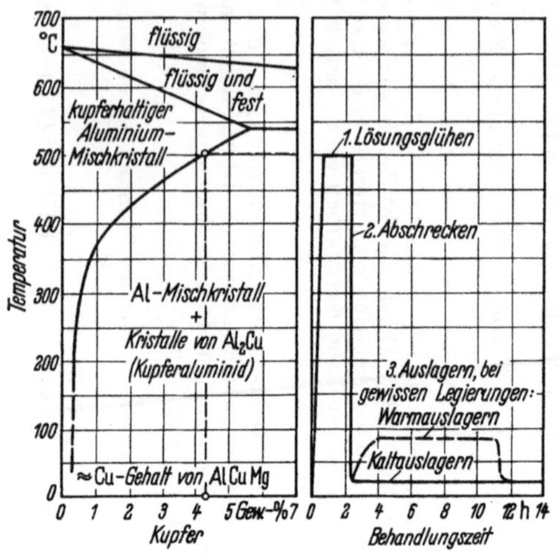

Bild 54. Ausscheidungshärtung in Abhängigkeit vom Zustandsschaubild [62].

Gegenüber Gleitverschluß bei Mischreibung haben sich zahlreiche Aluminiumlegierungen gut bewährt. In erster Linie sind hier die gut gießbaren eutektischen Aluminium–Siliziumlegierungen (ca. 12% Si) zu erwähnen. Kolbenlegierungen von Verbrennungsmotoren haben oft einen noch höheren Siliziumgehalt (bis zu 25% Si). Daneben gibt es spezielle gegossene Lagerlegierungen mit Blei oder

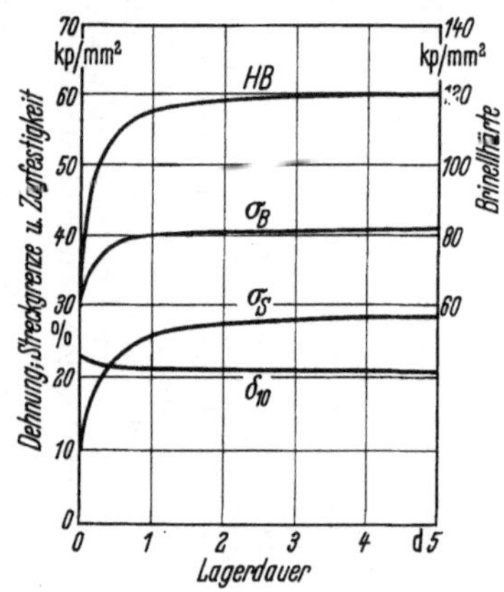

Bild 55. Mechanische Eigenschaften in Abhängigkeit von der Kaltauslagerungsdauer bei AlCuMg [62].

Bild 56. Mechanische Eigenschaften von AlMgSi in Abhängigkeit von der Warmauslagerungstemperatur und -dauer [62].

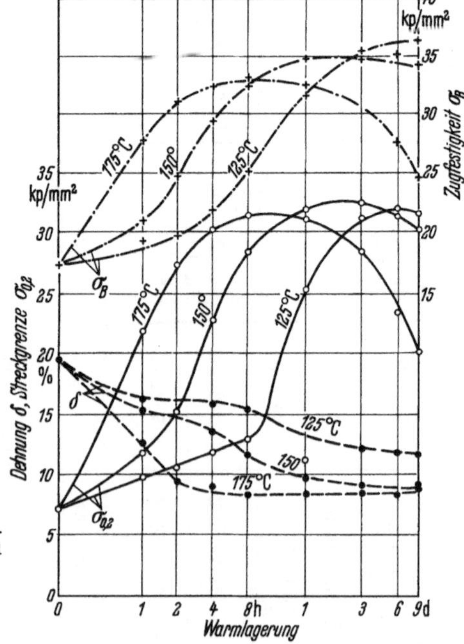

Zinnzusätzen. Voraussetzung für die guten Gleiteigenschaften ist allerdings die Auswahl eines geeigneten Gleitpartners, z. B. gehärteter Stahl oder Eisen–Graphitwerkstoffe, bei nicht zu hoher Flächenpressung und geeignetem Schmieröl oder Schmierfett.

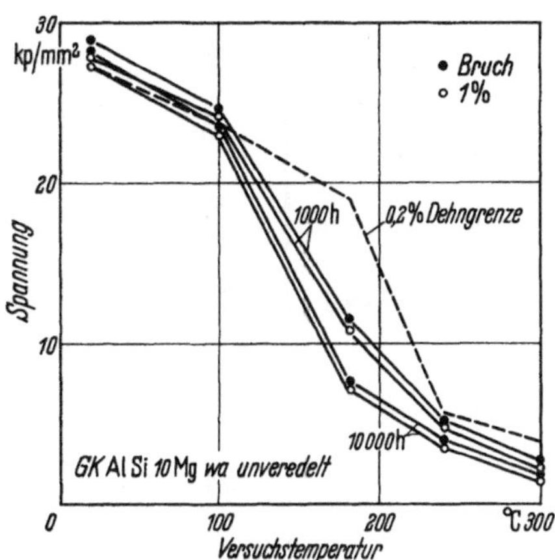

Bild 57. Zeitstandfestigkeit und Zeitdehngrenze, sowie Warmstreckgrenze von GK-AlSi10Mg wa [7].

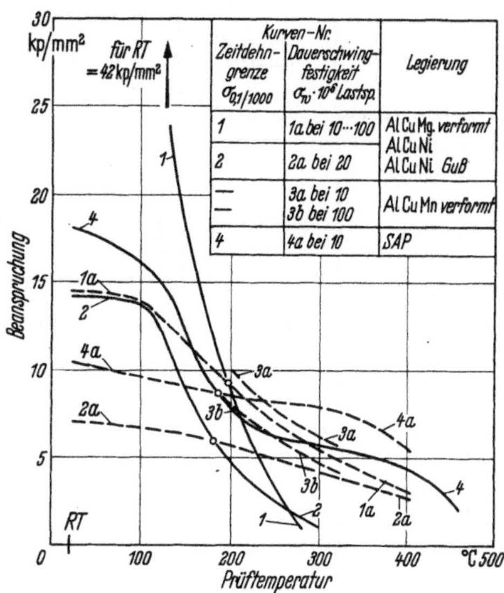

Bild 58. Zeitdehngrenzen und Wechselfestigkeiten einiger Al-Legierungen [7].

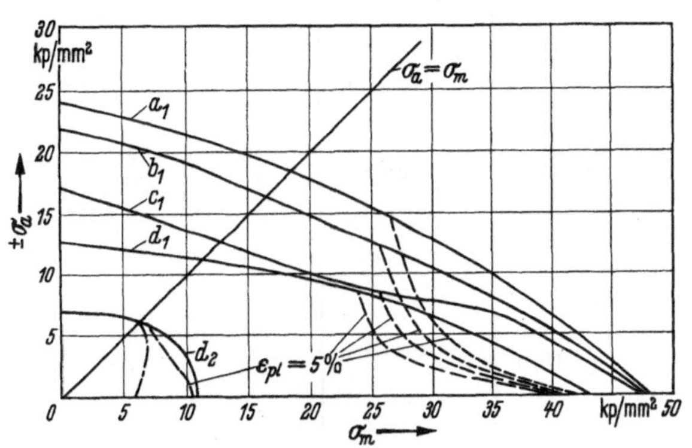

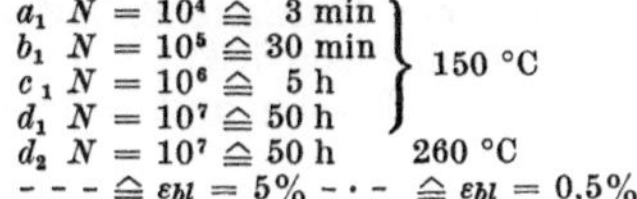

Bild 59. Zeitschwingfestigkeitsschaubild (HAIGH) für eine AlCuMg-Knetlegierung. Nach DE MONEY-LAZAN [63].

a_1 $N = 10^4 \hat{=}$ 3 min
b_1 $N = 10^5 \hat{=}$ 30 min
c_1 $N = 10^6 \hat{=}$ 5 h } 150 °C
d_1 $N = 10^7 \hat{=}$ 50 h
d_2 $N = 10^7 \hat{=}$ 50 h   260 °C
- - - $\hat{=}$ $\varepsilon_{bl} = 5\%$ - · - $\hat{=}$ $\varepsilon_{bl} = 0{,}5\%$

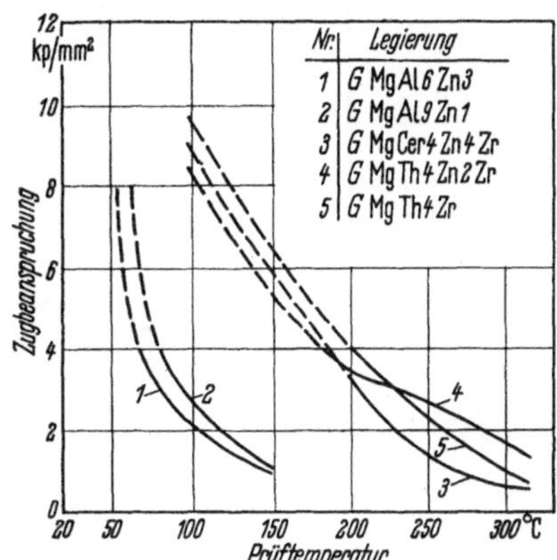

Bild 60. Zeitdehngrenzen $\sigma_{0,1)\,1000}$ einiger Magnesium-Gußlegierungen [7].

1.4 Schwermetalle

1.4.1 Festigkeitseigenschaften

Schwermetalle werden meist eingeteilt in hoch- und niedrig schmelzende Metalle, bzw. Legierungen. Zu den hochschmelzenden Metallen zählen z. B. Kupfer und Nickel, auch Vanadin, Chrom, Mangan, Kobalt, Zirkon, Molybdän, Niob, Tantal, Wolfram, zu den niedrigschmelzenden Zink, Zinn und Blei.

Tabelle 16. *Guß-Messing und Guß-*
(Auszug aus DIN 1709,

Kurzzeichen[1]	Werkstoff-nummer	Legierungsbestandteile[2]	Lieferform	Werkstoffeigenschaften	
				0,2-Grenze $\sigma_{0,2}$ kp/mm²	Zugfestig-keit σ_B kp/mm²
Guß-Messing					
G-Ms65 (G-Cu65Zn)	2.0290.01	Cu 63,0—67,0 Pb 1,0— 3,0 Zn Rest	Formguß	8 (6)	20 (15)
GK-Ms60 (GK-Cu60Zn)	2.0340.02	Cu 58,0—64,0 Al —1,0 Zn Rest	Kokillenguß	10 (8)	38 (25)
GD-Ms60 (GD-Cu60Zn)	2.0340.05		Druckguß	16 (12)	35 (25)
Guß-Sondermessing					
G-SoMsF30 (G-Cu55ZnMn)	2.0590.01	Cu 55,0—64,0 Fe — 1,2 Mn — 2,5 Sn — 1,0 Zn Rest	Formguß	15 (13)	35 (30)
G-SoMsF45 (G-Cu55ZnAl1)	2.0592.01	Cu 55,0—68,0 Al — 2,5 Fe — 2,0 ⎫ Mn — 3,0 ⎬ 1 bis 6,5[3] Ni — 2,0 ⎭ Zn Rest	Formguß	20 (15)	55 (45)
G-SoMsF60 (G-Cu55ZnAl2)	2.0596.01	Cu 55,0—68,0 Al — 5,0 Fe — 2,5 ⎫ Mn — 4,0 ⎬ 1 bis 7,5[3] Ni — 2,0 ⎭ Zn Rest	Formguß	30 (25)	65 (60)
G-SoMsF75 (G-Cu55ZnAl4)	2.0598.01	Cu 55,0—68,0 Al — 7,5 Fe — 4,0 ⎫ Mn — 5,0 ⎬ 2 bis 16,0 Ni — 2,0 ⎭ Zn Rest	Formguß	60 (50)	80 (75)

[1] Die eingeklammerten Kurzzeichen entsprechen DIN 1700 über die Systematik der Kurzzeichen für Nichteisenmetalle; sie sind zusätzlich zu den üblichen Kurzzeichen aufgenommen worden, um bereits hierdurch eine Vergleichsmöglichkeit mit den von ISO (= International Organization for Standardization), Technisches Komitee 26 „Kupfer und Kupferlegierungen" angestrebten Kurzzeichen zu geben.

Die größte Bedeutung haben die Kupferlegierungen. Diese sind auch zum großen Teil genormt. Chemische Zusammensetzung, übliche Festigkeitseigenschaften und Verwendungs-Richtlinien gehen aus folgenden Tab. hervor:

    Guß-Messing und Guß-Sondermessinge,   Tab. 16
    Guß-Zinnbronzen und Rotguß-Legierungen,   Tab. 17
    Guß-Zinn–Bleibronzen,   Tab. 18
    Aluminium-Gußbronzen,   Tab. 19
    Feinzink-Gußlegierungen,   Tab. 20

Sondermessing (Dichte 8,4 kg/dm³)
Ausgabe Januar 1963)

Werkstoffeigenschaften		Eigenschaften und Hinweise für die Verwendung
Bruchdehnung δ_5 %	Brinellhärte HB 10 kp/mm²	
20 (10)	60 (45)	Werkstoff für Sandgußteile, wie Armaturen, Gehäuse und Konstruktionsteile mit guter elektrischer Leitfähigkeit ($\approx$ 10 bis 14 m/Ω · mm²), z. B. Gas- und Wasserarmaturen, Teile für die Elektroindustrie, Beschlagteile.
35 (25)	100 (75)	Werkstoff für Kokillen- und Druckgußteile mit metallisch blanker Oberfläche, z. B. Armaturen, Teile für die Elektroindustrie, Beschlagteile.
4 (1,5)	100 (75)	
25 (15)	85 (75)	Aluminiumfreier Werkstoff mit verhältnismäßig geringen Sonderzusätzen, der sich durch gute Gieß- und Lötbarkeit (hart und weich) auszeichnet. Besonders geeignet für Gußstücke, die bei hohem Wasser- und Gasdruck dicht sein müssne, z. B. Hochdruckarmaturen, Gehäuse.
25 (20)	130 (105)	Zähharter Werkstoff (früher Stahlbronze genannt) von hoher Festigkeit und Dehnung, jedoch mäßigen Lagerlaufeigenschaften, meerwasserbeständig. Besonders geeignet für Druckmuttern für Walzwerke und Spindelpressen, Grund- und Stopfbuchsen, Schiffsschrauben.
20 (15)	160 (140)	Werkstoff (früher Stahlbronze genannt) mit sehr hoher statischer Festigkeit und Härte, z. B. Ventil- und Steuerungsteile, Sitze, Kegel, jedoch weniger geeignet bei dynamischen Belastungen und Schwingungen.
10 (6)	220 (190)	Werkstoff für besonders hohe Belastungen, z. B. Lager mit niedriger Geschwindigkeit und hoher Belastung, Brückenlagerungen, hochbeanspruchte, langsamlaufende Schneckenradkränze, Innenteile und Spindeln für schwere Hochdruckarmaturen; weniger geeignet bei dynamischen Belastungen und Schwingungen.

[2] Für alle Legierungen gilt: Der untere zulässige Kupfergehalt wird aus der Summe der Cu und Ni-Gehalte gebildet.

[3] α-Bestandteile > 15%.

1.4.2 Warmfeste Legierungen

Warmfeste Legierungen auf Nickel- und Kobaltbasis sind vor allem für hohe Betriebstemperaturen, z. B. in Gasturbinentriebwerken, ausgelegt. Gußteile aus diesen Legierungen werden häufig in Feinguß-, aber auch in Sandgußausführung hergestellt. Chemische Zusammensetzung und Festigkeitswerte sind in den Tab. 21 und 22 zusammengestellt. Bild 61 zeigt anschaulich die Temperaturabhängigkeit der Zeitstandfestigkeit von Nickellegierungen. Die angegebenen Eigenschaften werden jedoch nur bei speziellen Erschmelzungs-, Guß- und Wärmebehandlungsverfahren erreicht (siehe auch Bild 53).

Tabelle 17. *Guß-Zinnbronze*
(Auszug aus DIN 1705,

Kurzzeichen[1]	Werkstoff-nummer	Legierungs-bestandteile[2]	Lieferform	Werkstoffeigenschaften	
				0,2-Grenze $\sigma_{0,2}$ kp/mm²	Zugfestigkeit σ_B kp/mm²
Guß-Zinnbronze					
G-SnBz14 (G-CuSn14)	2.1056.01	Cu 85,0—87,0 Sn 13,0—15,0	Formguß	17 (14)	25 (20)
G-SnBz12 (G-CuSn12)	2.1052.01		Formguß	16 (13)	28 (24)
GZ-SnBz12 (GZ-CuSn12)	2.1052.03	Cu 87,0—89,0 Sn 11,0—13,0	Schleuderguß	17 (15)	32 (28)
GC-SnBz12 (GC-CuSn12)	2.1052.04		Strangguß		
G-SnBz10 (G-CuSn10)	2.1050.01	Cu 89,0—91,0 Sn 9,0—11,0	Formguß[4]	15 (12)	28 (25)
Rotguß (Guß-Mehrstoff-Zinnbronze)					
Rg10 (G-CuSn10Zn)	2.1086.01		Formguß	14 (12)	28 (25)
GZ-Rg10 (GZ-CuSn10Zn)	2.1086.03	Cu 86,5—89,0 Sn 8,5—11,0 Zn 1,0— 3,0	Schleuderguß	17 (15)	30 (27)
GC-Rg10 (GC-CuSn10Zn)	2.1086.04		Strangguß		
Rg7 (G-CuSn7ZnPb)	2.1090.01		Formguß	12 (10)	26 (22)
GZ-Rg7 (GZ-CuSn7ZnPb)	2.1090.03	Cu 83,0—85,0 Sn 6,0— 8,0 Zn 3,0— 5,0 Pb 5,0— 7,0	Schleuderguß	14 (12)	30 (27)
GC-Rg7 (GC-CuSn7ZnPb)	2.1090.04		Strangguß		

und Rotguß (Dichte 8,6 kg/dm³)
Ausgabe Januar 1963)

Werkstoffeigenschaften		
Bruch-dehnung δ_5 %	Brinell-härte HB 10 kp/mm²	Eigenschaften und Hinweise für die Verwendung [3]
5 (3)	114 (85)	Harter Werkstoff, meerwasserbeständig. Geeignet für Gleitlagerschalen mit Lastspitzen von p bis 600 kp/cm² und hochbeanspruchte Gleitplatten und Gleitleisten.
15 (8)	95 (80)	Zähharter Werkstoff mit guter Verschleißfestigkeit, meerwasserbeständig. Geeignet für hochbeanspruchte Kuppelsteine und Kuppelstücke, unter Last bewegte Spindelmuttern für höher beanspruchte schnellaufende Schnecken- und Schraubenräder (Belastungs-Kennwerte für Schneckenräder: $c = 15$ bis 80 kp/cm² für Dauerlauf je nach Gleitgeschwindigkeit, $c = 200-250$ kp/cm² bei kurzzeitiger Belastung).
15 (7)	105 (95)	Zähharter Werkstoff mit sehr guter Verschleißfestigkeit, meerwasserbeständig. Geeignet für Gleitlager mit hohen Lastspitzen, Kurbel- und Kniehebellager für p bis 1200 kp/cm², hochbeanspruchte Stell- und Gleitleisten, unter Last bewegte Spindelmuttern, hochbeanspruchte Kuppelstücke, Friktionsringe und -scheiben, höchstbeanspruchte, schnellaufende Schnecken- und Schraubenradkränze (Belastungs-Kennwerte für Schneckenräder: $c = 20-125$ kp/cm² für Dauerlauf je nach Gleitgeschwindigkeit, $c = 400-450$ kp/cm² bei kurzzeitiger Belastung).
20 (15)	75 (60)	Korrosions- und kavitationsbeständiger zäher Werkstoff mit hoher Dehnung, meerwasserbeständig. Geeignet für hochbeanspruchte Armaturen und Pumpengehäuse, Leiträder und Schaufelräder für Pumpen und Wasserturbinen.
15 (12)	80 (65)	Harter Werkstoff, meerwasserbeständig. Geeignet für Gleitlagerschalen mit Lastspitzen von p bis 500 kp/cm², Schiffswellenbezüge, höher beanspruchte Gleitplatten und -leisten, mäßig beanspruchte Gleitstücke und Kuppelstücke, Schneckenräder mit niedrigen Gleitgeschwindigkeiten.
10 (7)	90 [80)	Harter Werkstoff, meerwasserbeständig. Geeignet für hochbeanspruchte Schiffswellenbezüge, Papier- und Kalanderwalzenmäntel, Schneckenradkränze mit niedrigen Gleitgeschwindigkeiten, mäßig beanspruchte Spindelmuttern.
18 (12)	75 (60)	Mittelharter Werkstoff mit guten Notlaufeigenschaften, meerwasserbeständig. Geeignet für Lokomotiv-Achsenlagerschalen und Kuppelstangenlager, Gleitlagerschalen für den allgemeinen Maschinenbau (Lastspitzen von p bis 400 kp/cm² möglich), mittelbeanspruchte Gleitplatten und -leisten.
20 (12)	85 (70)	Mittelharter Werkstoff mit hoher Verschleißfestigkeit und guten Notlaufeigenschaften, meerwasserbeständig. Geeignet für normal- und hochbeanspruchte Gleitlagerbuchsen und -schalen bei Verwendung von Wellen aus allgemeinen Baustählen sowie aus oberflächengehärteten Stählen, Kolbenbolzenbuchsen für p bis 400 kp/cm², Kurbel- und Kniehebellager mit Lastspitzen von p bis 800 kp/cm², Schiffswellenbezüge und Zylindereinsatzbuchsen, Grund- und Stopfbuchsenfutter, mittel- und hochbeanspruchte Stelleisten für Werkzeugmaschinen, mittelbeanspruchte Kuppelstücke, Friktionsringe und -scheiben.

Tabelle 17

Kurzzeichen[1]	Werkstoff-nummer	Legierungs-bestandteile	Lieferform	Werkstoffeigenschaften	
				0,2-Grenze $\sigma_{0,2}$ kp/mm²	Zugfestigkeit σ_B kp/mm²
Rg5 (G-CuSn5ZnPb)	2.1096.01	Cu 84,0 — 86,0	Formguß	(10 (8)	24 (20)
GZ-Rg5 (GZ-CuSn5ZnPb)	2.1096.03	Sn 4,0 — 6,0 Zn 4,0 — 6,0 Pb 4,0 — 6,0	Schleuderguß	12 (8)	30 (25)
GC-Rg5 (GC-CuSn5ZnPb)	2.1096.04		Strangguß		

[1] Die eingeklammerten Kurzzeichen entsprechen DIN 1700 über die Systematik der Kurzzeichen für Nichteisenmetalle, sie sind zusätzlich zu den üblichen Kurzzeichen aufgenommen worden, um bereits hierdurch eine Vergleichsmöglichkeit mit den von ISO, Technisches Komitee 26 „Kupfer und Kupferlegierungen" angestrebten Kurzzeichen zu geben. Die Kennbuchstaben GC = Strangguß (C = Continuous) werden bei Überarbeitung in DIN 1700 aufgenommen.

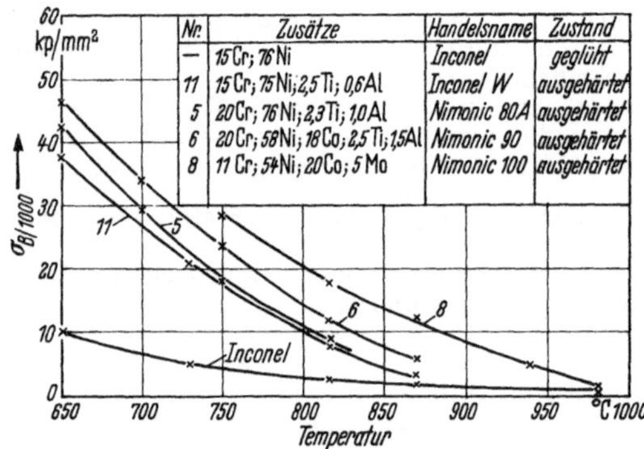

Bild 61. Zeitstandsfestigkeit von Nickel-Chromlegierungen [7].

2. Berücksichtigung der Gieß- und Formverfahren bei der Gußstückgestaltung

2.1 Grundlagen

2.1.1. Gußtoleranzen — Gußfehler

Maßgebend für die Wahl eines bestimmten Verfahrens zum Abgießen eines Werkstückes ist zunächst die Festlegung der Gußstückeigenschaften und deren Toleranzen, bzw. der zulässigen Gußfehler. Gußtoleranzen sind z. B. Maß-, Zerspanbarkeits-, Festigkeits- und Korrosionstoleranzen. Sowohl die Nennwerte der geforderten Eigenschaften als auch deren Toleranzen können an verschiedenen Stellen des Gußstückes unterschiedlich groß sein. Im Hinblick auf die Verarbeitungs- und Konstruktionseigenschaften kann aber auch verlangt werden, daß der Gußwerkstoff quasiisotrop und damit quasihomogen sein soll. Das bedeutet für den Gießer, daß er neben der Auswahl, bzw. Gattierung einer geeigneten Ausgangslegierung dafür zu sorgen hat, daß Gußfehler überhaupt nicht, bzw. nur innerhalb

(Fortsetzung)

Werkstoffeigenschaften		
Bruch- dehnung δ_5 %	Brinell- härte HB 10 kp/mm²	Eigenschaften und Hinweise für die Verwendung[3]
18 (12)	70 (60)	Gut gießbar, weich und bedingt hart lötbar, meerwasserbeständig. Geeignet für Wasser- und Dampfarmaturen bis 225 °C, normalbeanspruchte Pumpengehäuse und dünnwandige, verwickelte Gußstücke.
25 (15)	75 (65)	Mittelharter Werkstoff, weich und bedingt hart lötbar, meerwasserbeständig. Geeignet für normalbeanspruchte Schleifringe und Ventilsitzringe sowie mäßig beanspruchte Gleitlager.

[2] Für alle Legierungen gilt: Der untere zulässige Kupfergehalt wird aus der Summe der Cu- und Ni-Gehalte gebildet; weiter sind als Beimengungen zulässig: Mn 0,20%, Al 0,01%, Si 0,01%, As 0,15%.

[3] Die Angaben „höchstbeansprucht, höherbeansprucht" usw. gelten nur als Vergleichsbewertung innerhalb dieser Norm.

[4] Wird auch in Schleuderguß geliefert.

zulässiger Grenzen auftreten. Ehe man sich damit befaßt, mittels welcher Methoden Gußfehler vermieden werden können ist es zweckmäßig, die wichtigsten Gußfehler anzuführen. Es sind dies z. B. Lunker (bzw. Mikrolunker), Gasblasen (bzw. Poren), Warmrisse, Hartrisse, Oberflächenfehler, Seigerungen, Gußspannungen, Einschlüsse, Kaltschweißstellen, Abmessungsfehler u. a. Diese Fehler werden im folgenden beschrieben.

Häufig können gleiche Fehlererscheinungen verschiedene Ursachen haben. Von der Verwendung des Gußteiles her gesehen ist daher eine Klassifizierung der Fehler in erster Linie nach der Erscheinung vorteilhaft.

Mit aus diesem Grunde werden Gußfehler entsprechend dem Gußfehler-Atlas, herausgegeben vom Internationalen Kommitee Gießereitechnischer Vereinigungen, nach ihrem Aussehen klassifiziert. U. a. zur Erleichterung der Fehlerstatistik wird neben der üblichen Bezeichnung ein dekadisches, vierstelliges Ziffernsystem verwandt (Tab. 23). Die neun Hauptgruppen sind in gleicher Art wie die Haupttafel unterteilt. Als Beispiel sei aus jeder Hauptgruppe ein Fehler angeführt (Bild 62 bis 70). Die hier gezeigten Anomalien sind allerdings so

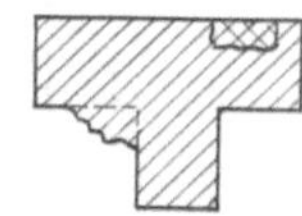

Bild 62. Abgebrochenes oder eingeklemmtes Formteil 1 133-3. Dieses macht sich am Gußstück bemerkbar durch einen erhabenen Abguß des Formfehlers, sowie durch entsprechende Sandeinschlüsse an anderer Stelle [4].

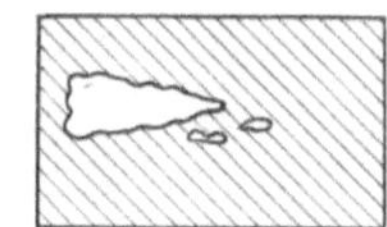

Bild 63. Geschlossener Lunker oder Innenlunker 2 220. Es handelt sich um Hohlstellen im Gußstück mit ausgeprägter rauher Wandung [4].

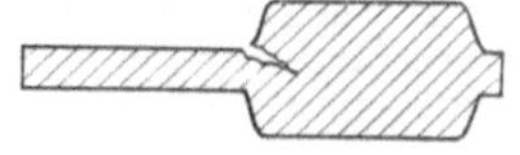

Bild 64. Schwindungsriß 3 221. Scharfkantiger, meist im Zick-Zack an Korngrenzen verlaufender Riß mit stark oxydierter Oberfläche [4].

Bild 65. Angeschmolzener Sand 4 222. Eine dünne, fest angeschmolzene Sandkruste [4].

Tabelle 18. *Guß-Bleibronze und Guß-Zinn-Bleibronze*
(Auszug aus DIN 1716,

Kurzzeichen [1]	Werkstoff-nummer	Legierungs-bestandteile [2]	Lieferform	Werkstoffeigenschaften	
				0,2-Grenze $\sigma_{0,2}$ kp/mm²	Zugfestigkeit σ_B kp/mm²
Guß-Bleibronze					
G-PbBz25 (G-CuPb25)	2.1166.09	Cu 69,0—77,0 Pb 22,0—28,0	Verbundguß	—	—
Guß-Zinn-Bleibronze					
G-SnPbBz5 (G-CuPb5Sn)	2.1170.01	Cu 84,0—87,0 Pb 4,0— 6,0 Sn 9,0—11,0	Formguß	14 (11)	24 (20)
G-SnPbBz10 (G-CuPb10Sn)	2.1176.01	Cu 78,0—82,0 Pb 8,0—11,0 Sn 9,0—11,0	Formguß	12 (10)	23 (18)
G-SnPbBz15 (G-CuPb15Sn)	2.1182.01	Cu 75,0—79,0 Pb 13,0—17,0 Sn 7,0— 9,0	Formguß	11 (8)	22 (16)
G-SnPbBz20 (G-CuPb20Sn)	2.1188.01	Cu 69,0—77,0 Pb 18,0—23,0 Sn 3,5— 5,5	Formguß	10 (8)	20 (15)

[1] Die eingeklammerten Kurzzeichen entsprechen DIN 1700 über die Systematik der Kurzzeichen für Nichteisenmetalle; sie sind zusätzlich zu den üblichen Kurzzeichen aufgenommen worden, um bereits hierdurch eine Vergleichsmöglichkeit mit den von ISO (= International Organization for Standardization), Technisches Komitee 26 „Kupfer und Kupferlegierungen" angestrebten Kurzzeichen zu geben.

(Dichte 8,6 bis 9,6 kp/dm³ je nach Bleigehalt)
Ausgabe Januar 1963)

Werkstoffeigenschaften		
Bruch-dehnung δ_5 %	Brinell-härte HB 10 kp/mm²	Eigenschaften und Hinweise für die Verwendung
—	30—55[3]	Verbundgußwerkstoff, vorwiegend für Lager für den Verbrennungs-motorenbau. (Festigkeitswerte auf Grund des besonderen Verwen-dungszwecks entbehrlich.)
18 (14)	85 (70)	Mittelharte Guß-Zinn-Bleibronze. Zäher Werkstoff mit guten Gleit-eigenschaften und guter Verschleißfestigkeit. Gut korrosionsbeständig, besonders gegen verdünnte Schwefel- und Salzsäure sowie gegen Fettsäuren. Geeignet für Gleitlager mit Flächendrücken, bei denen leichte Kanten-pressungen auftreten können, z. B. Kalanderwalzen und Pleuellager; Lager für Warmwalzwerke. Säurebeständige Armaturen.
14 (10)	75 (65)	Mittelweiche Guß-Zinn-Bleibronze mit sehr guten Gleiteigenschaften und guter Verschleißfestigkeit. Gut korrosionsbeständig. Geeignet für Gleitlager mit hohen Flächendrücken, bei denen Kanten-pressungen auftreten können, z. B. hochbeanspruchte Kalanderwal-zen und Fahrzeuglager; Lager für Warmwalzwerke. Auch als Verbundgußwerkstoff geeignet.[3]
12 (8)	70 (60)	Weiche Guß-Zinn-Bleibronze mit besonders guten Gleiteigenschaften. Gut beständig gegen Schwefelsäure. Geeignet für Lager mit hohen Flächendrücken, bei denen Kanten-pressungen auftreten können; Lager für Kaltwalzwerke ohne Weiß-metallausguß, auch mit eingegossenen Kupferkühlrohren. Säurebeständige Armaturen und Gußstücke, hochbeanspruchte Ver-bundlager[3]. Gute Notlaufeigenschaften bei zeitweiligem Schmierstoffmangel und bei Wasserschmierung.
10 (6)	55 (45)	Weiche Guß-Zinn-Bleibronze mit besten Gleiteigenschaften. Gut beständig gegen Schwefelsäure. Geeignet für Lager mit hohen Flächendrücken und niedrigen Lauf-geschwindigkeiten sowie für hochbeanspruchte Gleitlager in Verbin-dung mit Stahlstützschalen[3]; Lager für Müllereimaschinen, Wasser-pumpen, Kalt- und Folienwalzwerke, Pleuellager in Verbrennungs-motoren. Korrosionsbeständige Armaturen und Gußstücke. Besonders gute Notlaufeigenschaften bei zeitweiligem Schmierstoff-mangel und bei Wasserschmierung. Wegen gießtechnisch besserer Eigenschaften ist im allgemeinen G-SnPbBz15 zu bevorzugen.

[2] Für alle Legierungen gilt: Der untere zulässige Kupfergehalt wird aus der Summe der Cu- und Ni-Gehalte gebildet; weiter sind als Beimengungen zulässig: Mn 0,20%, Al 0,01%, Si 0,01%, S 0,05%, As 0,15%.

[3] Für Verbundgußwerkstoffe: HB 2,5/2,5.

Tabelle 19. *Guß-Aluminiumbronze und Guß-Mehrstoff-Aluminiumbronze*

Kurzzeichen[1]	Werkstoff-nummer	Legierungs-bestandteile	Lieferform	Werkstoffeigenschaften	
				0,2-Grenze $\sigma_{0,2}$ kp/mm²	Zugfestigkeit σ_B kp/mm²
Guß-Aluminiumbronze					
G-AlBz9 (G-CuAl9)	2.0928.01	Cu 88,0—92,0 Al 8,0—10,5	Formguß	18 (12)	45 (35)
Guß-Mehrstoff-Aluminiumbronze Guß-Eisen-Aluminiumbronze					
G-FeAlBzF50 (G-CuAl10Fe)	2.0940.01	Cu 83,0—89,5 Al 8,5—11,0 Fe 2,0— 4,0	Formguß	22 (18)	55 (50)
Guß-Nickel-Aluminiumbronze					
G-NiAlBzF50 (G-CuAl9Ni)	2.0970.01	Cu 78,0—82,0 Al 7,8— 9,8 Ni 4,0— 6,5 Fe 4,0— 6,0	Formguß	25 (20)	60 (50)
G-NiAlBzF60 (G-CuAl10Ni)	2.0975.01	Cu 77,0—81,0 Al 8,8—10,8	Formguß	33 (27)	65 (60)
GZ-NiAlBzF70 (GZ-CuAl10Ni)	2.0975.03	Ni 4,0— 6,5 Fe 4,0— 6,0	Schleuder-guß	38 (30)	75 (70)
G-NiAlBzF68 (G-CuAl11Ni)	2.0980.01	Cu 73,0—80,0 Al 9,0—12,0 Ni 4,5— 7,0 Fe 5,0— 7,0	Formguß	40 (32)	75 (68)
Guß-Mangan-Aluminiumbronze					
G-MnAlBzF42 (G-CuAl8Mn)	2.0962.01	Cu 82,0—85,0 Al 7,0— 9,0 Mn 5,0— 6,5 Ni 1,0— 2,0	Formguß	24 (20)	52 (42)

[1] Die eingeklammerten Kurzzeichen entsprechen DIN 1700 über die Systematik der Kurzzeichen für Nichteisenmetalle; sie sind zusätzlich zu den üblichen Kurzzeichen aufgenommen worden, um bereits hierdurch eine Vergleichsmöglichkeit mit den von ISO (= International Organization for Standardization), Technisches Komitee 26 „Kupfer und Kupferlegierungen" angestrebten Kurzzeichen zu geben.

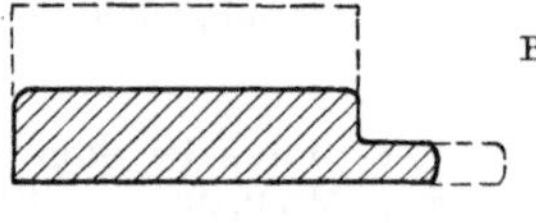

Bild 66. Unvollständiger Guß 5 221. Tritt meist an dünnwandigen, bzw. weit vom Einguß entfernten Stellen auf. Die Kanten sind dort abgerundet [4].

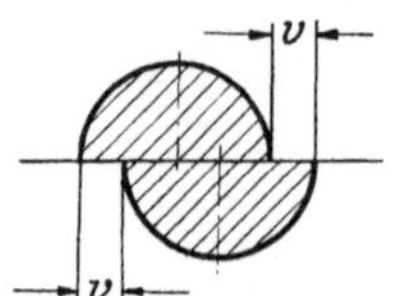

Bild 67. Versetzter Guß 6 210. Die Versetzung tritt an der Form- oder Kernkastenteilung auf [4].

(Dichte 7,6 kg/dm³) (Auszug aus DIN 1714, Ausgabe Januar 1963)

| Werkstoffeigenschaften | | Eigenschaften und Hinweise für die Verwendung |
Bruch-dehnung δ_5 %	Brinell-härte HB 10 kp/mm²	
25 (15)	110 (80)	Meerwasser- und korrosionsbeständig. Gußstücke für chemische und Nahrungsmittel-Industrie, Armaturen usw.
20 (13)	135 (115)	Meerwasser- und korrosionsbeständig. Gußstücke für Schiffbau, chemische und Nahrungsmittel-Industrie, insbesondere säurebeständige Armaturen hoher Festigkeit.
25 (15)	150 (120)	Hohe Festigkeit bei guter Meerwasser- und Säurebeständigkeit. Gußstücke für chemische Industrie, Nahrungsmittel-, Öl-Industrie, Bergbau, Schiffbau. Schnecken und Schneckenräder, Zahnräder, Schrauben und Kegelräder, Heißdampfarmaturen, Verschleißteile wie Gleitbacken, Schiffsschrauben.
18 (10)	170 (140)	
16 (13)	180 (160)	Sehr gute Wechselfestigkeit, auch bei Korrosionsbeanspruchung. Hoher Widerstand gegen Kavitation und Erosion.
8 (5)	190 (170)	Eigenschaften und Verwendungszwecke wie vorstehend. Weiter geeignet für: Schnecken- und Schraubenräder bei höchsten Zahndrücken und bei guter Schmierung, Gleitlager mit sehr hohen Stoßbelastungen, Kurbel und -Kniehebellager für Lastspitzen bis $p=2500$ kp/cm², Innenteile für Höchstdruckarmaturen in der Hydraulik.
26 (20)	120 (105)	Verschleißfester, zäher Werkstoff mit hoher Korrosions- und Meerwasserbeständigkeit sowie guter Kavitations- und Erosionsfestigkeit. Geringe Permeabilität ($<1,01$) bei niedriger elektrischer Leitfähigkeit $<3\,\dfrac{m}{\Omega \cdot mm^2}$. Daher besonders geeignet für Sonderzwecke im Schiffbau, Maschinenbau, in der chemischen und Öl-Industrie, für Schiffsschrauben, Turbinenschaufeln, Lauf- und Leiträder, Armaturen.

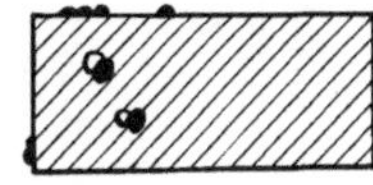

Bild 68. Schwitzkugel, bei Grauguß Phosphidperle 7 142. Festhaftende metallische Tröpfchen an der Gußstückoberfläche oder in Gasblasen. Die Tröpfchen bestehen aus einer niedriger schmelzenden Legierung, die durch Seigerung entstanden ist [4].

Bild 69. Verzug durch Schwindung 8 300. Tritt z. B. an einseitig verrippter Platte auf [4].

stark, daß sie keinesfalls innerhalb der zulässigen Gußtoleranzen liegen. Die Darstellung ist lediglich zur klaren Beschreibung vorteilhaft. Wie stark dürfen nun etwaige Fehler sein, ohne die Toleranzen zu überschreiten? Hinweise hierüber geben die Normen über Gußwerkstoffe, z. B. DIN 1681, 1691, 1692 u. a. Nach diesen Normen werden Fehler nur geduldet, soweit sie nicht die Bearbeitbarkeit

Tabelle 20. *Feinzink-Gußlegierungen* (Auszug aus DIN 1743, Ausgabe Juni 1967)

Kurzzeichen (Schlagzeichen)	Werkstoff-nummer	Zusammensetzung in Gew.-%		Dichte kg/dm² $\approx$	Festigkeitseigenschaften[2]					Richtlinien für die Verwendung
		Legierungs-bestandteile[1]	Zulässige Beimengungen		Zug-festigkeit σ_B kp/mm²	0,2-Grenze[3] $\sigma_{2,0}$ kp/mm²	Bruch-dehnung δ_5 %	Brinellhärte HB 30−10 kp/mm²	Biegewechsel-festigkeit bei 20 · 10⁴ Lastwechsel σ_{bw} (20 · 10⁶) kp/mm²	
GD-ZnAl4 (Z 400)	2.2140.05	Al 3,5 −4,3 Mg 0,020−0,06 Zn Rest	Cu 0,1 Fe 0,05 Ni 0,02 Pb+Cd 0,009 Sn 0,002	6,7	25−30	20−23	3−6	70−90	6−8	Druckgußstücke aller Art, insbesondere bei höheren Anforderungen an Maßbeständigkeit
GD-ZnAl4Cu1 (Z 410)	2.2141.05	Al 3,5 −4,3 Cu 0,75 −1,25 Mg 0,020−0,06 Zn Rest	Fe 0,05 Ni 0,02 Pb+Cd 0,009 Sn 0,002	6,7	28−35	22−25	2−5	85−105	7−10	Druckgußstücke aller Art
G-ZnAl4Cu3 (Z 430)	2.2143.01	Al 3,5 −4,3 Cu 2,5 −3,2 Mg 0,03 −0,06 Zn Rest	Fe 0,075 Pb+Cd 0,009 Sn 0,002	6,8	22−26	17−20	0,5−2	90−100	−	Für Sand- und Kokillengußstücke aller Art, Blechumformwerkzeuge, Spritzguß-, Blas- und Tiefziehformen für Kunststoffe
GK-ZnAl4Cu3 (Z 430)	2.2143.02				24−28	20−23	1−3	100−110	−	
G-ZnAl6Cu1 (Z 610)	2.2161.01	Al 5,6 −6,0 Cu 1,2 −1,6 Zn Rest	Fe 0,075 Mg 0,005 Pb+Cd 0,009 Sn 0,002	6,5	18−23	15−18	1−3	80−90	−	Für gießtechnisch schwierige Gußstücke
GK-ZnAl6Cu1 (Z 610)	2.2161.02				22−26	17−20	1,5−3	80−90	−	

Fußnoten siehe S. 63

und die Verwendbarkeit des Gußstückes beeinträchtigen. Unzulässige Fehler dürfen meist nur mit Genehmigung des Bestellers ausgebessert werden. Meß-

größen festzulegen für Bearbeitbarkeit und Verwendbarkeit, mit Hilfe derer auch reklamiert werden kann, ist allerdings recht schwierig. In diesem Zusammenhang sollte der Besteller bedenken, daß sich im allgemeinen erst bei Mittel- bis Großserien eine deutliche Einengung der Toleranzen wirtschaftlich vertreten läßt.

2.1.2 Einfachheit

Derartige Gußfehler sollten zunächst mit Hilfe einer gußgerechten Konstruktion vermieden werden, d. h. dem Gießer sollte es leicht gemacht werden, die geforderten Gußtoleranzen einzuhalten.

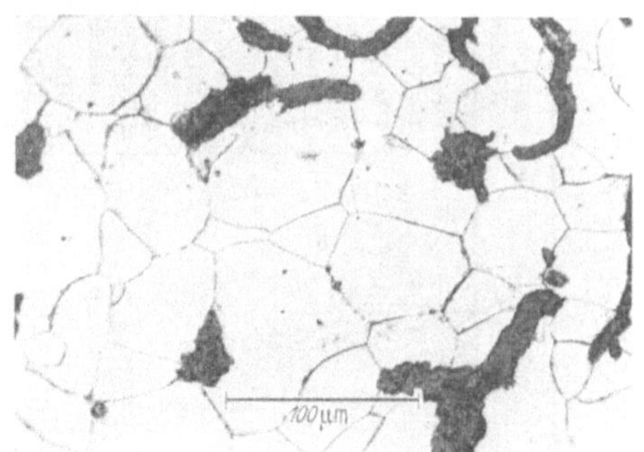

Bild 70. Nur durch besondere Prüfverfahren feststellbare Fehler 9 000. Z. B. fehlerhafte Graphitausbildung an Gußstücken aus Gußeisen mit Kugelgraphit.

Die wichtigsten Gesichtspunkte hierfür sind: einfach konstruieren; zweckmäßige Werkstoffe verwenden; nur geringfügige

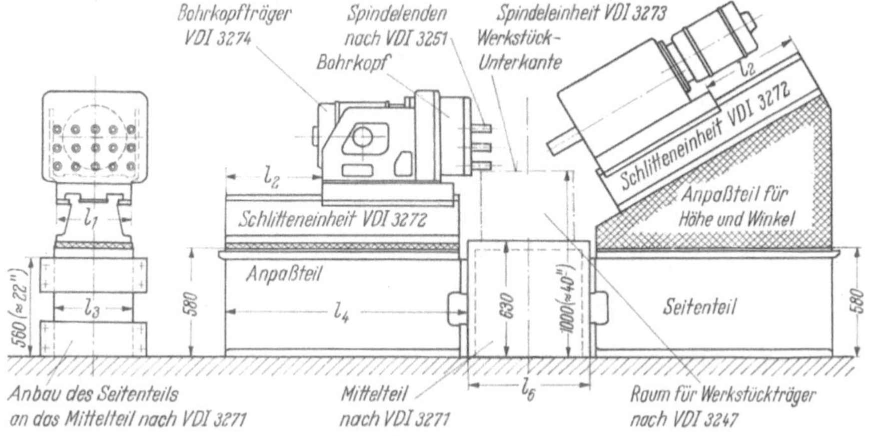

Bild 71. Baueinheiten für Werkzeugmaschinen nach VDI-Richtlinie 3270. Die Baumerkmale sind am Beispiel einer Transfermaschine dargestellt [12].

Fußnoten zur Tab. 20:

[1] Diese Legierungen können bis 0,006 Gew.-% Beryllium ernthalten.

[2] Die Werte sind an gesondert gegossenen Zugproben ermittelt und geben den Streubereich an.

Die Werte für Zugfestigkeit, 0,2-Grenze und Bruchdehnung werden an der Zugprobe für Druckguß nach DIN 50148 ermittelt bei einer Geschwindigkeit in mm/min des ziehenden Spannkopfes von 12,5% ± 5% der Versuchslänge $L_0 = 50$ mm bei einer Prüftemperatur von 20 °C ± 2 grd. Für Sand- und Kokillenguß gilt sinngemäß das gleiche.

Da die mechanischen Eigenschaften von der Gestalt und der Wanddicke sowie von den gießtechnischen Gegebenheiten abhängen, können die am gesondert gegossenen Probestab ermittelten Werte nicht für alle Bereiche der Gußstücke gelten.

[3] Für die Querschnittsbemessung von Gußstücken, die einer ständigen statischen, einsinnigen Belastung unterworfen sind, ist das Zeitstandverhalten (Zeitdehngrenze bzw. Zeitbruchfestigkeit) zu berücksichtigen. Für die Legierungen GD-ZnAl4 und GD-ZnAl4Cu1 liegt die $\sigma_{0,2/10000}$ bei 3 bis 5 kp/mm².

Tabelle 21. *Hochwarmfeste Nickellegierungen* [7]

Lfd. Nr.	C	Mn	Si	Cr	Ni	Co	Mo	W	Nb	Ti	Al	Fe	Sonstige	Kennzeichnung Handelsname
1	0,05	0,05	0,35	12	42	—	6	—	—	2,5	0,2	37	—	Incoloy 901
2	0,05	0,5	0,3	15	35	25	5	5	—	1,8	—	11	0,2 Cu	PMWC+Ti
3	0,07	0,5	0,3	15	35	25	5	5	—	—	—	8	5 Ta, 0,05 Cu	PMWC+Ta
4	0,04	0,3	0,6	26	36	30	6	—	—	—	—	$<0,2$	—	H S 27
5	$<0,1$	$<1,0$	$<1,0$	20	67	$<2,0$	—	—	—	2,3	1,0	5	—	Nimonic 80 A
6	$<0,1$	$<1,0$	$<1,5$	20	56	18	—	—	—	2,5	1,5	<5	—	Nimonic 90
7	$<0,3$	—	$<0,5$	11	54	20	5	—	—	1,5	5,0	<2	—	Nimonic 100
8	0,15	—	—	15	51	20	5	—	—	1,2	4,5	<3	—	Nimonic 105
9[1]	0,05	0,3	0,4	20	67	—	—	—	—	2,4	1,2	≤5	—	Nimocast 80
10[1]	0,1	0,3	0,4	20	54	16	—	—	—	2,4	1,2	≤5	—	Nimocast 90
11[1]	0,3	0,3	0,3	20	58	10	10	—	—	$<0,2$	$<0,2$	≤1	—	Nimocast 242
12[1]	0,08	0,3	0,4	20	59	16	—	—	—	1,6	0,9	≤2	—	Nimocast 257
13[1]	0,2	0,3	0,4	10	56	20	5	—	—	3,7	4,8	≤2	0,008–0,03 B	Nimocast 258
14	$<0,12$	—	—	19	55	11	10	—	—	3,2	1,7	—		René 41
15	0,04	0,7	0,3	15	73	—	—	—	0,9	2,5	0,9	7	—	Inconel X
16	0,04	0,7	0,4	15	73	—	—	—	0,9	2,4	0,9	7	—	Inconel 550
17	0,04	0,6	0,2	15	75	—	—	—	—	2,5	0,6	7	—	Inconel W
18	0,13	0,1	0,2	15	45	28	3	—	—	2,2	3,2	3	—	Inconel 700
19[1]	0,12	0,5	0,5	13	71	—	4,5	—	2	0,7	6,0	3	0,005–0,015B 0,05–0,15 Zr	Inconel bzw. Nimocast 713C
20	0,1	0,8	0,7	1	65	—	28	—	—	—	—	5	—	Hastelloy B
21	0,1	0,8	0,7	16	57	—	17	4	—	—	—	5	—	Hastelloy C
22	0,15	<1	<1	22	47	—	9	—	—	—	—	20	—	Hestelloy X
23	0,08	$<0,75$	$<0,75$	19	50	19,5	4	—	—	2,9	2,9	<4	—	Udimet 500
24	0,1	0,75	0,75	18	49	16	4	—	—	3	4	4	0,04 B	Udimet 600
25	0,15	0,75	0,75	15	50	19	5	—	—	3,5	4,2	1	0,10 B	Udimet 700
26	0,07	0,7	0,4	19	56	14	4,3	—	—	3	1,3	1	—	Waspaloy
27	0,15	0,5	0,5	19	55	10	10	—	—	2,5	1	2	—	M 252

[1] nur als Guß-Legierung

Tabelle 22a. *Hochwarmfeste Kobaltlegierungen.*
Chemische Zusammensetzung (in %) [7]

Kennzeichnung Handelsname	C	Cr	Ni	Co	Mo	W	Nb	Fe	weitere Elemente
HS 21	0,3	25−30	2,5	62,5	5,5	−	−	2	−
HS 23	0,4	23−29	1,5 max.	65	−	5,5	−	2 max.	−
X 63	0,4	22	10	58	6,0	−	−	2	1,25 Al
HS 25	0,15	20	10	50	−	15	−	2	−
X 40	0,5	25	10	54	−	7,5	−	−	−
HS 36	0,4	18,5	10	57	−	14,5	−	−	0,01−0,05B
H 1049	0,4	26	10	45	−	15	−−	4	0,4 B
HS 30	0,4	26	13−17	51	6	−	−	2 max.	−
G 32	0,28	18,8	12,5	45,5	2,0	−	1,3	15,6	2,8 V
V 36	0,25	25	20	44	2,0	−	2,0	−	2,8 V
X 50	0,8	22	20	45	−	12	−	−	1 Ti
S 816	0,4	20	20	44	4	4	4	−	−
Multimet	0,2	21	20	20	3	2,5	1	32	0,1−0,2 N
J 1570	0,2	20	30	39	−	6,5	−	−−	4 Ti
S 590	0,4	20	20	20	4	4	4	25	1,5 Mn

Tabelle 22b. *Hochwarmfeste Kobaltlegierungen.*
Zeitstandfestigkeit für 1000 h (in kp/mm²) [7]

	650 °C	700 °C	750 °C	800 °C	850 °C	900 °C	950 °C	975 °C
HS 21	29	21	10	8,4	8,1	7,5	6,3	
HS 23	32	22	18	17	11	8	6,3	
HS 25					10,5	6,7	4	3,1
X 40	31	28	20	17	13	11	9,2	7,1
HS 36			18	16	14	11,5	9	7
H 1049	48	42	33	23	18	15	12	6,6
HS 30					12	8,4	6,5	
V 36	30	21	16	13	9,3	6,2	4,5	3,5
S 816			16	12,5	8,4	5,4	3,2	
Multimet	35	21	14,5	12	8,8	5,1		
J 1570	53	40	28	18	12	7		

Wanddickenunterschiede vorsehen, in diesem Zusammenhang ist eine gerichtete Erstarrung zu beachten; die Radien sollten nicht zu klein sein; Kerne sollten einfach und durch große Kernmarken abzustützen sein.

Funktionsgerecht und gleichzeitig einfach zu konstruieren ist nicht einfach und gelingt meist erst im Laufe der Entwicklung der gesamten Maschine. Ein Beispiel hierfür ist das Baukastensystem im Werkzeugmaschinenbau. So können aus einfachen, serienmäßigen Baueinheiten nach VDI 3270 bis VDI 3275 (VDI-Richtlinien) Transfermaschinen mit zahlreichen Bearbeitungsstationen zusammengestellt werden (Bilder 71, 72, 73). Die Gehäuse dieser Baueinheiten sind einfache Gußstücke, das Ausschußrisiko ist daher gering, die Selbstkosten können niedrig gehalten werden. Ein besonderer Vorteil besteht noch darin, daß derartige Transfermaschinen bei Auslauf der Fertigung für neue Werkstücke umgerüstet werden können.

Im Vergleich zu Standarddrehmaschinen sind Drehmaschinen mit Frontbedienung kompakter und bei geringerem Stoffaufwand starrer gebaut. Sie sind für die meisten Futterarbeiten, die im allgemeinen häufiger anfallen als Spitzenarbeiten, besser geeignet als die üblichen Universaldrehmaschinen. Derartige Frontdrehmaschinen lassen sich besonders platzsparend mit Zubringeeinrichtungen versehen und mit anderen Werkzeugmaschinen verketten (Bild 74). Auch hier sind Ständer und Werkzeugschlittenführungen einfachere Gußteile, die geringere Schwierigkeiten beim Gießen erwarten lassen als z. B. Betten bei Spitzendrehmaschinen.

Eine besonders klare Konstruktion aus dem Wärmekraftmaschinenbau ist eine Doppelmantelturbine (Bild 75). Durch „selbsthelfende Wärmespannungen"

Tabelle 23. *Allgemeine Klassifikation der Gußfehler nach ihrem Aussehen [4]*

Kennzeichen	siehe Tafel Nr.	Schema
Auswüchse von nicht geometrischer Form Überschüssiger, massiver oder flacher Teil hervorstehend. Unregelmäßige Verdickung auf der Oberfläche; ganz oder teilweise mit Metall usw. ausgefüllter Hohlraum d. Stückes.	1000	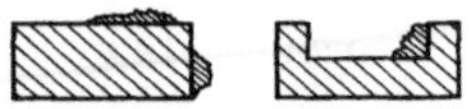
Hohlraum Das Stück enthält einen oder mehrere Hohlräume, die völlig von Metall umschlossen sind oder an der Oberfläche münden, oder durch eine örtlich begrenzte Vertiefung in der Oberfläche gebildet werden. Wenn die Hohlräume von Anfang an mit einem Fremdkörper (Sand, Schlacke, Graphit usw.) gefüllt sind, so werden sie unter 7000 (Einschlüsse) eingereiht.	2000	
Unterbrechung des Zusammenhanges Der Zusammenhang der Masse des Stückes ist ganz oder teilweise unterbrochen. Die Lage der Unterbrechung des Zusammenhanges zur Oberfläche des Stückes ist beliebig. Die einzelnen Teile des Stückes können noch zusammenhängen, leicht verschoben oder auch vollständig voneinander getrennt sein (in mehrere deutliche Bruchstücke aufgeteiltes Stück).	3000	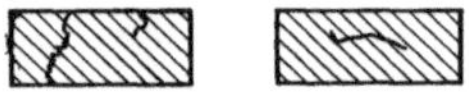
Fehlerhaftigkeit der Oberfläche Das Aussehen der Gußhaut des Stückes ist nicht genügend glatt und gleichmäßig, oder auch die Oberfläche zeigt geringfügige Erhebungen, flache offene Hohlräume oder flache oberflächliche Einschlüsse. Wenn die Erhebung oder die Tiefe im Verhältnis zur Oberfläche so ist, daß sie nicht mehr als Oberflächenfehler angesehen werden können, so gehe man zurück auf die entsprechenden Klassen: Auswüchse (1000), Hohlräume (2000), Einschlüsse (7000).	4000	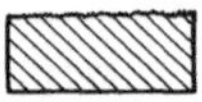
Unvollständiges Stück Ein Teil des Stückes fehlt. Das Stück endet zum fehlenden Teil hin in nicht geometrischen Flächen.	5000	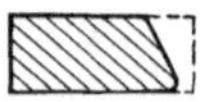
Ungenaue Maße oder Gestalt Das geometrische Kennzeichen der Gestalt des Stückes ist gewahrt, aber dieses enthält Zeichen- oder Maßfehler.	6000	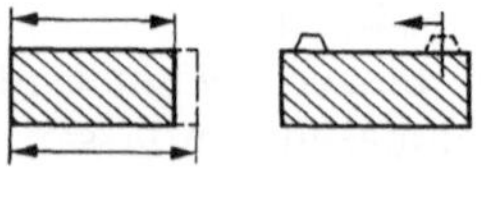

Tabelle 23 (Fortsetzung)

Kennzeichen	siehe Tafel Nr.	Schema
Einschluß oder Heterogenität Einschluß: Die Grundmasse des Stückes enthält Fremdkörper (Sand, Schlacke usw.) die mitunter auf der Oberfläche in Erscheinung treten. Die an die Oberfläche austretenden Einschlüsse können sich im Laufe der weitere Behandlungsvorgänge, Putzen, Bearbeiten, Beizen usw. beseitigen lassen, wobei sie nur Hohlräume hinterlassen, die man nicht mit den Fehlern des Typus 2000 verwechseln darf. Heterogenität: Das Aussehen oder die Eigenschaften des Metalls sind stellenweise verschieden.	7000	
Verformung (Abweichung von der genauen Gestalt) Die Stückzeichnung ist richtig und maßgenau, der Abguß zeigt dagegen eine Verformung im ganzen oder an bestimmten Teilen.	8000	
Nur mit Hilfe von Geräten feststellbare Fehler Das Stück erscheint einwandfrei, enthält aber bei der Sichtprüfung nicht wahrnehmbare Fehler.	9000	

wird hier der Innenmantel geschickt entlastet. Der Abdampf drückt von außen auf den Innenmantel. Auch ist die Temperaturdifferenz am Innenmantel rel. klein. Dadurch konnte die Spannungsverteilung über dem Querschnitt des Innen-

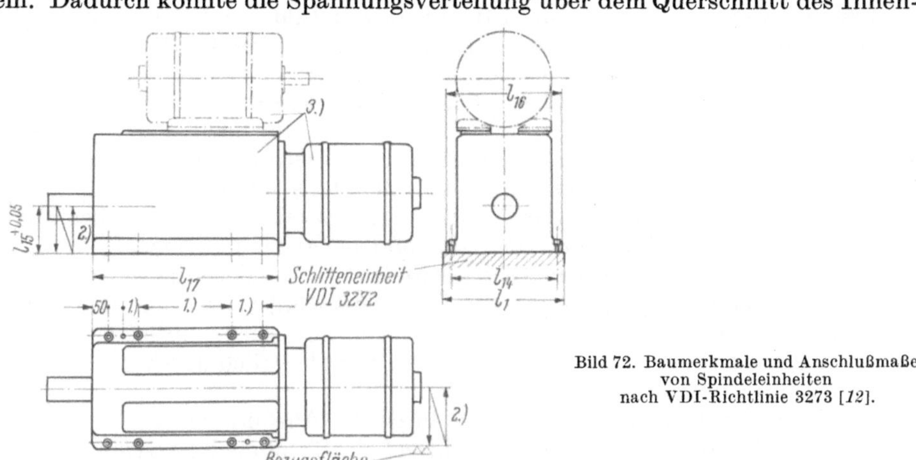

Bild 72. Baumerkmale und Anschlußmaße von Spindeleinheiten nach VDI-Richtlinie 3273 [12].

mantels der unterschiedlichen Zeitstandfestigkeit $\sigma_{B/100000}$ angepaßt werden. In diesem Zusammenhang ist den Gußstücken des Innen- und Außenmantels besondere Beachtung zu schenken. Durch die getrennte, durch Gleitstücke abgestützte Konstruktion ergaben sich einfache, ohne besondere Schwierigkeiten zu gießende Teile.

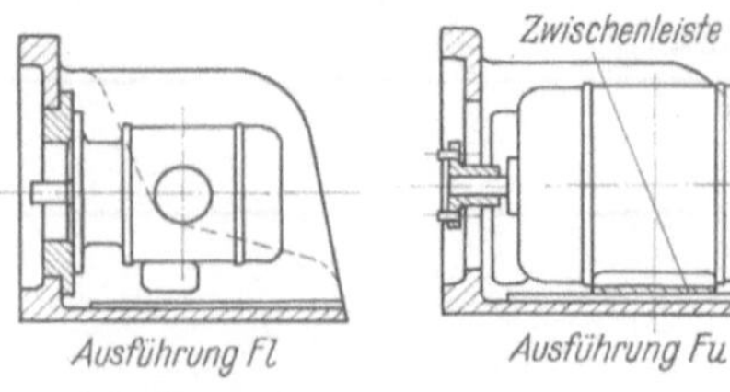

Bild 73. Baumerkmale und Anschlußmaße
von Bohrkopfträgern nach VDI-Richtlinie 3274 [12].

Bild 74. Frontbedienter Einspindel-Futterautomat
„Frontor 25" der Fa. Weisser. Ähnlich ist die Front-
drehmaschine „Pifat 25" der Fa. Pittler.
Beide Maschinen eignen sich gut zum Drehen
kleinerer Gußstücke.

2.1.3 Werkstoffeinfluß

Neben der Forderung nach einer einfachen Konstruktion kommt der Wahl
des Werkstoffes eine besondere Bedeutung zu. Grundsätzlich sollte ein Gußwerkstoff ausgewählt werden, der im Endzustand die geforderten Eigenschaften auf-
weist, der sich aber auch besonders gut vergießen lassen soll. Welche Stoffeigenschaften beeinflussen nun die Vergießbarkeit? Ausschlaggebend für ein gutes Formfüllungsvermögen und das Vermeiden von Lunkern, Warmrissen und Seigerungen,
ist die Einhaltung eines kleineren Erstarrungsintervalles, d. h. die Temperaturdifferenz zwischen der Liquidus- und Solidustemperatur soll so klein wie möglich
sein. Daher lassen sich reine Metalle, Eutektika und intermetallische Verbindun-
gen besonders gut vergießen (Bild 76). In diesem Bild handelt es sich bei dem
oberen Diagramm um das Zustandsschaubild Blei–Antimon. Die obere Grenzkurve des schraffierten Feldes ist die Liquidus-Linie, d. h. bei darüberliegenden
Temperaturen befinden sich die betreffenden Stoffe im schmelzflüssigen Zustand.
Die untere Grenzkurve des schraffierten Feldes ist die Solidus-Linie, d. h. bei
darunterliegenden Temperaturen befinden sich die betreffenden Stoffe im festen
Zustand. Im schraffierten Feld liegt teils fester, teils flüssiger Zustand vor. In
diesem Zustandsschaubild ist das Erstarrungsintervall gleich Null bei reinem
Blei (0% Sb), beim Eutektikum (18% Sb) und bei reinem Antimon (100% Sb).
Das untere Diagramm im selben Bild kennzeichnet das Formfüllungsvermögen.
Hier wird die erzielte Länge eines spiralförmigen Gußstückes mit konstantem
Querschnitt als Ordinate aufgetragen. Die Form, eine sogenannte Spiralkokille,
ließe zwar größere Längen zu, die Formfüllung wird lediglich durch die vorzeitige
Erstarrung des Gußstoffes begrenzt.

Die unterschiedliche Formfüllung ist durch die Ausbildung der Erstarrungsfront in der Gußform zu erklären. Während Stoffe ohne Erstarrungsintervall
eine ebene Erstarrungsfront bilden, wachsen bei Stoffen mit Erstarrungsintervall
Primärkristalle durch bevorzugte Kristallisationsgeschwindigkeit bzw. -richtung
in die Restschmelze. Bei Eisengußlegierungen sind dies z. B. Dendriten. Die
Primärkristalle engen zum einen den Strömungsquerschnitt schnell ein, zum anderen erhöhen sie die Reibung gegenüber nachfließender, bzw. nachgesaugter
Schmelze recht stark (Bild 77). Als bekannteste eutektische Legierungen seien

hier die eutektischen Graugußsorten sowie die eutektischen Aluminium–Silizium-Legierungen (G-Al Si12) angeführt (siehe auch Bild 29). Ein weiterer Gesichtspunkt zur Auswahl eines gut gießbaren Werkstoffes ist die Gießtemperatur. Je niedriger

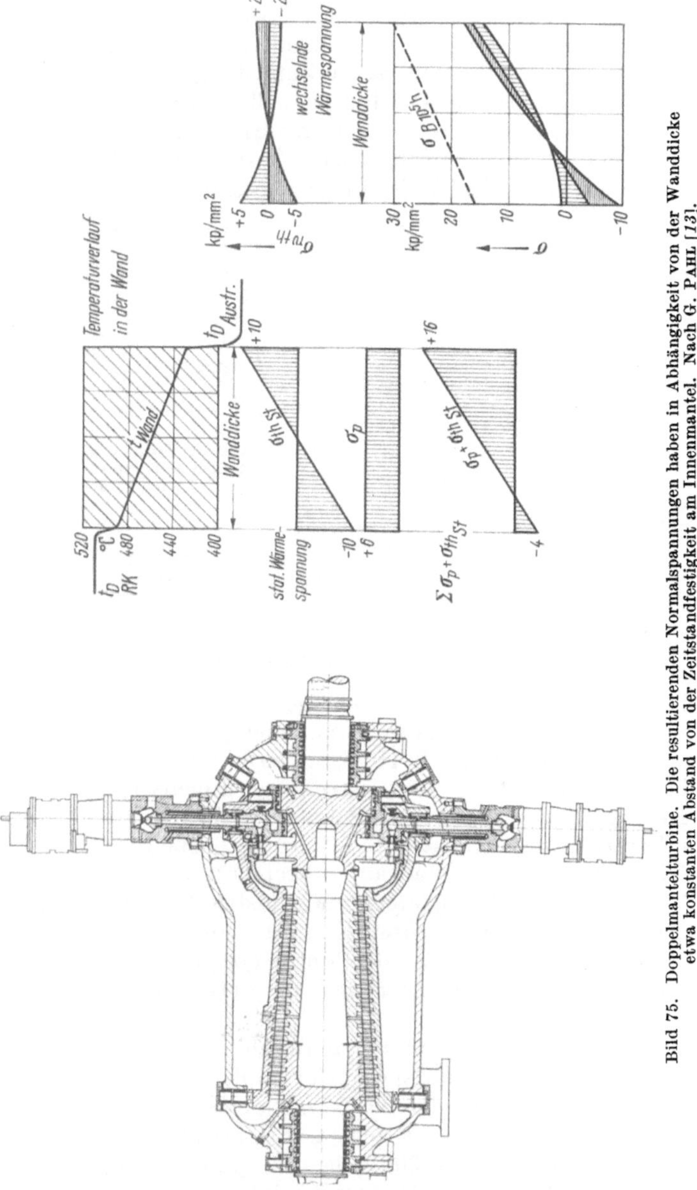

Bild 75. Doppelmantelturbine. Die resultierenden Normalspannungen haben in Abhängigkeit von der Wanddicke etwa konstanten Abstand von der Zeitstandfestigkeit am Innenmantel. Nach G. Pahl [13].

diese ist, um so weniger Schwierigkeiten entstehen meist bezüglich des Form-materials und damit des Gußverfahrens. Je höher die Gießtemperatur ist, um so höher muß die Gießgeschwindigkeit sein, um vorzeitige Erstarrung, Kaltschweißen und andere Fehler zu vermeiden. Ebenso steigt die Aufnahme von Sauerstoff, Stickstoff und Wasserstoff und damit die Neigung zur Gasblasenbildung mit steigender Temperatur. Auch hier sollen Schmelztemperaturen einiger bekannter Gußwerkstoffe angeführt werden: Stahlguß $\approx$ 1600 °C, Grauguß $\approx$ 1300 °C, Rotguß $\approx$ 1200 °C, Silumin $\approx$ 650 °C, Zink $\approx$ 500 °C, zum Vergleich Polyamid $\approx$ 260 °C. Das Formfüllungsvermögen hängt weiterhin von der Viskosität der Schmelze bei meist vorliegender turbulenter Strömung ab. Eine besonders niedrige innere Reibung haben z. B. Temperrohguß und auch Aluminium, dann folgt Grauguß. Höhere innere Reibungen haben Zinn, Blei, Zink und Stahlguß. Neben den bisher angeführten Stoffeigenschaften sollte der Konstrukteur auch das Schwindmaß des Rohgusses beachten. Je niedriger dasselbe beim freien, ungehinderten Schwinden ist, um so geringer ist u. a. die Gefahr der Warm- und Hartrißbildung, sowie die Höhe der Gußspannungen (siehe auch 2.3).

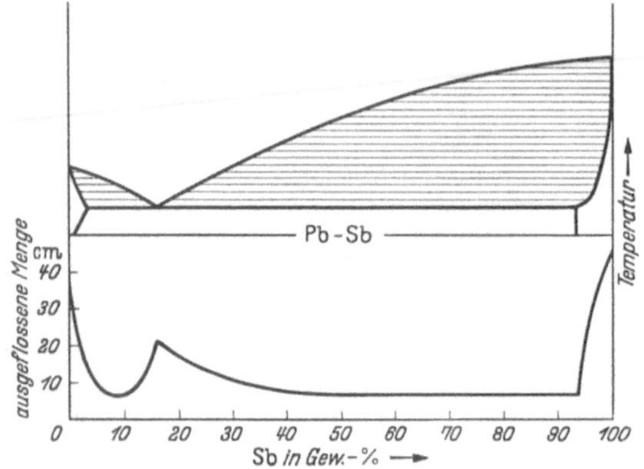

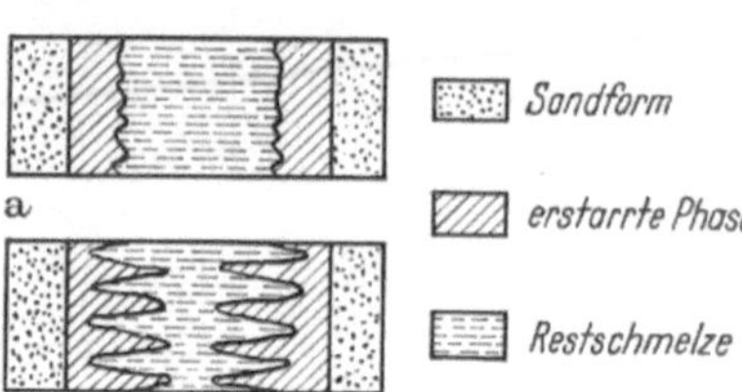

Bild 77. Erstarrungsvorgang eutektischer (a) und untereutektischer (b) Legierungen. Nach E. PIWOWARSKY [5].

Bild 76. Formfüllungsvermögen von Blei-Antimonlegierungen. Nach A. PORTEVIN und B. BASTIEN [1].

2.1.4 Gerichtete Erstarrung

In starkem Maße abhängig von dem gewünschten Gußwerkstoff muß die Werkstückgestalt sein. Handelt es sich um einen gut vergießbaren Werkstoff, so kann man mit der Formgebung freizügiger verfahren. Bei den meisten Werkstoffen mit besonders hochwertigen konstruktiven Eigenschaften (wie z. B. hoher Elastizitätsgrenze, Streckgrenze, Bruchdehnung, Schlagbiegezähigkeit u. a.) sind meistens die Verarbeitungseigenschaften, hier die Gießeigenschaften, schlechter. Zum Ausgleich muß besonderer Wert auf gußgerechte Formgebung gelegt werden. In jedem Falle ist aber bei gußgerechten Konstruktionen das Qualitätsniveau höher als bei nicht fertigungsgerechten Konstruktionen.

Besonderer Wert sollte auf folgende Punkte gelegt werden:

1. „Gerichtete oder gelenkte Erstarrung", damit Schmelze nachgesaugt werden kann.

2. Minderung der Schrumpfspannungen durch gleichm. Abkühlung und Vermeidung von scharfen Kerben, durch die Schrumpfspannungsspitzen entstehen.

3. Möglichst wenige und einfache Kerne mit großen Kernmarken.

Was ist und wie erreicht man „gerichtete Erstarrung"? Betrachtet man z. B. ein quaderförmiges Gußstück (ca. 300 lang, 100 breit, 70 hoch) aus einem Werkstoff mit verhältnismäßig großem Erstarrungsintervall, an dessen Ende ein Steiger (Trichter, Speiser) gesetzt ist, so kann man an verschiedenen Stellen einen unterschiedlichen Erstarrungsablauf feststellen (Bild 78) [14]. Die Erstarrung beginnt durch Wärmeabgabe an den Formstoff an der Oberfläche des Gußstückes. Bei (1) ist das Verhältnis von der Oberfläche zum dahinterliegenden Volumenelement verhältnismäßig groß. Der Temperaturabfall ist groß und die Erstarrung verläuft schnell. Im Bereich (2) nimmt die Erstarrungsgeschwindigkeit mit dem Abstand vom Blockende ab, da das Verhältnis von der Wärme abgebenden Oberfläche zum umgrenzten Volumen kleiner wird. Während des Erstarrungsvorganges nimmt die Dicke der von z. B. Dendriten durchsetzten „teigigen" Zone mit dem Randabstand zu. Die Mittelzone (3) wird praktisch weder von dem kühleren Blockende, noch vom wärmeren Steigerende beeinflußt. Sie erstarrt gleichmäßig vom Rande her, so daß die zusammenwachsenden Dendriten ein Nachsaugen der Schmelze verhindern. Der Sog ist bedingt durch den starken Volumenunterschied zwischen dem festem und flüssigen Zustand des Gießwerkstoffes. Die Folge hiervon ist Lunkerbildung in der Zone (3), aber auch noch in Zone (2), da auch dort das Nachsaugen unmöglich wird. In der Zone (4) ist aus-

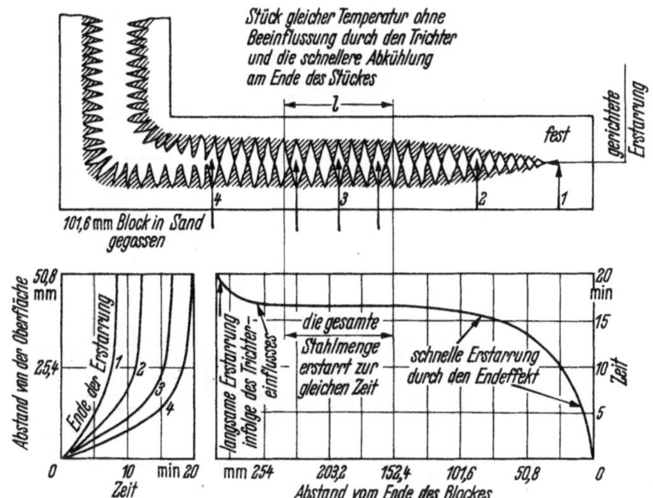

Bild 78. Erstarrungsverlauf an einem quaderförmigen Gußstück aus einer untereutektischen Legierung. Nach W. S. Pellini [9, 14].

reichendes Wärmegefälle vorhanden. Im relativ dicken Steiger (Speiser) ist noch genügend Restschmelze mit entsprechender Wärmeabgabemöglichkeit. Da hierdurch noch Nachsaugequerschnitt vorhanden ist, „speist" der Steiger das Gußstück an dieser Stelle auch noch mit Schmelze. Dort treten dann keine Lunker mehr auf. Im Steiger selbst entsteht ein großer Lunker durch das Absaugen der Schmelze in das Werkstück. Dieses Beispiel zeigt, daß ein lunkerfreies Gußstück nur dann zu erwarten ist, wenn ein ausreichend großes Wärmegefälle zum Steiger hin vorhanden ist. Die „teigige", von Dendriten durchwachsene Zone öffnet sich dann in jedem Stadium der Erstarrung zum Steiger hin, so daß ständig ausreichend Schmelze nachgesaugt werden kann. Hier verläuft also die Erstarrung des gesamten Querschnittes stetig bis zum Steiger.

Man nennt diesen Vorgang „gerichtete" oder „gelenkte" Erstarrung. In unserem Beispiel war das nicht der Fall. Erstarrt also ein Abschnitt des Gußstückes gleichzeitig oder ein Querschnitt vor dem, dem Steiger abgewandten Ende, so bilden sich Lunker. Wird z. B. der Querschnitt des Steigeranschnittes zu klein gewählt, können sich Lunker bis tief in das Werkstück hineinziehen. Dem Gießer stehen nun zahlreiche Möglichkeiten zu Gebote, eine gerichtete Erstarrung zu erzielen. So kann das von einem offenen Trichter zu sättigende Volumen je nach Abmessungen des Gußstückes entsprechend klein gehalten werden (Bild 79).

Bei größeren Gußstücken müssen dann entsprechend viele Trichter vorgesehen werden, (Bild 80). Durch Anlegen von Kühleisen an das Ende des Gußstückes oder auf das Gußstück zwischen 2 Trichtern kann der Sättigungsbereich von Trichtern erweitert werden (Bild 81). Enge Querschnitte im Gußstück können

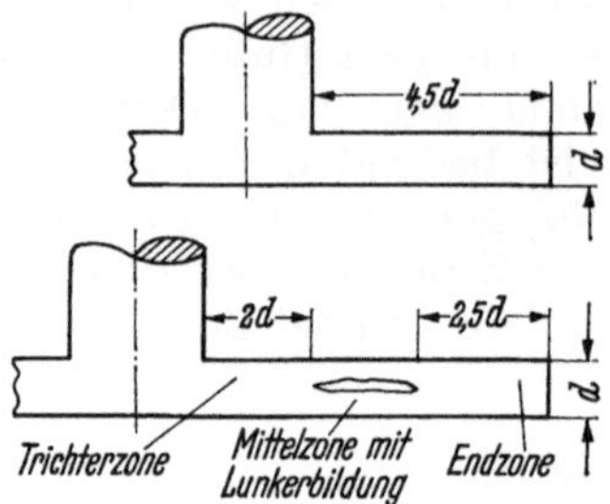

Bild 79. Sättigungsbereich eines Trichters (Steigers) an quaderförmigen Gußstücken aus Stahlguß. Nach W. S. PELLINI [15, 14].

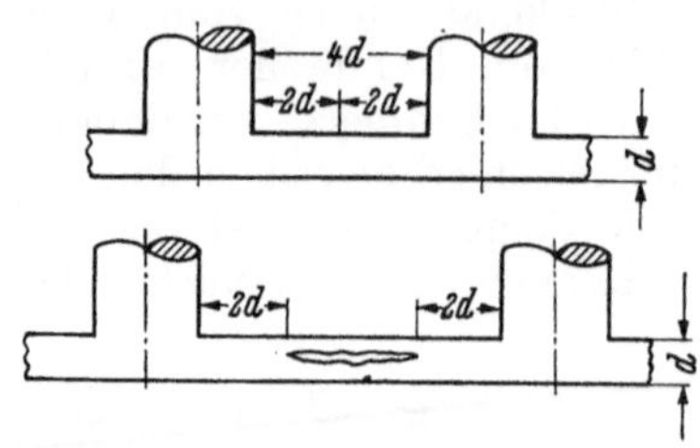

Bild 80. Sättigungsbereich zweier Trichter (Steiger) an quaderförmigen Gußstücken aus Stahlguß. Nach W. S. PELLINI [15, 14].

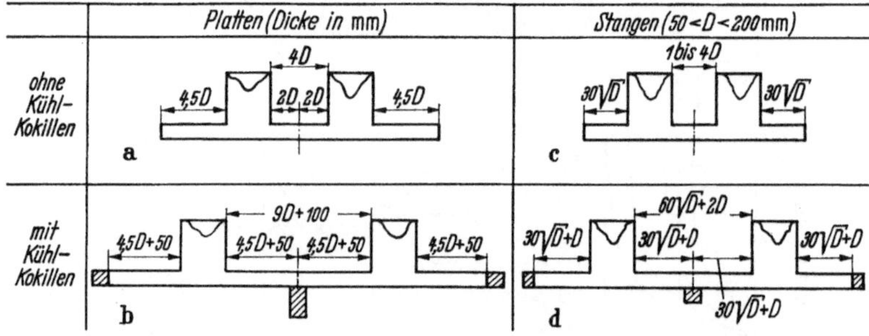

Bild 81. Erweiterung des Sättigungsbereiches von Steigern durch Anlegen von Außenkühleisen an quaderförmige Gußstücke aus Stahlguß [15, 14].

durch Auflegen von exotherner Masse (Heizmasse) lange genug zum Nachspeisen offen gehalten werden, (Bild 82). Bei dünnwandigen Naben legt man z. B. Kerne aus exothermen Massen ein, wenn auf dieser Nabe ein Steiger sitzen muß. Auch läßt man die Bearbeitungszugabe keilförmig auslaufen, damit Wärmegefälle zum Steiger hin entsteht (Bild 83). Weiterhin benutzt man Masseln oder Druckballen, welches vollkommen eingeformte, unter Gießdruck stehende Steiger sind (Bild 84). Auch erhöht man den Gießdruck, z. B. durch Schleuderguß oder Druckgußverfahren. Hierdurch wird Schmelze nachgedrückt. Formmassen mit hoher Wärmeleitfähigkeit bzw. Temperaturleitzahl, z. B. Zementsand, Graphit, Gußeisenkokille u. a., bewirken einen schnellen Erstarrungsablauf, damit eine relativ

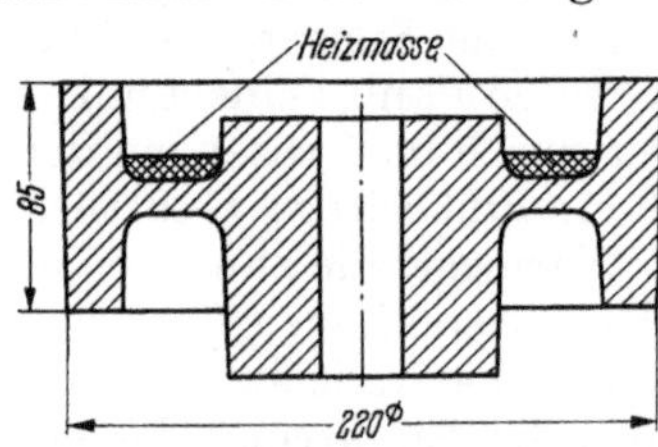

Bild 82. Angelegte Kerne aus Heizmasse, um rel. enge Querschnitte lange genug warmzuhalten [15].

dünne „teigige" Zone, so daß noch mehr Querschnitt zum Nachsaugen erhalten bleibt. Diese kleine Auswahl von Methoden, die dem Gießer zur Verfügung stehen, um eine gerichtete Erstarrung zu erzielen, sollten in erster Linie zum Verstehen des Begriffs beitragen. Auch sollen sie zeigen, daß derartige Methoden meist sehr aufwendig sind. Häufig fällt dadurch viel Umlaufmaterial an, also hochwertiger Gußwerkstoff, der abgetrennt und wieder von neuem eingeschmolzen werden muß. Am Konstrukteur liegt es nun, derartige Kosten zu senken. Er sollte daher sein Werkstück so konstruieren, daß eine gerichtete Erstarrung mit dem geringstmöglichen Aufwand an Steigern usw. zu erreichen ist. Selbstverständlich beginnt die Dimensionierung mit der Werkstoffwahl. Hier sollten die schon erwähnten Gesichtspunkte beachtet werden. Dann folgt die Formgebung. Etwas vereinfachend kann hier empfohlen werden, die Wanddicken angenähert konstant zu halten. Zum Steiger hin darf jedoch die Wanddicke etwas zunehmen. Außerdem sollten möglichst wenig Stoßstellen zwischen zwei oder mehreren Wänden vorgesehen werden, da dort immer Materialanhäufungen auftreten. An Stelle eines leider nicht möglichen Patentrezeptes mögen einige Beispiele praktische Hinweise geben. Durch geringfügige Veränderung der Wanddicken eines Pressenzylinders

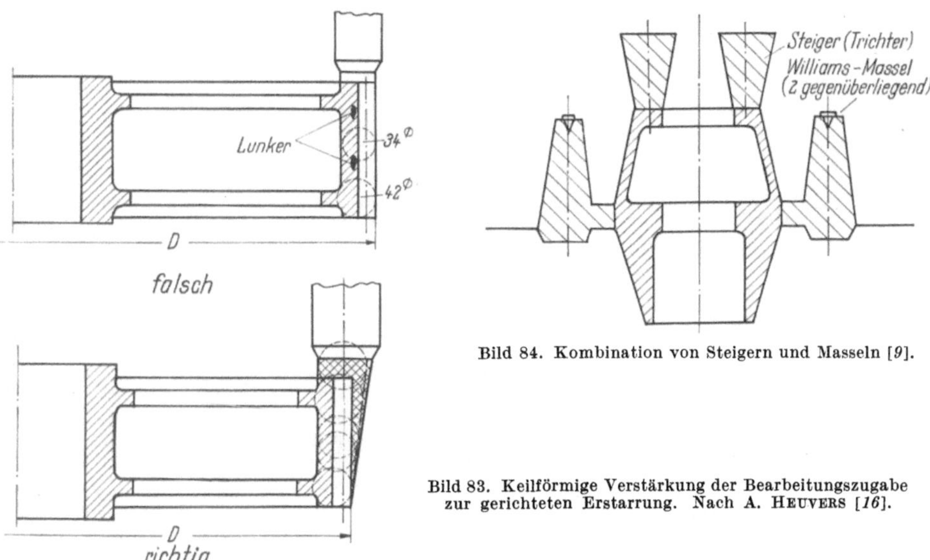

Bild 84. Kombination von Steigern und Masseln [9].

Bild 83. Keilförmige Verstärkung der Bearbeitungszugabe zur gerichteten Erstarrung. Nach A. HEUVERS [16].

wurde eine gerichtete Erstarrung zu mehreren auf dem Bund angeordneten Trichtern erzielt (Bild 85). Da im gerade erstarrten Zustand das Volumen bei Stahl rd. 10% kleiner als im flüssigen Zustand ist, müssen die Trichter, die ja zum Teil auch sofort erstarren, recht groß sein, um genug Schmelze „nachzuspeisen“. Im folgenden Beispiel soll eine einfache Methode gezeigt werden, mit deren Hilfe eine stetige Wanddickenzunahme in Richtung der Trichter nachgeprüft werden kann (Bild 86). Es ist dies die Methode der Heuvers'schen Kreise. Dabei müssen die Durchmesser von Kreisen, die die Oberfläche der Wandung tangieren, zum Trichter hin stetig wachsen. Auf keinen Fall dürfen diese einbeschriebenen Kreise in Richtung zum Trichter einmal kleiner werden. Von einer derartigen Stelle würden sonst Lunker vom Trichter weg entstehen. Wie im Beispiel muß manchmal die Bearbeitungszugabe etwas verstärkt werden, damit die Erstarrung gelenkt ist. An dem Zylinder nach Bild 87 müßten die Zylinderwände wesentlich verstärkt werden, um vom rel. starken Zylinderboden aus eine gerichtete Erstarrung zur rel. kräftigen Zylinderaufnahme zu erzielen. Will man an dem Tragkegel nach Bild 88a eine große Anzahl von Masseln vermeiden, und nur mit drei Trichtern auskommen, so muß man eine Umkonstruktion nach Bild 88b vornehmen. An einem Ventilgehäuse mögen noch konstruktive Hinweise gegeben werden (Bild 89). Die bisher angeführten Werkstücke sind aus Stahlguß. Da bei diesem Werkstoff das Erstarrungsintervall relativ groß ist, müssen die in die

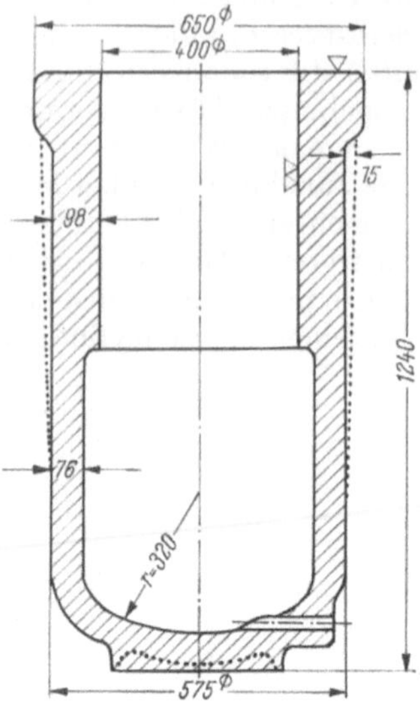

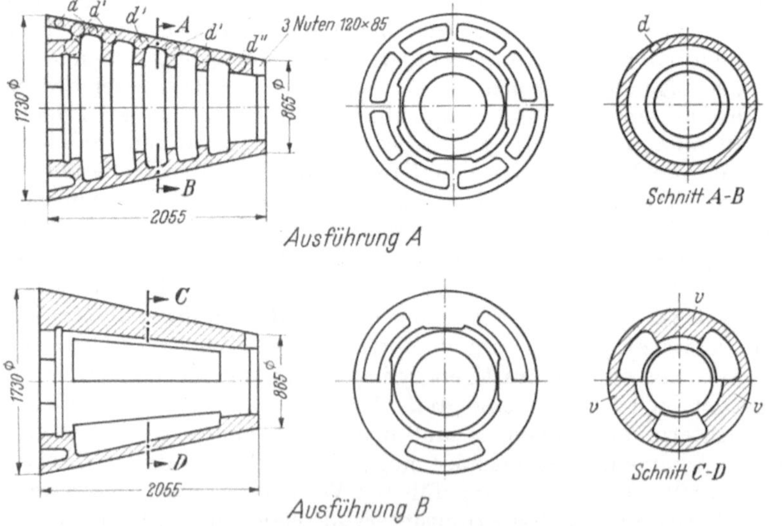

Bild 85. Pressenzylinder aus Stahlguß GS-45.
Stückgewicht 1800 kg. Betriebsdruck 350 atü.
Die Korrektur ist punktiert eingezeichnet.
Nach W. Schumacher [8].

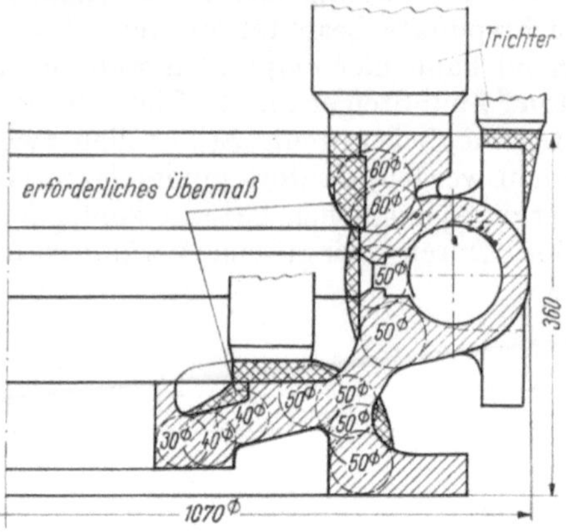

Bild 86. Querschnittskorrektur an einem Dampfturbinengehäuse aus Stahlguß mit Hilfe von eingezeichneten Heuvers'schen Kreisen. Nach W. Schumacher [8].

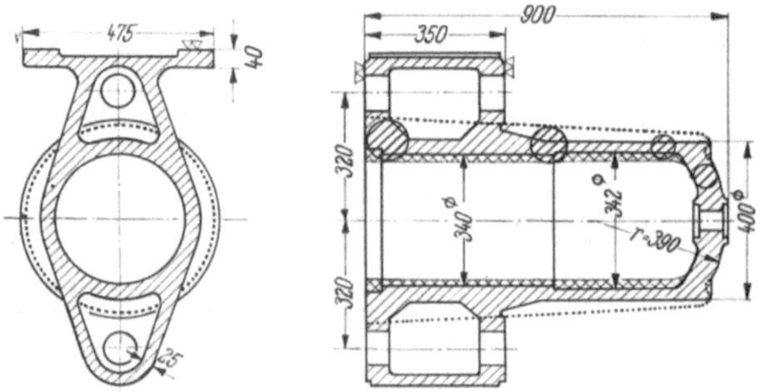

Bild 87. Pressenzylinder aus Stahlguß GS-52. Stückgewicht 1800 kg. Nach W. Schumacher [8].

Bild 88. Tragkegel für Steinbrecher aus Stahlguß GS-45.1. Nach W. Schumacher [8].

Wandung eingeschriebenen Heuvers'schen Kreise in Richtung zum Trichter auch eine verhältnismäßig große Durchmesserzunahme ergeben. Bei Werkstoffen mit geringem Erstarrungsintervall, wie z. B. Temperrohguß und noch eher bei Grauguß kann eine wesentlich längere Wandung gleicher Dicke lunkerfrei gespeist werden. Ist dagegen der Abstand zum Steiger, bzw. zur Massel, rel. groß, so braucht die Wanddickenzunahme nicht so stark wie z. B. bei Stahlguß zu sein. Eine gerichtete Erstarrung ist hier also leichter zu erzielen. Das bedeutet jedoch

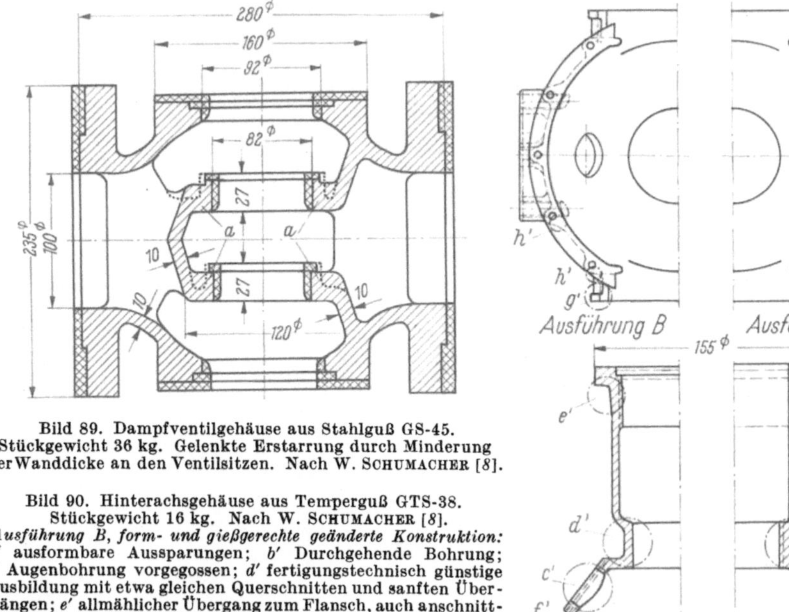

Bild 89. Dampfventilgehäuse aus Stahlguß GS-45. Stückgewicht 36 kg. Gelenkte Erstarrung durch Minderung der Wanddicke an den Ventilsitzen. Nach W. SCHUMACHER [8].

Bild 90. Hinterachsgehäuse aus Temperguß GTS-38. Stückgewicht 16 kg. Nach W. SCHUMACHER [8]. *Ausführung B, form- und gießgerechte geänderte Konstruktion:* a′ ausformbare Aussparungen; b′ Durchgehende Bohrung; c′ Augenbohrung vorgegossen; d′ fertigungstechnisch günstige Ausbildung mit etwa gleichen Querschnitten und sanften Übergängen; e′ allmählicher Übergang zum Flansch, auch anschnitttechnisch günstiger; f′ gießtechnischgünstige Wanddicke; g′ verstärkter Bund; h′ Augenpartien angezogen, Kern entfällt. *Ausführung A, ursprüngliche Konstruktion:* a starke Werkstoffanhäufung, Lunkergefahr; b Sacklochausführung, starke Werkstoffanhäufung; c vollgegossenes Auge, lunkerempfindlich; d ungünstige Ausführung wegen Werkstoffanhäufung und scharfen Überganges, riß- und lunkergefährdet; e scharfer Radius, Rißgefahr; f Gehäusewand zu dünn; g Bund zu dünn, Ausschußgefahr durch Nichtauslaufen; h Augen nicht in Auszugrichtung angegossen, teure Ausführung durch Kernarbeit.

keineswegs, daß die Konstruktionsregeln für die gelenkte Erstarrung ignoriert werden dürfen. Einige typische Konstruktionsfehler an Tempergußteilen sind in Bild 90, Ausführung A, aufgezeigt. Diese starken Wanddickenunterschiede ergeben entweder unwirtschaftlich teure Gußstücke (große Anzahl von Masseln, bzw. viel Ausschuß) oder bei Nichtbeachtung der Gußfehler minderwertige Werkstücke. In der Ausführung B ist die Erstarrung nur nach zwei Richtungen gelenkt, nämlich in Richtung auf den Flansch — 155 ⌀ und in Richtung auf die Augen — — b.

Legt man den Anschnitt für einen Steiger oder eine Massel etwa in die Mitte des zu sättigenden Gußstückabschnittes, so ergeben sich kurze „Erstarrungswege". Zum einen kann die Lunkergefahr vermindert werden, zum anderen kann meist das Steigervolumen etwas verkleinert werden; letzteres wegen der geringeren Wärmemenge, die zum Offenhalten des Nachsaugequerschnittes erforderlich ist und die durch die freiwerdende Erstarrungswärme eines Teiles des Steiger-

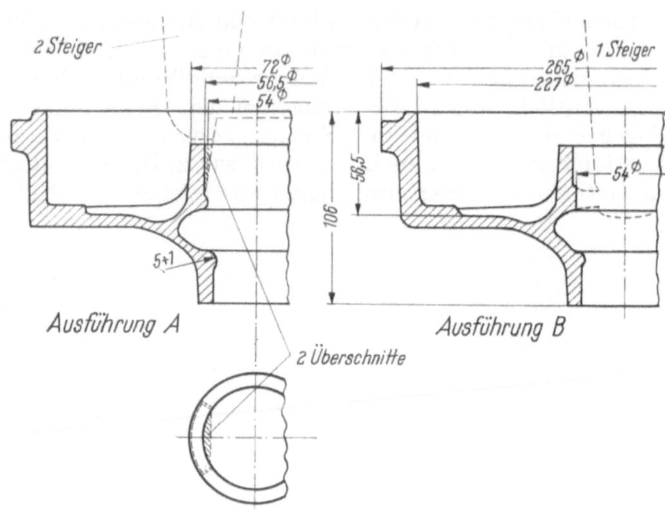

Bild 91. PKW-Bremstrommel aus Temperguß GTW-40 oder GTS-45. Stückgewicht ca. 8 kg [11].

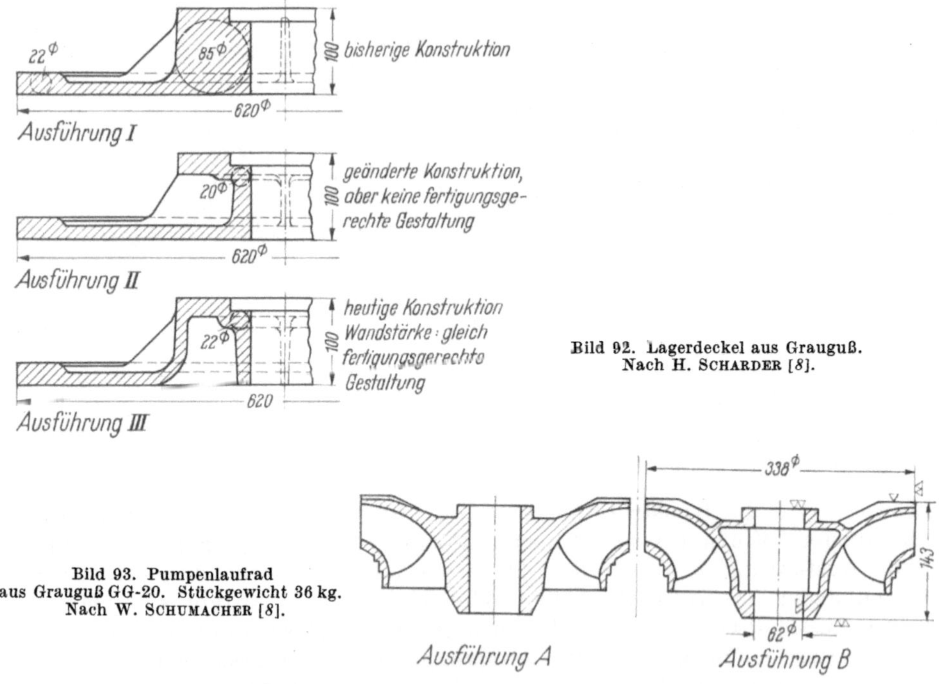

Bild 92. Lagerdeckel aus Grauguß. Nach H. Scharder [8].

Bild 93. Pumpenlaufrad aus Grauguß GG-20. Stückgewicht 36 kg. Nach W. Schumacher [8].

volumens aufgebracht werden muß. Bild 91 ist ein Beispiel hierfür. In Ausführung B genügt ein Steiger zur Sättigung der Nabenpartie sowie des inneren Teiles der Scheibe. Ein weiteres Beispiel für die Verkleinerung des Steigervolumens ist in Bild 92 gezeigt. Bei der ersten Ausführung mußte das Steigervolumen rel. groß gehalten werden, weil das Werkstückvolumen groß war und der Anschnittquerschnitt des Steigers groß sein mußte. Die zweite und dritte Ausführung benötigen wesentlich kleinere Steiger. Die Ausführung III erfordert jedoch keinen Kern. Drei weitere Beispiele sollen ebenso zeigen, daß auch durch Verminderung des Werkstoffvolumens eine gerichtete Erstarrung bei gleichzeitig vermindertem Steigeraufwand erzielt werden kann. In der verbesserten Ausführung des Pumpenlaufrades (Bild 93) wird der unten-

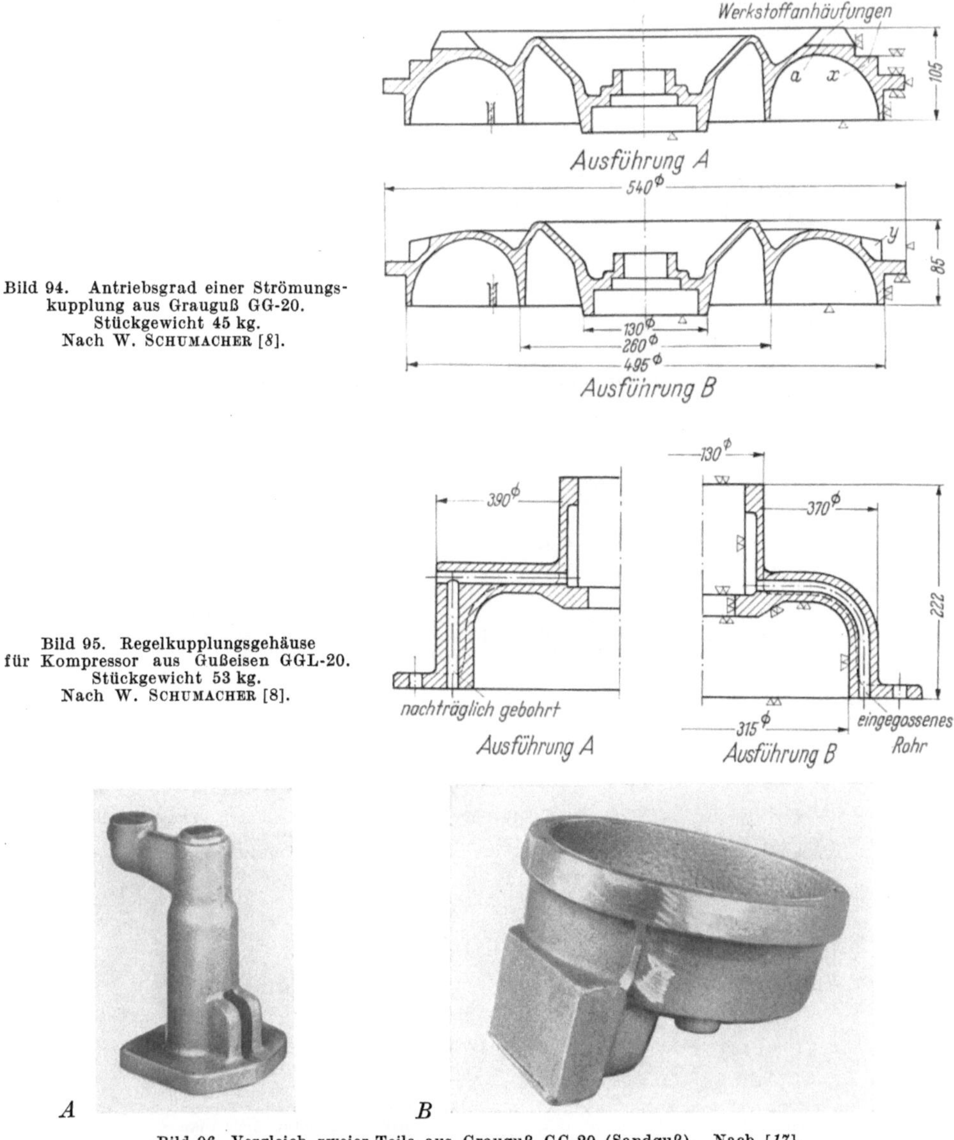

Bild 94. Antriebsgrad einer Strömungskupplung aus Grauguß GG-20. Stückgewicht 45 kg. Nach W. SCHUMACHER [8].

Bild 95. Regelkupplungsgehäuse für Kompressor aus Gußeisen GGL-20. Stückgewicht 53 kg. Nach W. SCHUMACHER [8].

Bild 96. Vergleich zweier Teile aus Grauguß GG-20 (Sandguß). Nach [17]. Während das Pumpengehäuse A (Stückgewicht 3,1 kg) ohne besonderen Aufwand lunkerfrei zu gießen ist, treten in dem dickwandigen, abgesetzten Teil des Ständergehäuses B (Stückgewicht 4,22 kg) gelegentlich Lunker auf.

liegende Bund der Nabe über die ausreichend dicken Rippen gespeist. Das Kupplungsrad (Bild 94) wird an der Nabe und den Auswuchtnocken gespeist. Abgesehen davon, daß diese an geeigneter Stelle für die statische Auswuchtung liegen, dienen sie gleichzeitig zunächst zum Aufspannen des Werkstückes. Am

6   Hentze, Gußstücke

Kupplungsgehäuse (Bild 95) ist durch Verwendung eines eingegossenen Stahlrohres ein Steiger an dieser Stelle überflüssig geworden.

Stärker noch als bei der Kleinserienfertigung muß bei der Großserienfertigung aus Kostengründen der Anteil des Umlaufmaterials (Steiger, Masseln, Anschnittsystem) klein gehalten werden. Gerichtete Erstarrung sollte bei Vermeidung

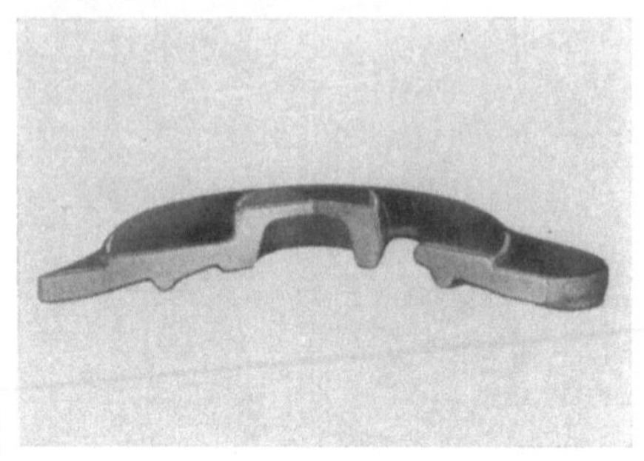
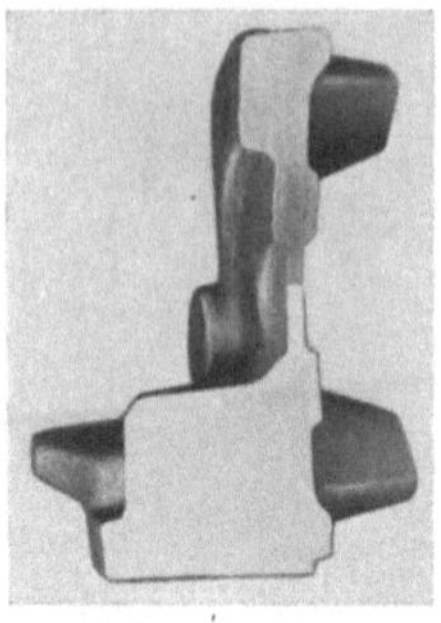

Bild 97. Vergleich zweier Teile aus perlitisch geglühtem Kokillengußeisen mit Lamellengraphit.
Nach [*17*]. Gelenkte Erstarrung liegt beim Lagerdeckel *A* (Stückgewicht 0,6 kg) vor.
Neben grobkristallinem Gefüge entstehen gelegentlich Mikrolunker im dickwandigen Abschnitt
des Ständergehäuses *B* (Stückgewicht 2,68 kg).

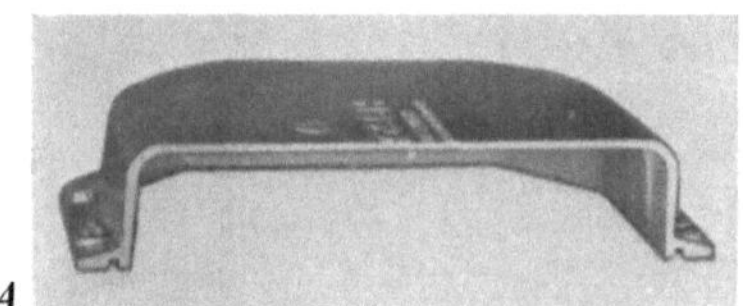
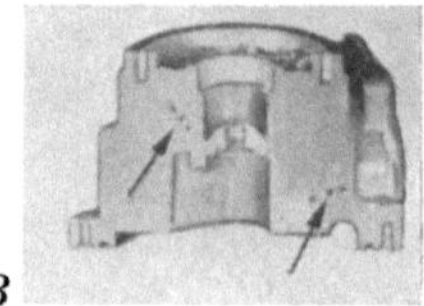

Bild 98. Vergleich zweier Druckgußteile aus G DAlSi12(Cu).   Nach [*17*].
Im Gegensatz zum Reglerdeckel *A* (Stückgewicht 325 g) treten an ungünstig gelegenen Stellen
des Förderpumpendeckels *B* (Stückgewicht 330 g) z. T. Mikrolunker und Poren auf.

Bild 100. Wandungsversteifungen ohne Wanddickenunterschiede anstelle von Rippen
mit Stoffanhäufungen.

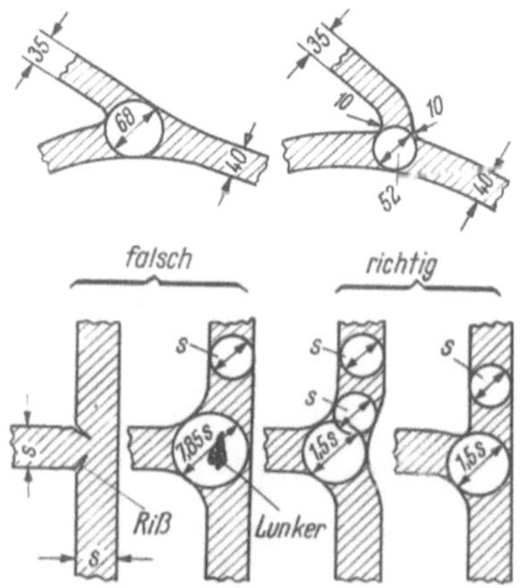
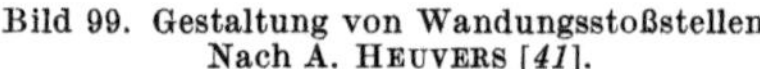

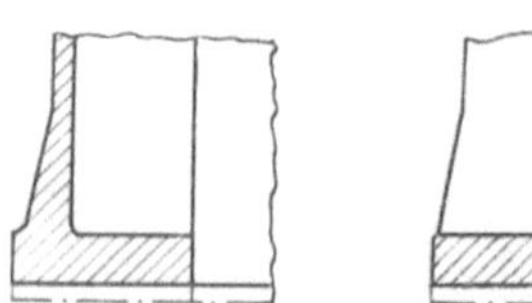

Bild 99. Gestaltung von Wandungsstoßstellen.
Nach A. Heuvers [*41*].

Bild 101. Übergang einer Wandversteifung
nach Bild 100 in einen Flansch.

größerer Stoffanhäufungen erzielt werden (Bild 96). Trotz günstiger Erstarrungsbedingungen können Mikrolunker auch bei Teilen, gefertigt auf Eaton-Halbautomaten, auftreten (Bild 97 B). Erstarren bei Druckgußteilen Anschnittsystem und–oder dahinter liegende, zu kleine Querschnitte eher als anschließende größere Stoffvolumen, so treten selbst bei hohen Nachfülldrücken Mikrolunker und auch Poren auf (Bild 98 B).

An unvermeidbaren Stoßstellen von zwei gleichdicken Wandungen entstehen in jedem Falle Stoffanhäufungen. Ohne daß die Hohlkehlradien zu scharf werden, sollten die Heuvers'schen Kreise nicht größer als 1,5·s werden (Bild 99). Es entstehen dort meist noch Mikrolunker, die aber oft im Spannungsschatten liegen und dann unschädlich sind. Versteifungen an Wandungen können auch ohne Stoffanhäufungen ausgeführt werden (Bild 100). Der Übergang zu einen Flansch ist dabei günstiger (Bild 101).

2.1.5 Berücksichtigung der Schrumpfspannungen

Im Anschluß an die Erstarrungsschwindung (zwischen Liquidus u. Solidustemperatur), die sich in erster Linie durch Saugen, bzw. Lunkern bemerkbar macht, tritt das Schrumpfen, bzw. die feste Schwindung ein. Zur Minderung der Abmessungstoleranz wird diese durch das Schwindmaß bei der Modellherstellung berücksichtigt. Beim freien, ungehinderten Schwinden eines Rundstabes (Sandform) treten keine nennenswerten Schrumpfspannungen auf. Nach der Abkühlung ist ein derartiger Stab praktisch eigenspannungsfrei. Anders bei üblichen Gußstücken. Je nach Werkstoff, Gestalt und Formstoff können größere Schrumpf-

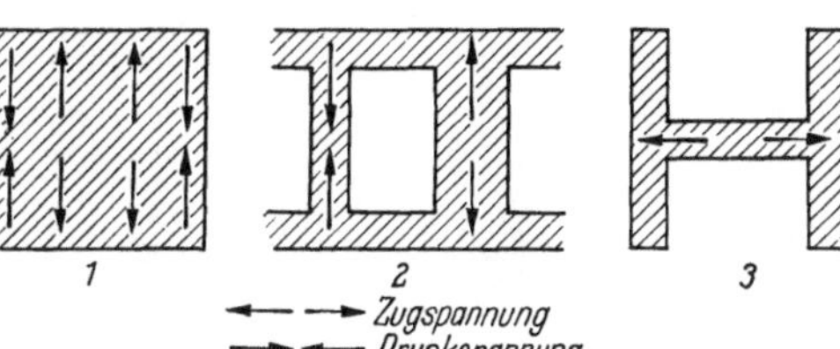

Bild 102. Eigenspannungen in Gußstücken. Nach [15].
1 Eigenspannungen durch Abkühlungsdifferenzen innerhalb eines kompakten Querschnittes; 2 Eigenspannungen durch Wanddickenunterschiede; 3 Eigenspannungen durch Schwindungsbehinderung.

spannungen auftreten und zum Teil in Form von Eigenspannungen bleiben. Zum Teil werden die Schrumpfspannungen auch durch plastische Verformung oder im ungünstigsten Falle durch Risse abgebaut. An dieser Stelle soll in erster Linie der Einfluß der Gußstückgestalt untersucht werden.

Unter besonders günstigen Bedingungen — zäher Werkstoff, langsame Abkühlung im Bereich der Spannungsfreiglühtemperatur und schnell zerfallender Formstoff — werden selbst bei komplizierten Gußstücken die Schrumpfspannnungen durch plastische Verformung weitgehend abgebaut, so daß kaum Eigenspannungen bleiben. Übliche Bedingungen führen dagegen zu Eigenspannungen, die drei Ursachen haben können (Bild 102). Einmal können innerhalb eines kompakten Querschnittes starke Temperaturunterschiede vom Rand zur Mitte hin entstehen. Da die wärmere Kernzone nicht so schnell schrumpft, wird die Randzone durch rel. hohe Schrumpfspannungen gereckt. Durch die nachfolgende Abkühlung der Kernzone entstehen dort Schrumpfspannungen, denen Druckspannungen in der schon vorher abgekühlten Randzone das Gleichgewicht halten (Bild 102.1).

Kühlt in einem kasten- oder rahmenförmigen Gußstück eine Seite, z. B. wegen geringerer Wanddicke, schneller ab, so entstehen auch hier wieder Druckeigenspannungen und an der anderen Seite, z. B. im dickeren Querschnitt, Zugeigenspannungen (Bild 102.2). Wird ein Gußstück durch unnachgiebigen Formstoff am Schrumpfen gehindert, so entstehen im betreffenden Querschnitt Schrumpfspannungen bis in die Höhe der Formänderungsfestigkeit (entspricht etwa einer 0,2-Zeitdehngrenze bei einaxialer Beanspruchung). Nach dem Putzen bleiben im günstigsten Fall keine Eigenspannungen zurück. Meist ist jedoch die Schrumpfbehinderung ungleichmäßig, so daß Zug- und Druckeigenspannungen entstehen (Bild 102.3).

6*

Die durch Schrumpfspannungen bewirkten Eigenspannungen bringen meist Nachteile mit sich. So wird z. B. spröden, bzw. sich durch entsprechenden mehrachsigen Spannungszustand spröde verhaltenden Werkstoffen der Widerstand gegen Bruch um den Betrag der Zugeigenspannung herabgesetzt. Bei sich zäh verhaltenden Werkstoffen können die Zugeigenspannungen nur die Schwingungs- bzw. Gestaltfestigkeit herabsetzen. Unter normaler Beanspruchung kann also ein eigenspannungsbehaftetes Gußstück schon „überbeansprucht" werden und zu Bruch gehen (Bild 103.*I*). Recht unangenehm kann auch Verzug durch Eigenspannungen sein. Werkstücke mit unsymmetrischem Querschnitt zur betreffenden Trägheitsachse neigen zum Verzug nach dem Ausformen (Bild 103.*IIa*). Selbst

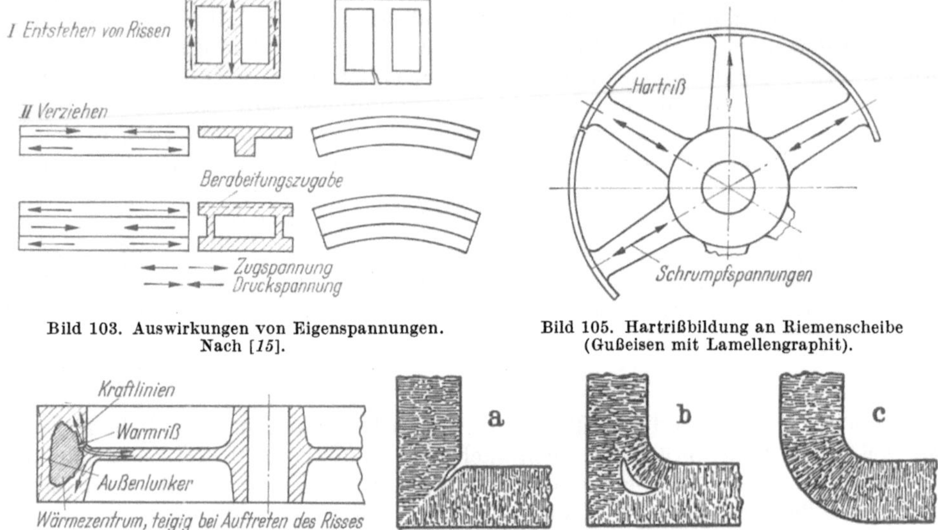

Bild 103. Auswirkungen von Eigenspannungen.
Nach [15].

Bild 105. Hartrißbildung an Riemenscheibe
(Gußeisen mit Lamellengraphit).

Bild 104. Warmrißbildung an Radrohling
(Temperrohguß).

Bild 106. Wirkung scharfer Ecken bei Transkristallisation.
Nach E. PIWOWARSKY [5].

bei Werkstücken mit symmetrischem Querschnitt bewirkt einseitige spangebende Bearbeitung Verzug (Bild 103.*IIb*).

Die schädlichen Auswirkungen von Eigenspannungen können zum Teil mit einigem Aufwand (meist genügt Spannungsfreiglühen) vermieden werden. Durch Schrumpf-(Schwindungs-)spannungen direkt verursachte Risse führen zum Ausschuß. Daher sollte durch die Formgebung bei der Konstruktion des Werkstückes keine Rißbildung verursacht werden. Welche Gestaltungsfehler führen nun zur Rißbildung? Diese Frage kann getrennt für Warm- und Hartrisse beantwortet werden. Warmrisse können bei Temperaturen in der Größenordnung knapp unter der Solidustemperatur in Form von Trennungsbrüchen auftreten. Sie entstehen bei Überschreitung des Trennwiderstandes durch Zugspannungen. Der Werkstoff muß dabei innerlich und–oder äußerlich gleitbehindert sein. Eine innere Gleitbehinderung kann von Kerbwirkung durch teigige Korngrenzensubstanz oder harte Einschlüsse herrühren. Eine äußere Gleitbehinderung entsteht durch mehrachsigen gleichsinnigen Spannungszustand im Zugbereich. Dieser tritt auf durch Schrumpfspannungen in Verbindung mit äußeren Kerben. Nach üblicher Definition muß der Warmriß bis in eine teigige Zone (Temp. oberhalb Solidus) reichen. Auch bei sonst glatter Wand kann eine örtlich begrenzte teigige Zone, die praktisch keine Zugspannungen aufnehmen kann, eine Kerbe darstellen.

Meist entstehen Warmrisse an stärkeren Querschnittsänderungen, wobei im dünneren Teil Schrumpfspannungen durch Verformungsbehinderung entstehen. Im dickeren Teil ist dann die noch teigige Zone. Bild 104 zeigt typische Bedingungen für Warmrisse. Durch unzureichende Speisung ist hier das Wärmezentrum nicht im Steiger, sondern im Werkstück. Die Folge davon sind neben dem Warmriß auch noch Lunker (hier in Form eines Außenlunkers). In der schmalen erstarrten Zone verdichten sich die Kraftlinien durch Kerbwirkung. Der Warmriß verläuft senkrecht zu den Kraftlinien.

Hartrisse treten auf bei Temperaturen zwischen Solidus- und Raumtemperatur. Laut üblicher Definition ist dabei der Werkstoff über dem gesamten Querschnitt hart, bzw. fest. Die übrigen Bedingungen sind gleich denen der Warmrisse. Derartige Hartrisse können z. B. an einer Riemenscheibe mit rel. dünnem Kranz, aber kräftigen Armen und dicker Nabe auftreten (Bild 105).

Wie können bei der Gestaltung derartige Folgen von Schrumpfspannungen vermieden werden? Die Antwort müßte zunächst lauten: „Mindere Schrumpfspannungen durch Vermeiden der Schwindungsbehinderung". Das ist aber konstruktiv besonders schwierig, da Schwindungsbehinderung bei ungleichmäßiger Abkühlung hauptsächlich durch unterschiedliche Querschnitte und sperrige Form auftritt (der Einfluß des Formstoffes sei hier nicht berücksichtigt). Auf jeden Fall sollten, soweit vertretbar, keine allzugroßen Wanddickenunterschiede vorgesehen werden. Kann meist die Schwindungsbehinderung und damit die Bildung von Eigenspannungen nur geringfügig gemindert werden, so müssen darüberhinaus Rißursachen unbedingt ausgemerzt werden. Aus diesem Grunde muß die innere und äußere Kerbwirkung so klein wie möglich gehalten werden. Die innere Kerbwirkung hängt vom Werkstoff ab. Ohne daß an dieser Stelle näher darauf eingegangen werden soll ist zu beachten, daß bei hohen Temperaturen die Zähigkeit des Werkstoffes im Rohgußzustand sich nicht ohne weiteres wie die Zähigkeit der Werkstoffe im evtl. wärmebehandelten Endzustand bei Raumtemperatur verhält. Bezüglich der äußeren Kerben sind die Grundlagen der Gestaltfestigkeitslehre zu beachten. Zunächst sind schroffe Querschnittsübergänge zu vermeiden. Erst nach Befolgung dieser Regel sollten möglichst große Radien vorgesehen werden. Bei zu kleinen Radien kann sich die Kerbe leicht durch Transkristallisation (Bildung von Stengelkristallen vom Rand aus) in dem Werkstoff fortsetzen (Bild 106). Diese Regeln sind in bezug auf Warm- und Hartrisse zu beachten. An Kerbstellen, an denen sich keine gerichtete Erstarrung erzielen

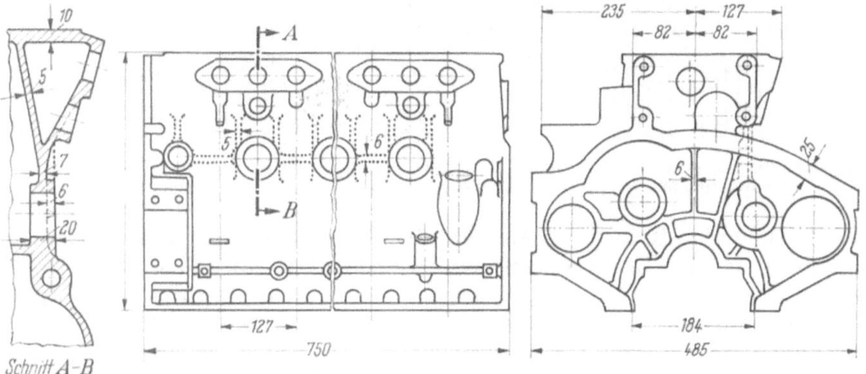

Bild 107. Motorblock aus Gußeisen GG-25. Stückgewicht 80 kg. Korrektur durch Reißrippen punktiert eingezeichnet. Nach W. Schumacher [8].

läßt, und — oder stärkere Werkstoffanhäufungen vorliegen, sind Reißrippen vorzusehen. Diese Reißrippen erstarren schnell und entlasten bei der Schrumpung die gefährdete Kerbstelle. Dadurch bilden sich keine Warmrisse und die unter vorliegenden Bedingungen meist entstehenden Mikrolunker liegen im Spannungs-

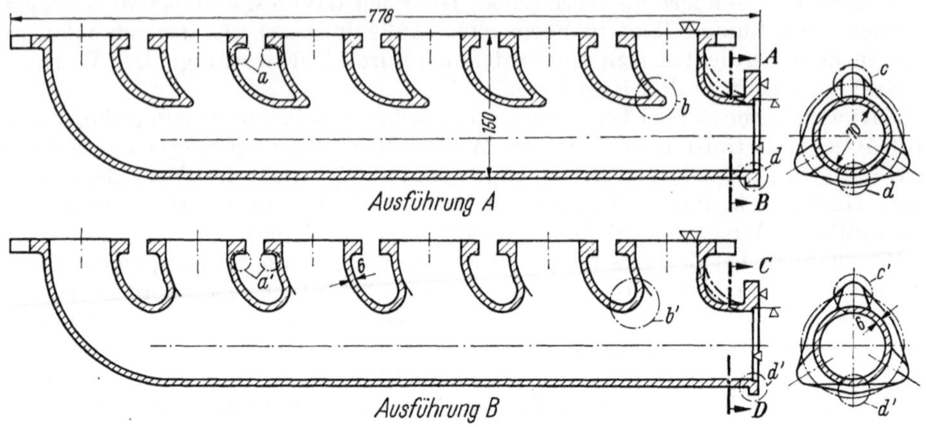

Bild 108. Auspuffkrümmer aus Temperguß GTS-38. Stückgewicht 10 kg. Nach W. SCHUMACHER [8].
Ausführung A ursprüngliche Konstruktion: a Sämtliche Radien zu scharf, Lunker- und Rißgefahr; b form- und gießtechnisch ungünstige Ausbildung, Lunker- und Rißgefahr. Eine Verrippung würde keine grundlegende Verbesserung ergeben; c Flanschaugen sind lunkerempfindlich und besitzen Rißneigung an den Übergangsstellen; d Kern ist erforderlich.
Ausführung B, form- und gießgerecht geänderte Konstruktion: a' Radien vergrößert; b' form- und gießtechnisch einwandfreie Ausführung, Lunker- und Rißgefahr behoben; c' günstige Ausbildung; d' durch Überleitung der Augen an die Flanschausführung Wegfall des Kerns. Das Anbringen von Druckmasseln ist erleichtert.

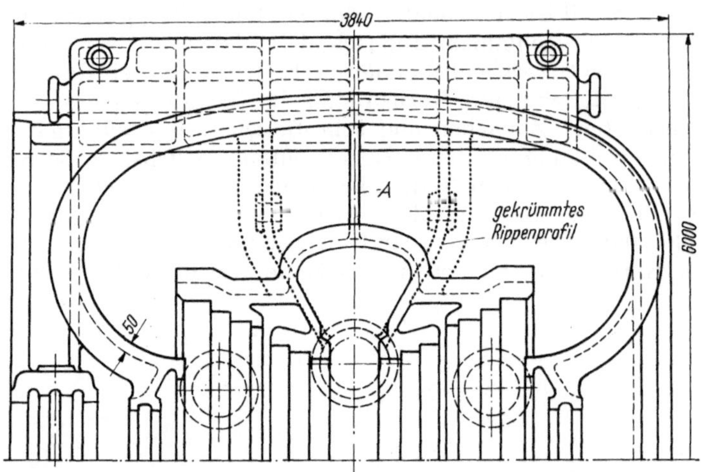

Bild 109. Dampfturbinengehäuse aus Gußeisen GG-25. Stückgewicht 46 700 kg. Anstelle der rißgefährdeten Rippe A wurden zwei punktiert eingezeichnete Rippen vorgesehen . Nach W. SCHUMACHER [8].

schatten. Derartige Reißrippen sind in Bild 107 dargestellt. Häufig kann man sie organisch in die Konstruktion einbeziehen. Auf die Bedeutung größerer Radien wird vor allem in Bild 108 hingewiesen. Wie man die Schrumpfungsbehinderung zum Teil aufheben kann, wird in den Bildern 109 und 110 gezeigt. In beiden Fällen wird die Schwindung durch glatte Verbindungsrippen behindert. Ob derartige Verbindungsrippen durch Schrumpfspannungen reißen, kann bei solch komplizierten Gußstücken leider meist nicht vorhergesehen werden.

Weitere Gegenüberstellungen von guter und ungünstig konstruierter Verrippung findet man in den Bildern 111 und 112. In Bild 111 ist besonderes Augenmerk auf das Verhältnis der Rippendicke zur Dicke der gestützten anschließenden Wandung zu richten. Am Beispiel 111a ist das Verhältnis besser als am Beispiel 111 b. Unzureichende Verrippung flacher Teile kann leicht zum Verzug führen (Bild 112a). Ein ähnliches Teil, das Kollektorlager (Bild 112b), ist dagegen durch die weiß markierte Verrippung ausreichend versteift.

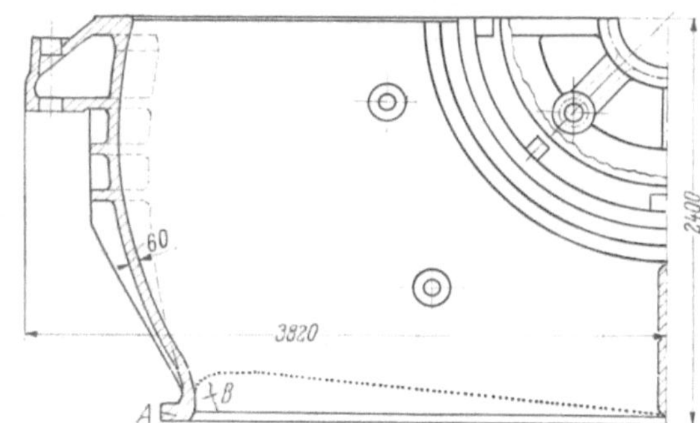

Bild 110. Dampfturbinenniederdruckgehäuse aus Gußeisen GG-25. Stückgewicht 65000 kg. Um Warmrisse in der Rippe bei B zu vermeiden wurde die rißgefährdete Stelle ausgespart. Nach W. SCHUMACHER [8].

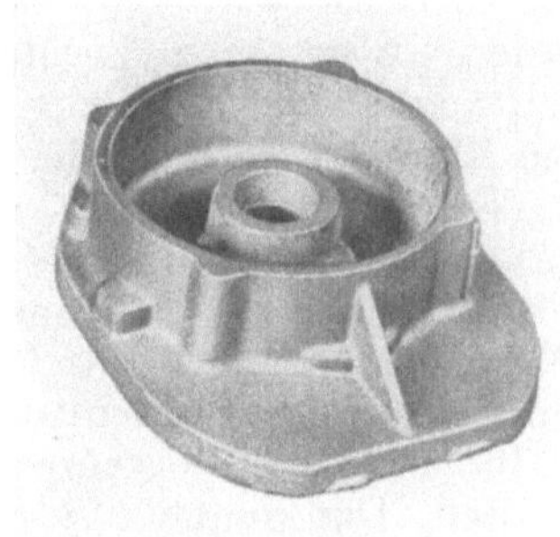

A

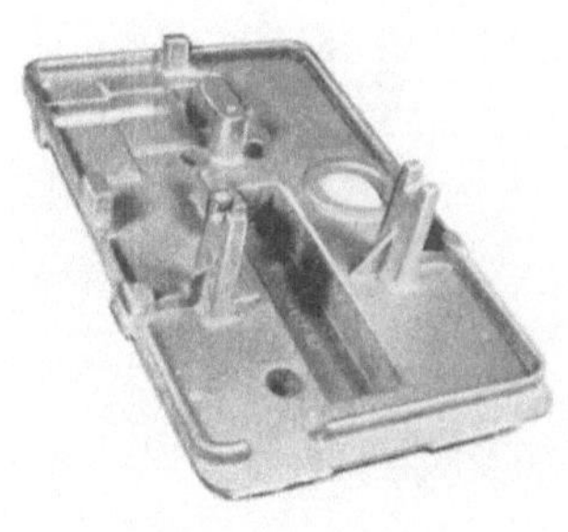

B

Bild 111. Vergleich zweier Teile aus Grauguß GG-20 (Sandguß). Nach [17].
Als Beispiel für eine gute Konstruktion sei der Zwischendeckel A (Stückgewicht 2,85 kg) angeführt. Demgegenüber ist die Platte B (Stückgewicht 4 kg) an schroffen Querschnittsübergängen, vor allem an den Augen, etwas rißgefährdet.

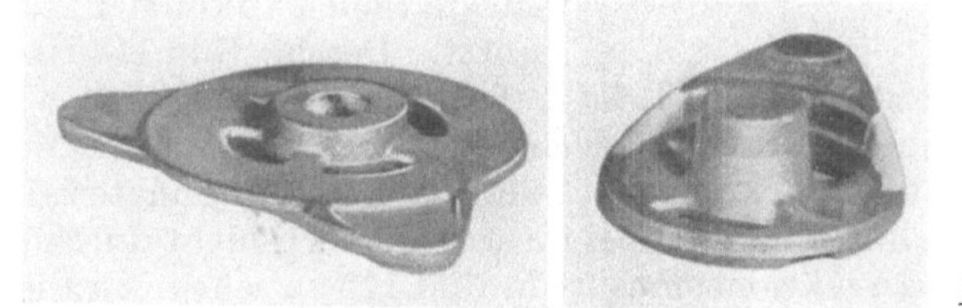

A B

Bild 112. Vergleich zweier Teile aus perlitisch geglühtem Kokillengußeisen mit Lamellengraphit.
Nach [17]. Das Flanschlager A (Stückgewicht 0,62 kg) ist verzugsgefährdet.
Das Kollektorlager B (Stückgewicht 0,63 kg) ist steif genug durch ausreichende Verrippung.

2.2 Schmelzeinrichtungen

Zum besseren Verständnis der folgenden Kapitel soll hier ein kleiner Einblick in die Einrichtungen zum Erschmelzen von Gußwerkstoffen gegeben werden. Der wichtigste Schmelzofen für Eisen–Kohlenstoff-Gußlegierungen ist der Kupolofen. Der Einsatz (die Gattierung) besteht aus Roheisenmasseln, Gußbruch,

Stahlschrott, Kreislaufmaterial (Eingüsse, Steiger, „Knochen" usw.) und Legierungszusätzen; dazu kommt Koks (zur inneren Beheizung) und Kalkstein zur Schlackenbildung. Die Zustellung (Ausfutterung) des Kupolofens ist meist sauer (Quarz–Schamotte-Gemisch reagiert bei vorliegenden Temperaturen sauer), da durch den meist hohen Siliziumgehalt der Chargierung eine sauere Schlacke entsteht. Aus Wirtschaftlichkeitsgründen und zur Verbesserung der Gußqualität durch ausreichend hohe Schmelzüberhitzung wird heute meist der Heißwindkupolofen verwendet. Hierbei wird die Abgaswärme zur Vorwärmung der Verbrennungsluft ausgenutzt (Bild 113). Der hier gezeigte Ofen hat eine Schmelzleistung von 3,4 bis 4,2 t/h. Die Eisenrinne führt zu einem Vorherd, in dem das Eisen gesammelt wird und auch abstehen kann. Im Kupolofen wird meist Gußeisen erschmolzen, in Pfannen abgefüllt und dann vergossen. Entsprechend der gewünschten Gußsorte muß natürlich gattiert, schmelzüberhitzt — d. h. Schmelze von Eigenkristallisationskeimen befreit — und in der Pfanne geimpft — d. h. erwünschte Kristallisationskeime durch Ca–Si, bzw. Fe–Si zugeführt — werden. Gußeisensorten mit Kugelgraphit erfordern noch eine zusätzliche „Schmelzvergiftung" zur Befreiung von unerwünschten Keimen. Meist werden hierzu Magnesiumlegierungen vor der Impfbehandlung in die Pfanne gegeben.

Sowie man auf eine sehr gleichmäßige Gußqualität Wert legt, braucht man fremdbeheizte Öfen, um bei unterschiedlicher Schmelzbehandlungszeit die Gießtemperatur konstant zu halten. Das kommt z. B. bei legiertem Gußeisen, Temperrohguß, Stahlguß, NE-Metallguß infrage. Häufig werden dazu Mittel-, bzw. Netzfrequenz-Induktionsöfen, bei besonderen Anforderungen an den Reinheitsgrad auch Vakuum-Induktionsöfen eingesetzt. Der in Bild 114 dargestellte Ofen

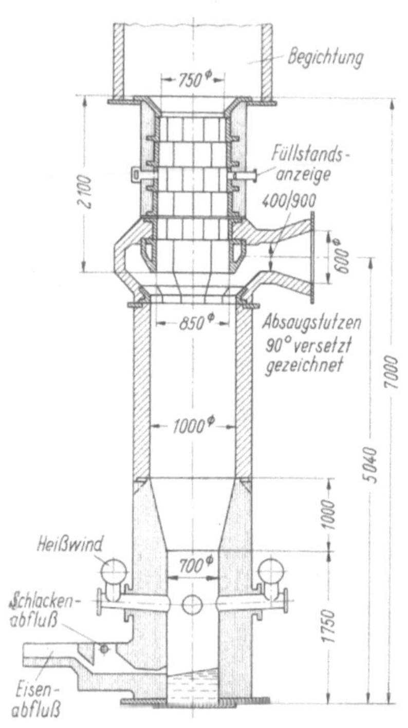

Bild 113. Heißwindkupolofen mit kontinuierlichem Eisen- und Schlackenabfluß [70].

hat eine Schmelzleistung von rd. 6 t/h Temperrohguß. Hierzu wird der Einsatz im Heißwindkupolofen vorgeschmolzen. Bei Stahlguß und NE-Metallguß erfolgt meist fester Einsatz mit bereits hochwertigem Ausgangsmaterial. Größere metallurgische Maßnahmen können bei diesem Ofentyp nicht durchgeführt werden. Ein Sondertyp des Induktionsofens ist in Bild 115 zu sehen. Er dient zum Warmhalten und Gießen von Aluminiumlegierungen bei einem Ofeninhalt von einigen Tonnen. Die induktive Erwärmung erfolgt in einer U-förmigen Rinne, die sozusagen eine kurzgeschlossene Sekundärwicklung eines Transformators darstellt. Dieser Ofen ist druckdicht über ein Steigrohr mit der oben aufgesetzten Kokillenform verbunden. Durch Erhöhen des Gasdruckes über der Badoberfläche wird die Form gefüllt (Niederdruckgießverfahren).

Zum Erschmelzen von Stahlguß stehen einige weitere Ofentypen zur Verfügung. Bei der Kleinbessemerbirne oder heute auch dem LD-Tiegel (5 bis 50 t Einsatz) wird flüssig chargiert (Bild 116). Es kann flüssiges Roheisen eingesetzt

werden, wegen besserer Anpassung an die gewünschten Stahlgußsorten wird zum
Vorschmelzen gerne der wendigere Heißwindkupolofen benutzt. Universellster
Ofen ist der Lichtbogenofen. Der Einsatz kann flüssig, fest oder gemischt erfolgen. Es können unlegierte bis hochlegierte Stähle erzeugt werden. Mit Lichtbogenöfen ab 5 bis 150 t Einsatz lassen sich sowohl größere metallurgische Maß-

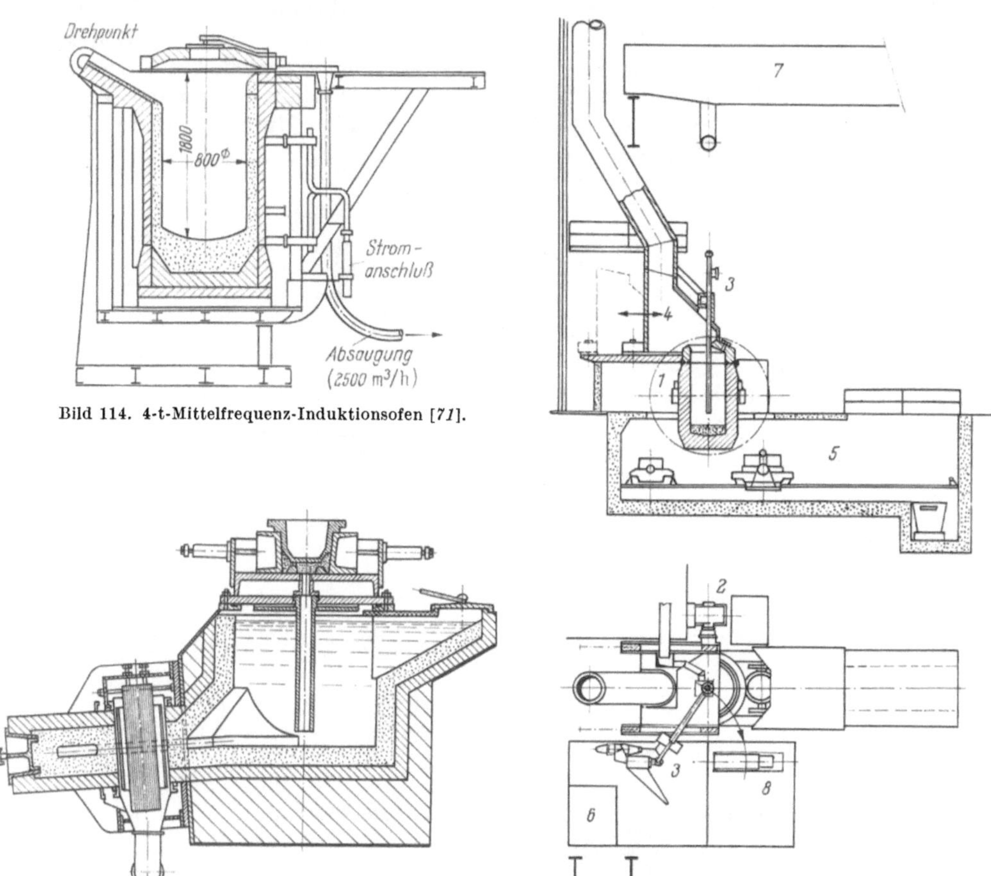

Bild 114. 4-t-Mittelfrequenz-Induktionsofen [71].

Bild 115. 1-t-Induktionsofen für Niederdruckguß
[77].

Bild 116. LD-Tiegelanlage für die Stahlgußerzeugung [69].
1 LD-Tiegel in Blasstellung; 2 Tiegelkippantrieb;
3 Schwenkbare Lanze; 4 Verfahrbare Kaminhaube;
5 Stahl und Schlackentransporteinrichtung;
6 Ventilstand; 7 Chargierkran; 8 Reservelanzen.

nahmen wie z. B. Frischen mit Zunder oder reinem Sauerstoff und intensive
Schlackenanwendung, als auch genaues Legieren durchführen. Die Dauer einer
Charge beträgt je nach Ofengröße, Einsatz und Stahlsorte ungef. zwischen 5 und
15 Stunden. Kleinere Lichtbogenöfen sind für derartige Arbeiten zu instabil.
Als Sonderausführung zum Umschmelzen reiner Legierungen beim Feingußverfahren haben sie sich jedoch bewährt. Unlegierter oder niedriglegierter Stahlguß wird auch im Siemens-Martin-Ofen erschmolzen. Die beim Lichtbogenofen
angeführten Vorteile gelten mit geringen Einschränkungen auch hier. Durch
große Einsatzgewichte, zwischen 50 und 250 t, und entsprechend lange Chargen-
zeiten, etwa zwischen 8 und 15 Stunden, wird eine gleichmäßige Qualität gewährleistet. Lediglich Stähle, deren Schmelztemperatur recht hoch liegt (C-Gehalt

sehr niedrig), bzw. die eine starke Badbewegung erfordern (hochlegierte Stähle), können mit dem SM-Ofen nicht erschmolzen werden.

2.3 Sandguß (einschl. Vollformguß)

Weiterführend über die bisher gebrachten Konstruktionsregeln, die bei sämtlichen Form- und Gießverfahren zu berücksichtigen sind, werden nun Hinweise gegeben auf konstruktive Besonderheiten, die bei den verschiedenen Form- und Gießverfahren zu beachten sind. Die üblichen Formverfahren sind im Wesentlichen der Größe und Form des Gußstückes angepaßt. Untergeordnete Werkstücke, z. B. Kerneisen, können im *offenen Herdguß* gegossen werden (Bild 117).

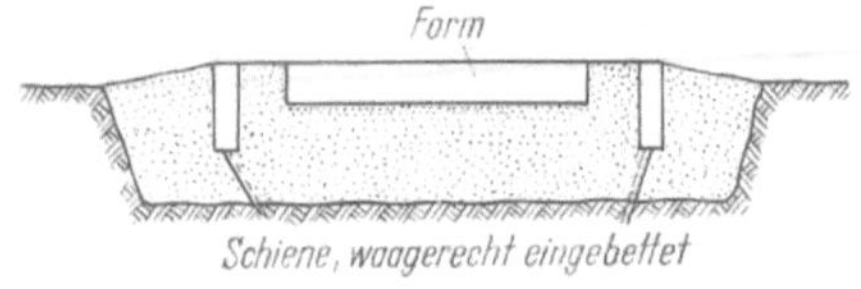

Bild 117. Herdform [7].

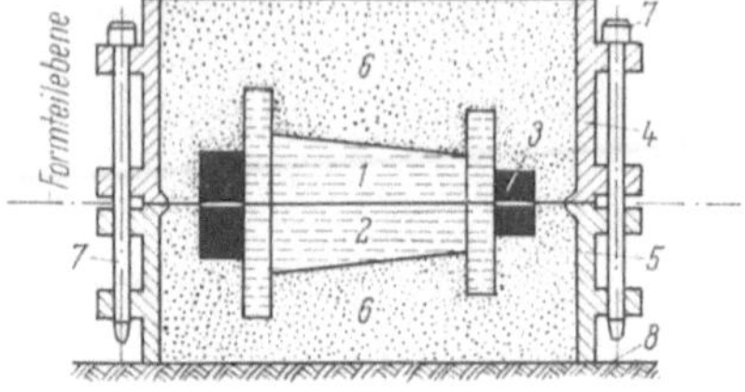

Bild 119. Kastenform mit Modell [7].
1 Modellhälfte für Oberkasten; 2 Modellhälfte für Unterkasten;
3 Kernmarke; 4 Oberkasten; 5 Unterkasten; 6 Formsand;
7 Führungs- und Haltestifte; 8 Formbrett oder Tisch.

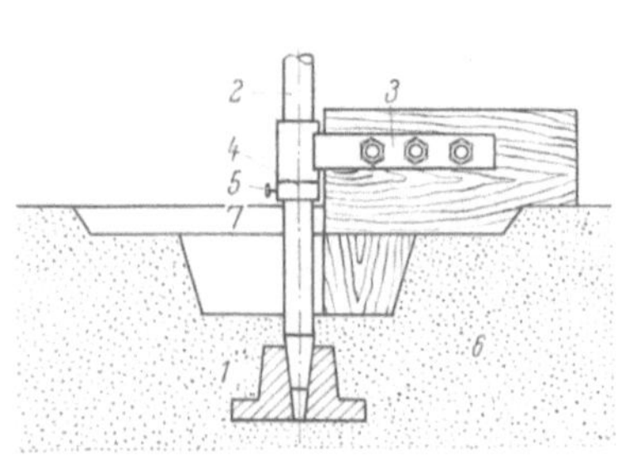

Bild 118. Schablonenform [7].
1 Spindelfluß; 2 Spindel; 3 Schablonenarm;
4 Stellring; 5 Stellschraube; 6 Herd (Formsand);
7 durch Schablonieren entstandener Formhohlraum.

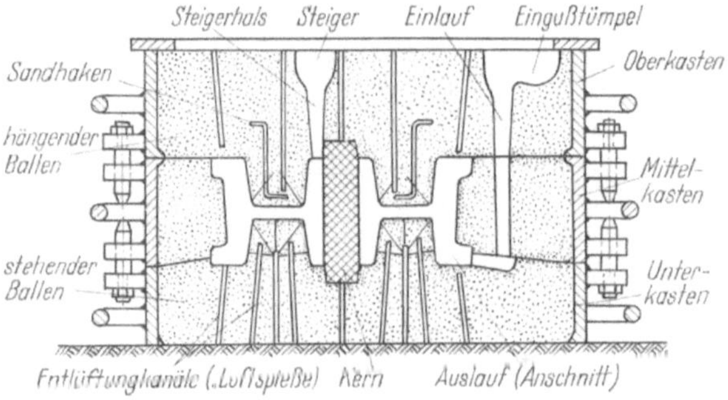

Bild 120. Gießfertige Kastenform [7].

Mittelgroße bis große rotationssymetrische dickwandige Gußstücke werden bis zu mittleren Serien meist wirtschaftlich in *Schablonenformen* abgegossen (Bild 118). Ober- und Unterkasten (bzw. Grube oder Herd), evtl. auch Kerne, werden mittels auswechselbarer Schablonen geformt. Dabei wird im Unterkasten zunächst das „Modell" für den Oberkasten schabloniert. In diesem „Sandmodell" wird der Oberkasten geformt. Nach Abheben des Oberkastens wird der Unterkasten als Form fertig schabloniert. Schwungräder, Zahnradgrundkörper, auch mit Aussparungen, selbst Riemenscheiben mit Armen lassen sich schablonieren. Längliche, selbst leicht gekrümmte Teile mit konstantem Querschnitt lassen sich durch *Ziehschablonieren* längs Führungsleisten ausformen. Die Formen für kleinere bis mittlere Gußstücke werden meist in der Kastenformerei hergestellt (Bilder 119 und 120). Es ist die am meisten angewandte Formart. Durch Normung der Formkästen (DIN 1518/19/20/21/24/) ist sie auch gut zu rationalisieren. Sollen also Gußstücke von modern ausgerüsteten Gießereien in größeren Serien hergestellt werden, so kann es nicht schaden, sich bei der Konstruktion auch nach den eingesetzten meist sehr wenigen Formkastengrößen zu orientieren.

Die Formherstellung in Kästen kann häufig durch geeignete Gußstückgestaltung erleichtert werden. Parallel hierzu werden meist auch die Modellkosten, die vor allem bei kleinen Serien einen starken Einfluß auf die Selbstkosten

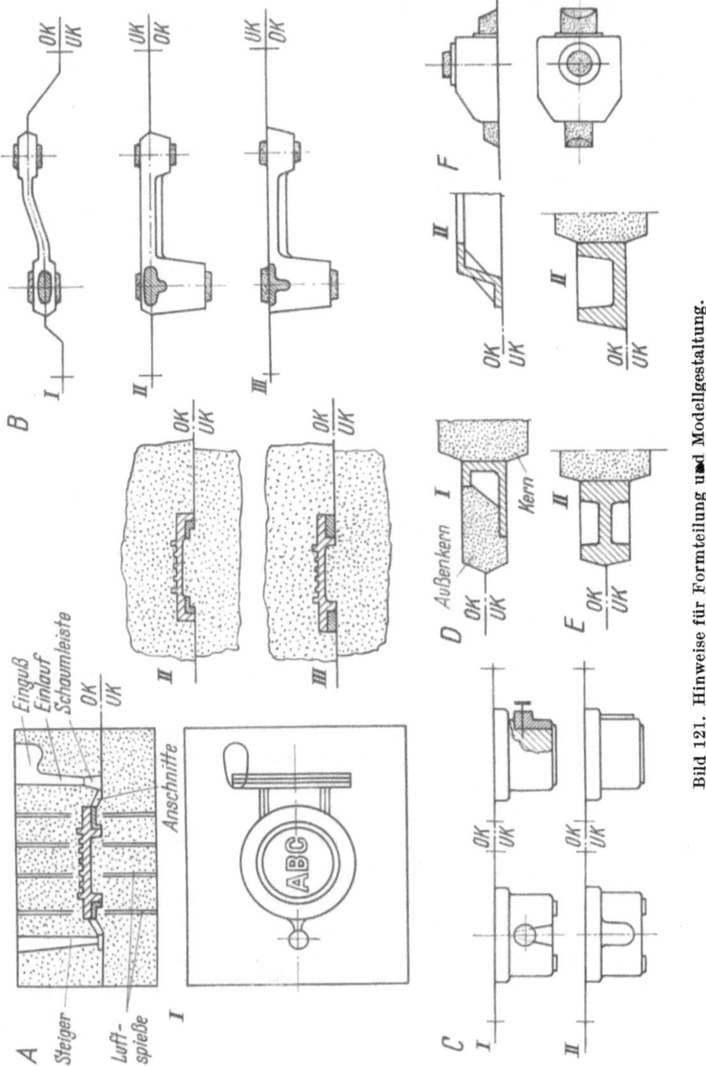

Bild 121. Hinweise für Formteilung und Modellgestaltung.

haben, gesenkt. Die Beeinflussung von Kosten nachfolgender Bearbeitungsverfahren, z. B. Zerspanung, Fügen, sollte aber auch beachtet werden. In Bild 121 werden einige Hinweise gegeben. Unter *A* ist die Einformskizze für einen Deckel angeführt. Wird wie hier mit einem ungeteilten Modell in der Handformerei gearbeitet, so muß nach dem Einformen des Modells, der Schaumleiste, des Einlaufs und des Steigers nach vorsichtigem Wenden des Oberkastens noch der stark konische Ring der Formteilung mit der Lanzette geschnitten werden. Die Formteilung muß mit der Polierschippe geglättet und nach Zulegen von Steiger und Einlauf mit Papierstückchen mit Streusand bestreut werden. Der Unterkasten wird dann auf dem Oberkasten mit noch einliegendem Modell hergestellt. Nach Abheben des Unterkastens nimmt man das Modell mit einer langschäftigen Holzschraube heraus, schneidet und glättet sowohl die Anschnitte zur Schaumleiste und zum Steiger als auch den Einguß. Nun kann die Form zum Gießen zugelegt und beschwert werden. Zeitraubend ist bei dieser Methode vor allem das Schneiden der Formteilung. Um dies zu vermeiden, kann man die beiden vorgeschlagenen Wege gehen. So kann der Deckel innen am Bund bearbeitet werden oder seine Sitzfläche bleibt außen, aber die Bearbeitungszugabe wird ggfls. dicker.

Unter B ist ein ähnlicher Fall dargestellt. Verlangt der Konstrukteur einen derart gekröpften Winkelhebel, so muß ein einteiliges Modell in der Handformerei zunächst gestützt werden in Sand oder in einer passenden Kunstharzform; erst dann kann der Oberkasten geformt werden. Die Formteilung ist hier kompliziert. Kann dagegen die Konstruktion geändert werden, so kommt man zu einem geteilten, mit Dübeln zusammensteckbaren Modell, die Formteilung ist aber eben. Bei der dritten angegebenen Möglichkeit werden die Modellkosten weiter gesenkt. Hier brauchen nur die Kernmarken beim Herstellen des Unterkastens aufgesteckt zu werden. Der Hebelarm wird aber kantig.

Unter C ist ein Gehäuse angeführt, dessen Kern bei richtiger Gestaltung mit dem Oberkasten zusammen hergestellt werden kann. Besonders zu beachten ist aber das Auge an der Seitenwand des Gehäuses. Am Modell ist das Auge mit einem Keil eingelassen und mit einem Stift festgehalten. Beim Aufstampfen des Unterkastens wird der Stift herausgezogen, sowie ein Herausfallen oder Verschieben des Auges nicht mehr zu erwarten ist. Das lose Modellteil bleibt zunächst beim Herausheben des Modells in der Form und wird anschließend vorsichtig herausgezogen. Dabei kann leicht die Form beschädigt und muß infolgedessen ausgeflickt werden. Auch ist ein Versatz des Auges leicht möglich. Durch die zweite, verbesserte Konstruktion werden diese Schwierigkeiten vermieden. Ganz allgemein sollte man derartige lose Modellteile, also auch senkrecht zur Ausheberichtung vorstehende Leisten, Rippen, Schriften usw. vermeiden.

Die Hinterschneidungen beim Ringsockel D sind so weitgehend, daß man kaum noch mit losen Modellteilen arbeiten, sondern einen größeren Außenkern vorsehen wird. Die zweite Konstruktionsmöglichkeit erfordert geringere Modellkosten, da der Kern fortfallen kann. Zusätzlich wird die Fehlerwahrscheinlichkeit durch Verschieben der Formhälften kleiner.

Die Form für einen Zahnrad- oder Riemenscheibenrohling E kann wie im ersten Entwurf mit einem geteilten Modell hergestellt werden. Bei kleineren Abmessungen des Rades, insbesondere des Radkranzes, wird oft bei der zweiten Konstruktionsmöglichkeit ausreichende Starrheit vorhanden sein. Die Modell- und Formkosten sind aber dann niedriger. Dies gilt allerdings in erster Linie bei einer kleinen Serie, deren Formen in der Handformerei hergestellt werden. Nebenbei soll erwähnt werden, daß bei einer „Handformerei" zwar die Modelle lose auf die Unterlagen für die Formkästen gelegt werden, daß die Arbeit aber doch in starkem Maße mechanisiert ist. In der „Maschinenformerei" sind dagegen die Modelle vorwiegend auf Modellplatten befestigt, die wiederum mit dem Maschinentisch der Formmaschine verbunden sind. Die Formkästen werden mit Führungsbolzen auf die Modellplatte gesetzt. Soll nun eine mittlere Serie von Radrohlingen gegossen werden, so kann durchaus der erste Entwurf die niedrigeren Kosten ergeben. In der Maschinenformerei kann hier nämlich mit nur einer Modellplatte, auf der die eine (symmetrische) Modellhälfte sitzt, Ober- und Unterkasten geformt werden.

Die Möglichkeit, mit einer Modellhälfte auszukommen besteht nicht nur, wenn das Gußstück zu den drei Hauptebenen symmetrisch ist, sondern auch, wenn es nur zu zwei Hauptebenen symmetrisch ist. Als Beispiel ist das Gehäuse *F* angeführt. Bei größeren Serien wird man allerdings auch hier zwei Modellplatten einsetzen, um schneller formen zu können. Auf der Ober- und Unterkastenmodellplatte sieht man dann gleich Schaumleisten, Anschnitte und geschlossene Steiger vor.

Das Anwendungsgebiet der „kastenlosen Formen", bei denen besonders zerlegbare Kästen direkt nach dem Formen abgenommen und sofort wieder verwendet werden, ist stark begrenzt. Es können nur relativ kleine Gußstücke bis ca. 10 kg damit hergestellt werden. Große und sperrige Werkstücke werden in *Formgruben* abgegossen (Bild 122). Um das Aufschwimmen des Oberkastens zu verhindern, muß dieser ausreichend belastet werden. Entsprechend der Eingußhöhe ist der hydrostatische Druck im Unterteil der Form rel. groß. Die Stellen des Gußstückes, die besonders dicht und porenfrei werden sollen (z. B. Führungsbahnen), werden daher nach Möglichkeit dorthin gelegt. Dies kann schon bei der Konstruktion berücksichtigt werden.

Um die Kosten von Einzelabgüssen zu senken, versucht man weitgehend mit Naturmodellen zu arbeiten. Unter Naturmodellen versteht man Modelle, die die Form des Gußstückes haben und lediglich um das Schwindmaß größer sind. Evtl. erforderliche Kerne werden im zerlegbaren Naturmodell geformt. Gerade hierdurch werden die Kosten für besondere Kernkästen gespart. Naturmodelle können rel. einfach gefertigt werden, wenn sie vorwiegend aus planparallelen Platten zusammengebaut werden können; d. h. man kann durch entsprechende Gußstückkonstruktion die Modellkosten senken. Beim Kostenvergleich zwischen geschweißten und gegossenen Gehäusen wird man häufig Grenzstückzahlen in der Nähe von 1 feststellen (d. h. oberhalb der Grenzstückzahl werden Gußgehäuse billiger). Durch niedrige Modellkosten kann selbst bei kleineren und mittelgroßen Gehäusen bei Einzelfertigung das Gußgehäuse billiger werden. Man erkennt daraus, welche Bedeutung Naturmodellen zukommt. Nun unterscheidet man entformbare und vergasbare (verlorene) Naturmodelle. Die entformbaren werden aus der dann geteilten Form wieder entnommen und können ggfls. noch einigemale verwendet werden. Die Form kann nun noch vor dem Zulegen kontrolliert, ausgebessert, mit Anschnitten und „Hohlkehlen" versehen sowie geglättet und ggfls. getrocknet werden. Als Modellwerkstoff wird vorwiegend Holz (Bretter) oder–und Styropor (Platten) verwendet. Styropor ist geschäumtes Polystyrol der BASF. Die vergasbaren (verlorenen) Naturmodelle werden nur aus Styropor hergestellt. Eingußsystem und Speiser werden ebenfalls aus Styropor geschnitten, gefräst oder ggfls. in größeren Stückzahlen fertig geschäumt. Diese Teile werden an das Modell geklebt und zusammen eingeformt. Beim Gießen verdampft der Schaumstoff und gibt kontinuierlich den Formhohlraum frei. Dieses Form- und Gießverfahren wird *Vollformguß* genannt [*66, 67, 68*]. Am Beispiel eines Gehäuses in Tunnelbauweise möge der Vollformguß näher erläutert werden (Bild 123). Die Form wird zunächst bis zu einer bestimmten Höhe gefüllt. Dann wird das Modell, einschl. Eingußsystem, eingelegt und gleichmäßig eingeformt. Das Einformen muß gleichzeitig innen und außen erfolgen, damit das Modell nicht unzulässig verformt wird. Schließlich wird das Modelloberteil mit den Kugelspeisern aufgeklebt, hinterfüllt und fertig eingeformt. Wegen des Modellwerkstoffes können nur Formsande mit kalthärtenden Bindern

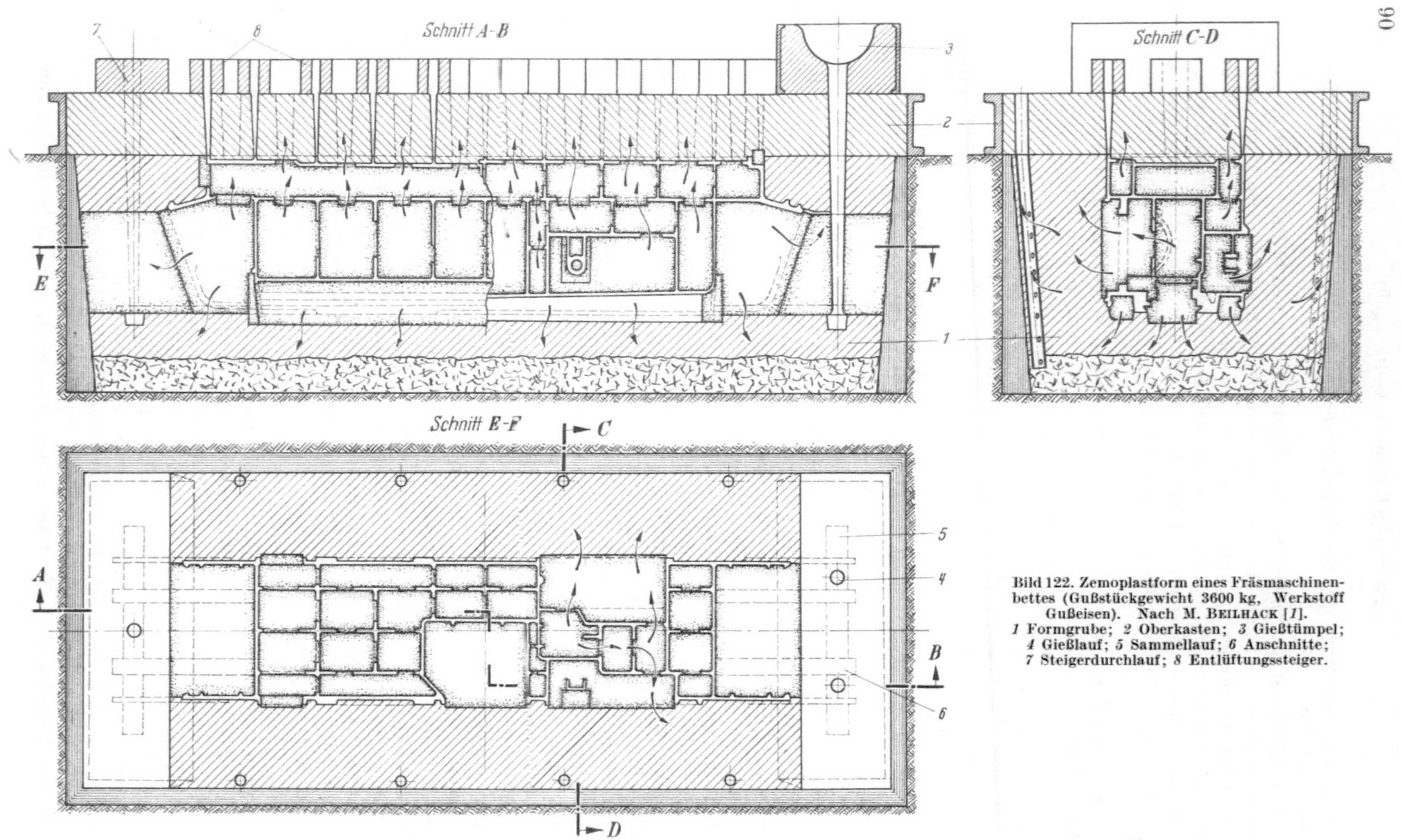

Bild 122. Zemoplastform eines Fräsmaschinenbettes (Gußstückgewicht 3600 kg, Werkstoff Gußeisen). Nach M. BEILHACK [1].
1 Formgrube; 2 Oberkasten; 3 Gießtümpel; 4 Gießlauf; 5 Sammellauf; 6 Anschnitte; 7 Steigerdurchlauf; 8 Entlüftungssteiger.

verwendet werden, z. B. Zement, Furanharz oder Wasserglas. Vollformguß ist vor allem bei Modellen mit Hinterschneidungen und Wandungen, die keine Aushebeschrägen haben sollen, vorteihaft einzusetzen. Es sind bereits Gußstücke bis zu etwa 20 t Gewicht nach diesem Verfahren gegossen worden. (Bilder 123b und 123c). Ein besonderer Vorteil ergibt sich noch bei vergasbaren Naturmodellen, die Gestalt des gewünschten Gußstücks ist schon vor dem Guß vorhanden. Der Konstrukteur kann zu diesem Zeitpunkt leicht kontrollieren und ggfls. Änderungen vornehmen lassen. Wenn auch besondere Kerne bei Vorhandensein großer Öffnungen im Gußstück vermieden werden können, so muß man doch z. B. bei Kanälen Kerne extra anfertigen und in das Modell einkleben. Vergasbare

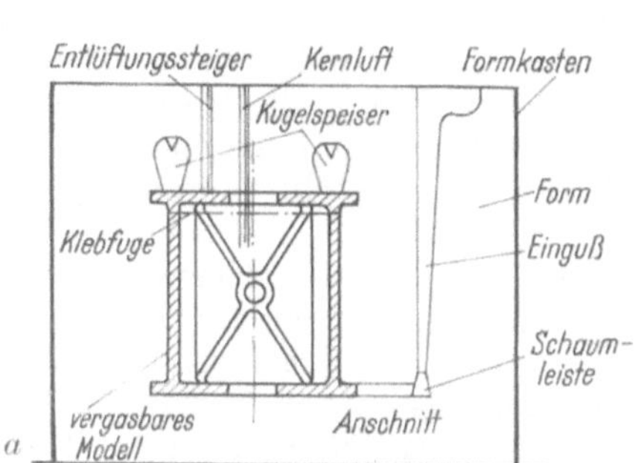

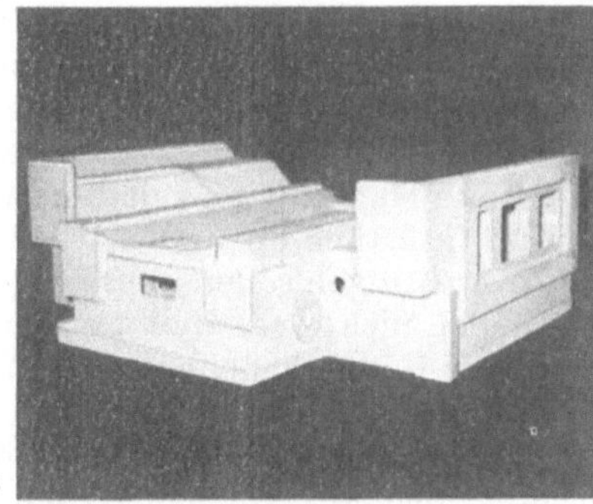

Bild 123. Einformskizze für ein mittels Vollformguß abzugießenden Gehäuses, sowie zwei Schaumstoffmodelle. (b) nach A. WITTMOSER, Werkfoto: Grünzweig & Hartmann A.G; c) nach H. EPPSTEIN, Werkfoto: Buderus)

Naturmodelle entsprechen der Güteklasse 3 DIN 1511. Da es keine losen Modellteile gibt, kommen Versetzungen u. ä. nicht vor. Die Gußstückoberfläche wird infolge der hier nicht möglichen Verwendung von Formschlichte rel. rauh. Dadurch steigen bei besonderen Anforderungen an die Gußstückoberfläche die Putzkosten. Im Normalfall werden aber die Fertigungskosten bei Einzelfertigung deutlich gesenkt, da Modell- und Formkosten ca. 30% niedriger sind als bei entformbaren Naturmodellen aus Holz.

An den Kosten eines Gußstückes sind die Kerne z. T. maßgeblich beteiligt. Man sollte daher bei der Konstruktion auch diesem Kostenfaktor Aufmerksamkeit schenken. Unter Kernen versteht man bis auf wenige Ausnahmen, z. B. Kokillen, alle gesondert in die beiden Formhälften eingelegten Teile der Form. Es können dies Innenkerne, die die Innenkontur eines hohlen Gußstückes bestimmen, als auch Außenkerne, die größere hinterschnittene Abschnitte einer Formhälfte bilden müssen, sein. Da Kerne meist hohl liegen, beim Einlegen in die Form nicht besonders gestützt werden können und durch den Auftrieb in der mit Schmelze gefüllten Form oft recht stark beansprucht werden, müssen sie zunächst ausreichende Festigkeit haben. Sowie das Gußstück erstarrt ist, sollen Kerne nach Möglichkeit schnell zerfallen, damit das Gußstück nicht am Schrumpfen gehindert wird und auch leichter geputzt werden kann. Daher werden Kerne oft aus anderen, stets ausgehärteten, Formmassen als die Formhälften hergestellt. Schwerere Kerne werden zusätzlich durch Kerneisen armiert. Zur Abfuhr der beim Zerfall der Kerne entstehenden Gase durch die Kernmarken müssen ausreichende Kanäle, Kernluft genannt, vorgesehen werden. Unter Kernmarken versteht man die Auflageenden der Kerne in der Form. Je größer die Kernmarken sind, um so besser kann die Kernluft abgeführt werden. Auch können die Kerne dann besser abgestützt werden. Nicht nur der Abstützung nach unten, sondern auch der Abstützung nach oben kommt wegen des Kernauftriebs beim Gießen besondere Bedeutung zu. Bei geteilten Naturmodellen werden die Kerne — wie bereits beschrieben — im Modell selber geformt. Größere rotationssymmetrische Kerne können oft am billigsten durch Schablonieren hergestellt werden, zylindrische — meist Lehmhohlkerne — auf einer Kerndrehmaschine. Kleinere zylindrische Kerne lassen sich auch strangpressen. Die meisten Kerne müssen jedoch in Kernkästen geformt werden (Bild 124). Kernkästen können, ebenso wie Modelle, aus Holz, aus Gießharzen mit Füllstoffen oder aus Metall sein. Gefüllt werden die meist aus zwei Hälften bestehenden Kernkästen von Hand oder bei größeren Serien auch auf Kernblasmaschinen. Ist der Kern symmetrisch zur Teilebene, so kann man, beim Füllen von Hand, eine Kernkastenhälfte sparen, indem man nacheinander jeweils eine Kernhälfte formt, entsprechend dem Kernsandtyp aushärten läßt, und schließlich beide Kernhälften zusammenklebt. Komplizierte Kerne lassen sich praktisch nur aus Einzelkernen zusammenfügen. Schwerere Kerne, die an den Kernmarken nicht ausreichend abgestützt werden können, müssen zusätzlich durch meist aus Blech geformte Kernstützen gehalten werden. Trotz sachgemäßer Arbeit sind diese Stellen im Gußstück oft undicht und haben auch Zerspanungsschwierigkeiten zur Folge. Kernstützen sollen daher für druckdichte Gußstücke und an zu bearbeitenden Stellen nicht verwandt werden. Man kann sich bei geeigneter Kernkonstruktion aber dadurch helfen, daß man die Kerne mit Haken an die Schoren (Verrippung) des Oberkastens hängt.

Zur Vermeidung oft unnötiger Schwierigkeiten bei der Anwendung von Kernen fordert H. SCHRADER die Berücksichtigung folgender Richtlinien zur Kernkonstruktion:

1. Vermeiden von Außenkernen
2. Wenige, einfache und einfach zu fügende Kerne
3. Vermeiden von Kernstützen
4. Einfache und sichere Luftabführung
5. Kernentfernung in der Putzerei ohne Gefahr für das Gußstück.

Einige Beispiele sollen auch hier wieder die Anwendung dieser Richtlinien erläutern. Die Erstausführung eines Kurbelgehäuses hat große Außenkerne (Bild 125 *I*). Auch werden die Kernmarken der Innenkerne z. T. nicht direkt in der Form aufgenommen, sondern zunächst in den geteilten Außenkernen. Dadurch addierten sich die Einlegefehler und Kerntoleranzen, so daß mit Form- und Kernlehren korrigiert werden mußte. Nach einer Änderung der Modellteilung blieben nur noch zwei kleine Außenkerne (Bild 125 *II*). Die Kernluft wurde bei dieser Einformlage unzureichend abgeführt, so daß der Guß porös wurde. Durch verbesserte Konstruktion erst werden die Kerne einfach (Bild 125 *III*). Außerdem wird die Putzarbeit vereinfacht, da die Grate nur außen liegen.

Drei weitere Beispiele sollen zeigen, wie durch sachgemäße Konstruktion Kerne eingespart, bzw. sogar überhaupt vermieden werden können (Bild 126, 127, 128). Je mehr und vor allen je größere Kernmarken vorgesehen sind, um so leichter ist die Kernluft abzuführen, um so eher kann man auf Kernstützen verzichten und um so leichter läßt sich putzen. Bei der Kernkonstruktion muß allerdings auch berücksichtigt werden, daß durch große Kernmarkendurchbrüche in der Gußstückwandung Starrheit und Festigkeit leiden können (Bilder 129, 130, 131).

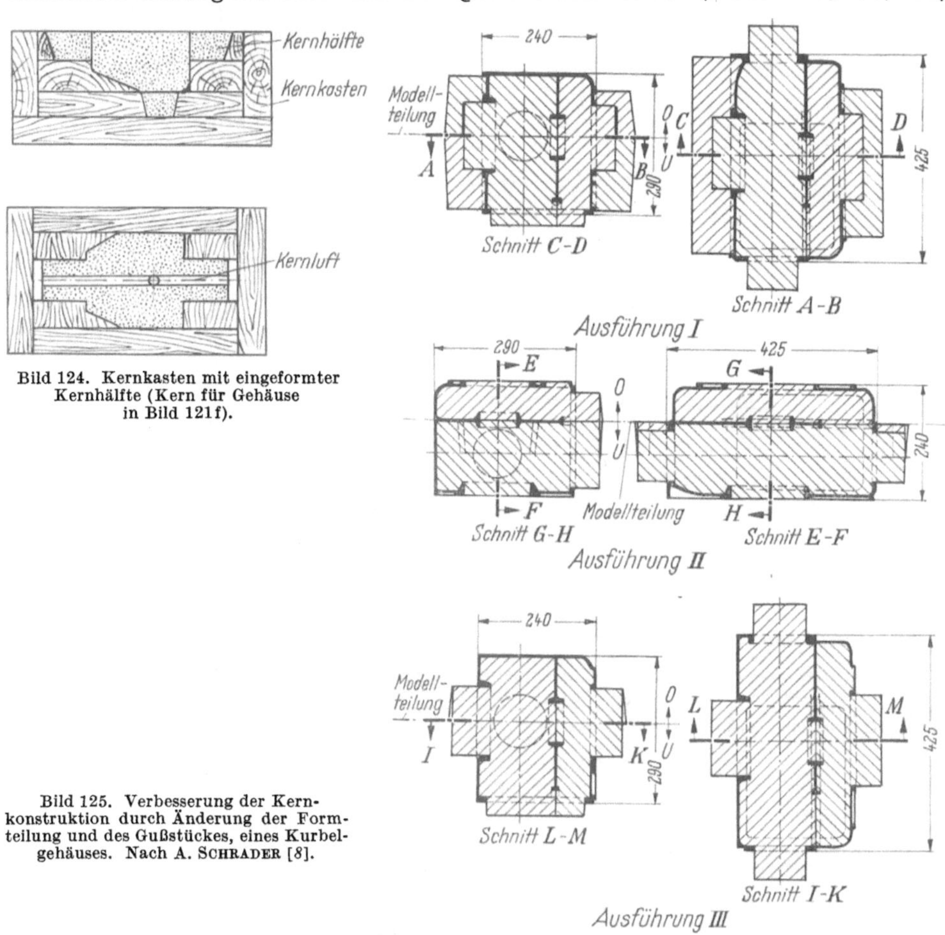

Bild 124. Kernkasten mit eingeformter Kernhälfte (Kern für Gehäuse in Bild 121f).

Bild 125. Verbesserung der Kernkonstruktion durch Änderung der Formteilung und des Gußstückes, eines Kurbelgehäuses. Nach A. SCHRADER [8].

Vornehmlich im Werkzeugmaschinenbau wendet man zur Erzielung größter Starrheit eine neue Kerntechnik an. Tragende Zellen im Ständer oder Bett erhalten überhaupt keine Kernmarkendurchbrüche. Der Kern verbleibt dann im Gußstück. Trotz größerer Starrheit erhöht sich wegen höherer Masse die Eigenfrequenz des Bauteiles kaum, die Dämpfung wird sogar größer. Nachteilig sind das zusätzliche Gewicht, sowie die Schwierigkeiten beim Gießen. Erstens kann der Kern praktisch nur durch Kernstützen gehalten werden. Zweitens müssen an geeigneten Stellen besondere, mit Bohrungen versehene Kernstützen zwecks Kernluftabführung angeordnet werden.

Soweit wie möglich sollte man aus verschiedenen Teilen zusammengeklebte, komplizierte Kerne vermeiden. Abgesehen von den höheren Kosten entstehen leichter Gußfehler und Beschädigungen beim Putzen (Bild 132). Läßt sich ein Verkleben der Kerne nicht umgehen, so sollte doch auf einfache und starre Kernkonstruktion geachtet werden (Bild 133). Am Beispiel eines PKW-Zylinder-

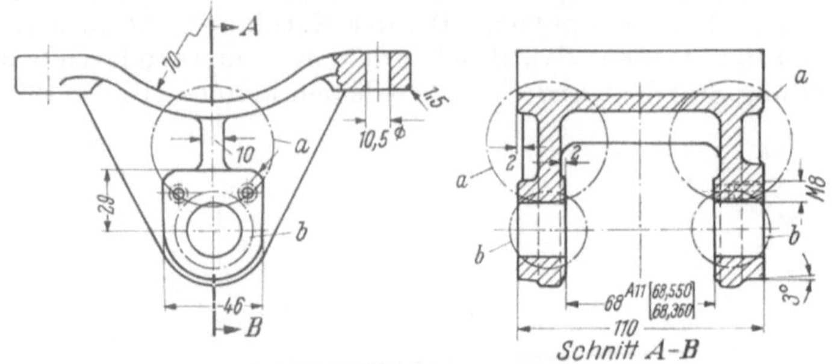

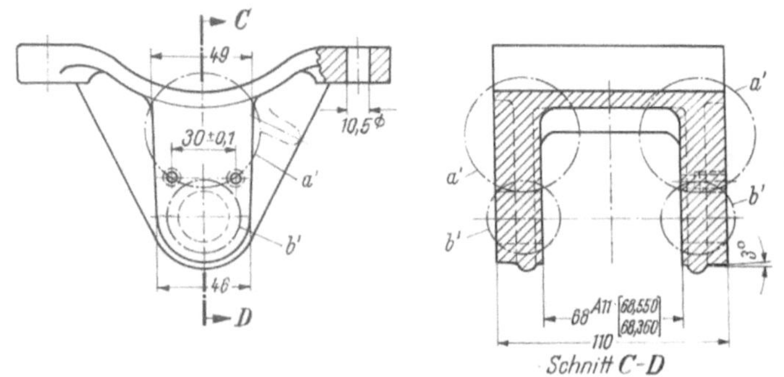

Bild 126. Hinterfederbock aus Temperguß GTS-38. Stückgewicht 3,3 kg. Vermeiden von Kernen durch Konstruktionsänderung. Nach W. SCHUMACHER [8].
Ausführung 1, ursprüngliche Konstruktion:. a Nur liegende Formart möglich, teure Ausführung durch Kernarbeit, ungleiche Werkstoffanhäufung; b Bohrung mit Kern, ungünstige Querschnitte.
Ausführung 2, form- und gießgerecht geänderte Konstruktion: a' Stehende ausformbare Formart, Augenpartion angezogen, Kern entfällt, gießtechnisch günstige Querschnitte; b' Bohrung voll, Kern entfällt, gleiche Werkstoffanhäufung.

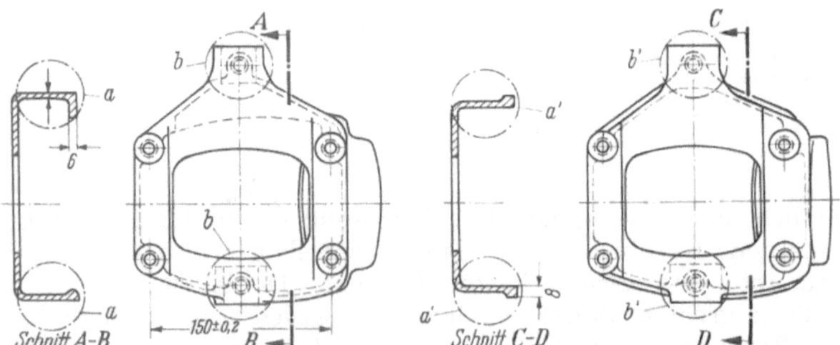

Bild 127. Träger-Zwischenwellen-Lager aus Temperguß GTS-38. Stückgewicht 3,6 kg. Wesentliche Verkleinerung des Kernes durch geringfügige Konstruktionsänderung. Die Augen bei b' werden vollgegossen und eignen sich daher als Anschnittstelle. Nach W. SCHUMACHER [8].
Ausführung 1, ursprüngliche Konstruktion: a Innenpartie nur formbar mit gr. Innenkern, teure Form- und Kernarbeit, Ausschußgefahr durch Kernversatz; b Bohrung vorgegossen, gleiche Querschnitte, aber keine Anschnittmöglichkeit.
Ausführung 2, form- und gießgerecht geänderte Konstruktion: a' Ausformbare Innenpartie, nur Kern für Bohrung und Aussparung im bzw. unterm Hals; b' Bohrung voll, Anschnittstelle.

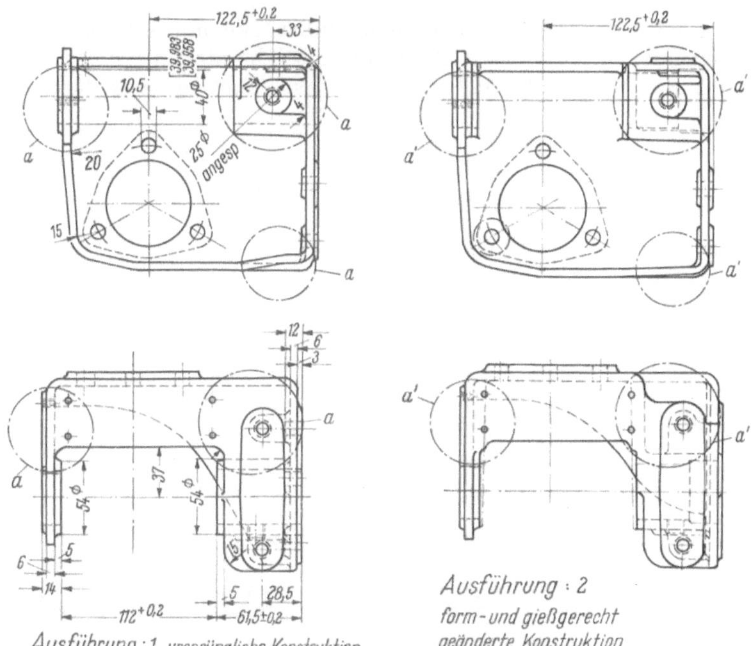

Bild 128. Fußhebellagerbock aus Temperguß GTS-38. Stückgewicht 4,8 kg. Bei der zweiten Ausführung fällt der große Innenkern fort, da Hinterschneidungen vermieden und die Aussparungen nach außen verlegt sind. Die beiden großen Bohrungen müssen dann durch einseitig gelagerte Kerne zum größten Teil vorgegossen werden. Nach W. Schumacher [8].

Ausführung 1, ursprüngliche Konstruktion: a Nur mit gr. Innenkern formbar, teure Ausführung (Kern- und Formarbeit), Kernversatzgefahr.

Ausführung 2, form- und gießgerecht geänderte Konstruktion: a' Ausformbare Innen- und Außenpartie, Augen angezogen, Aussparung nach außen verlegt, nur 2 Bohrungskerne mit einseitiger Lagerung.

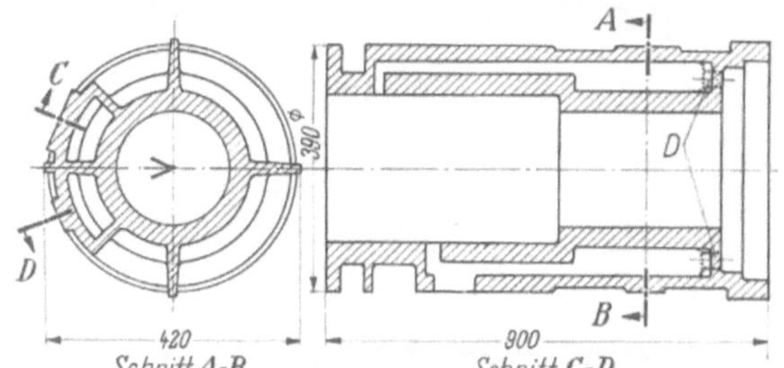

Bild 129. Hydraulik-Steuergehäuse aus Gußeisen GG-25. Stückgewicht 400 kg. Durch die später wieder zu verschraubenden Löcher bei *D* können Kernmarken vorgesehen werden. Vorteile: Durch Kernlagerung kein Versatz, durch Kerneisen Fortfall der Kernstützen, Kernluftabführung, Putzmöglichkeit. Nach W. Schumacher [8].

Bild 130. Schlitten für Zahnradfräsmaschine aus Gußeisen GG-30. Stückgewicht 1145 kg. Zusätzliche Kerndurchbrüche punktiert eingezeichnet. Nach W. Schumacher [8].

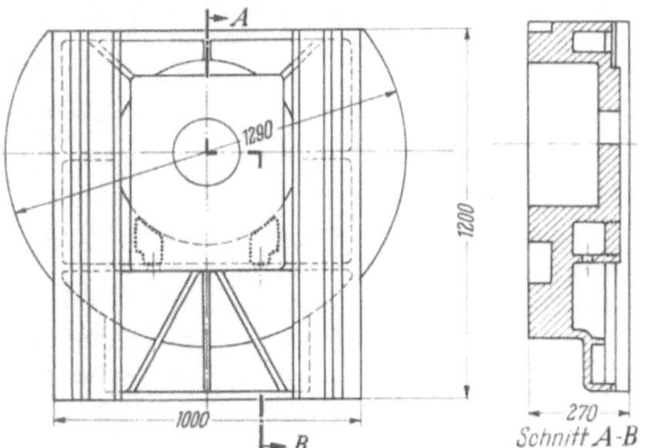

blockes wird gezeigt, daß Gießereien auch Gußstücke mit sehr kompliziertem Kernaufbau bei einem annehmbaren Ausschußanteil herstellen können (Bild 134). Die Kosten für die Entwicklung des Fertigungsverfahrens sind dann aber be-

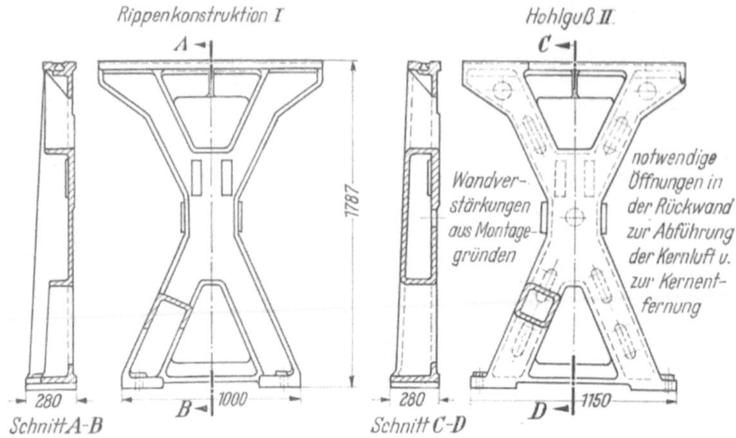

Bild 131. Papiermaschinenständer aus Gußeisen GG-20. Stückgewicht 420, bzw. 460 kg.
Ausführung *I* ist gießtechnisch wesentlich besser, aber nicht so starr wie Ausführung *II*. Nach W. SCHUMACHER [*8*].

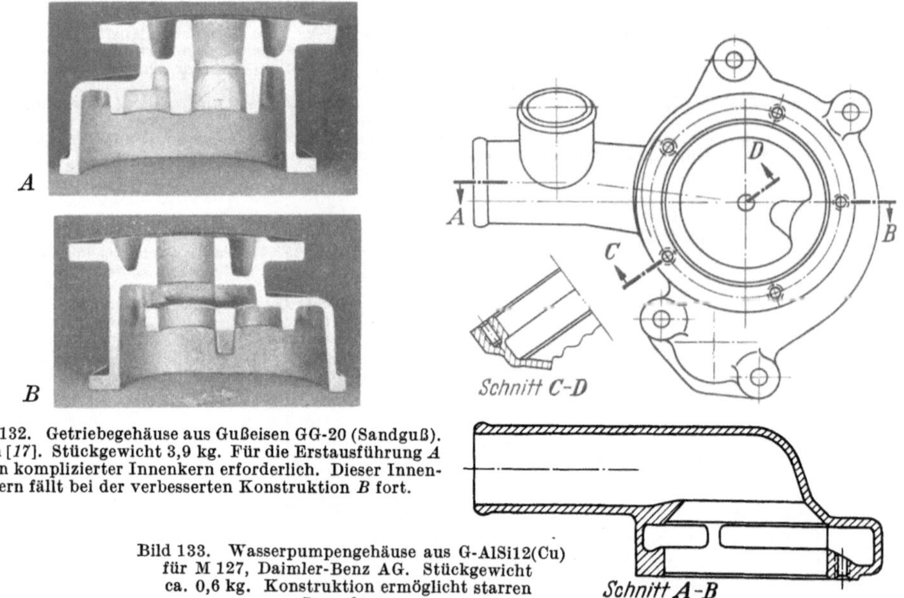

Bild 132. Getriebegehäuse aus Gußeisen GG-20 (Sandguß). Nach [*17*]. Stückgewicht 3,9 kg. Für die Erstausführung *A* ist ein komplizierter Innenkern erforderlich. Dieser Innenkern fällt bei der verbesserten Konstruktion *B* fort.

Bild 133. Wasserpumpengehäuse aus G-AlSi12(Cu) für M 127, Daimler-Benz AG. Stückgewicht ca. 0,6 kg. Konstruktion ermöglicht starren Innenkern.

trächtlich. Besonders für den Zusammenbau der Kerne müssen spezielle Fügemaschinen entwickelt werden.

Die Formstoffe für den Sandguß bestehen zum größten Teil aus Sand. Nach zunehmender Eignung bei hohen Gießtemperaturen und stark zunehmendem Preis unterscheidet man u. a. Quarzsand (Siliziumoxyd), Schamottesand (Aluminium- und Siliziumoxyd), Zirkonsand (Zirkon- und Siliziumoxyd) verschiedenster Siebkurven (Körnung). Der Zusammenhalt des Sandes wird durch das

Bindemittel bewirkt. Von den anorganischen Bindern seien nur angeführt: feuchter Ton, feuchter Bentonit, Wasserglas (CO_2 — ausgehärtet), unterhydratisierter Zement. Organische Binder sind z. B. Kunstharze, Naturharze, Asphalt, Melasse, Leinoel (verharzt), Sulfitlauge. Häufig werden verschiedene Binder gemischt,

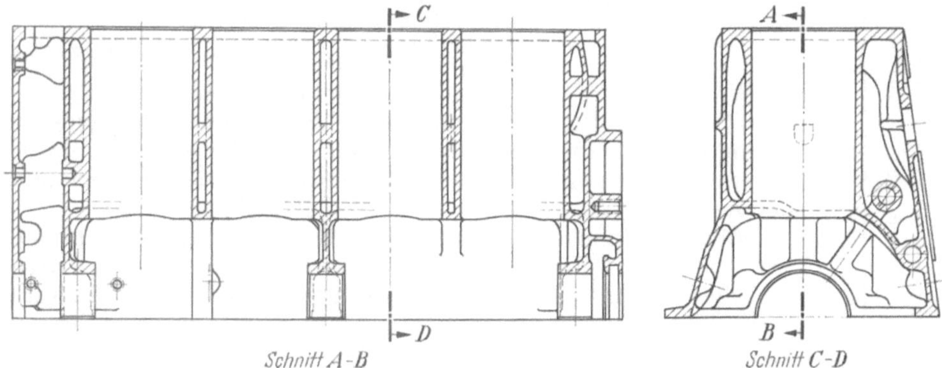

Bild 134. Zylinder-Kurbelgehäuse aus Gußeisen GG-25 Cr für M121, Daimler-Benz AG. Stückgewicht ca. 50 kg. Durch besondere konstruktive Forderungen (Kettenkasten, Wasser-, Ölführung u. a.) recht komplizierter Kernaufbau erforderlich.

z.B. Zemoplast (siehe auch VDG-Merkblatt R 100 und R 111). Auf die Oberfläche der Form aufgetragene Formschlichten sollen Oberflächenfehler am Gußstück vermeiden. Für den Konstrukteur von besonderem Interesse ist die Temperaturleitzahl bei der Werkstückstoffschmelztemperatur des fertigen, also z. B. feuchten (grünen) oder ausgehärteten Formstoffes. Ist diese hoch, wie z. B. bei „Zementsandformen", so wird der Speisebereich der Steiger erweitert. Gelenkte Erstarrung läßt sich also dann über längere Strecken (Wandungen) erzielen. Zu beachten ist auch die Auswirkung der größeren Abkühlungsgeschwindigkeit auf das Gefüge des Werkstoffes und damit auch auf Verarbeitungs- und Festigkeitseigenschaften.

Besondere Aufmerksamkeit muß der Konstrukteur den *Gußtoleranzen* widmen. Einen deutlichen Anteil an den Maßtoleranzen beim Sandguß hat das „Erfahrungs-Schwindmaß". Dieses hängt ab vom ungehinderten, linearen Schwindmaß des Gußstoffes, von der Gestalt des Gußstückes und von der Formfestigkeit. Je größer dieses ist, um so größer sind meist auch die Toleranzen. Wenn auch keine allgemeingültigen Werte angegeben werden können — im speziellen Falle müssen sie von der Gießerei angegeben werden — sollten doch einige Richtwerte aufgezeigt werden (Bild 135). Ähnliche Beziehungen gelten auch für andere Gußlegierungen. Für kleinere Gußstücke aus folgenden Werkstoffen gelten etwa diese Erfahrungs-Schwindmaße:

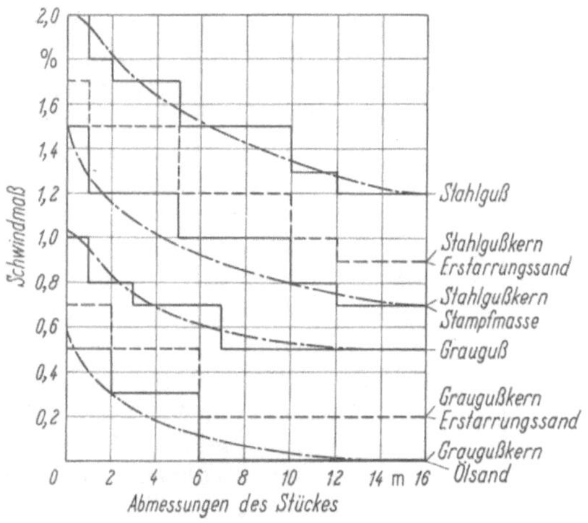

Bild 135. Schwindmaßrichtwerte für Stahlguß und Grauguß (Gußzustand) [15].

Tabelle 24. *Formschrägen für innere und äußere Flächen an Modellen* [15]

Höhe mm	Schräge
über 800—1000	5,5 mm
über 600—800	4,5 mm
über 400—600	3,5 mm
über 250—400	2,5 mm
über 150—250	1,5 mm
über 65—150	0° 30'
über 35—65	0° 45'
über 20—35	1°
über 10—20	2°
bis 10	3°

Aluminium- und Magnesiumlegierungen	1 bis 1,5%
Messing	1,5 bis 2%
Rotguß	1,5%
Zinnbronzen	1,5%
Aluminiumbronzen	1,5 bis 2,2%
Aluminium, Kupfer, Magnesium, Nickel	2%
GGG und GTS, perlitisches Grundgefüge	1,2 bis 2%
GGG und GTS, ferritisch geglüht	0 bis 0,5%

Weiterhin trägt ein gießgerechter und einfacher Werkstückentwurf zur Maßhaltigkeit bei. Je mehr Losteile am Modell und–oder Kerne in der Form vorhanden sind, um so größer ist die Gefahr der Toleranzüberschreitung. Wesentlich ist auch die richtige Bemaßung der Zeichnung.

Für Einzelzeichnungen gilt ja, daß fertigungsgerecht bemaßt wird. Für die Modellherstellung, evtl. auch die Justierung der Kerne und die Maßkontrolle des Gußstückes ist es zweckmäßig, die wichtigsten Maßbezugslinien an feste Kanten der Unterkastenform zu legen.

Stark wird die Genauigkeit des Abgusses von der Modellqualität beeinflußt. Der Abguß kann nicht genauer als das Modell sein. Man unterscheidet bei Holzmodellen die Güteklassen 1a (am besten), 1, 2 und 3. Metallmodelle und sinngemäß auch solche aus Epoxydharz haben Güteklassen 1 und 2 (siehe auch DIN 1511). Für hohe Stückzahlen kommen praktisch nur Metall- und Epoxydharzmodelle in Frage. Beim Kostenvoranschlag müssen die Modellgüteklassen genau festgelegt werden, da die Grenzstückzahlen hierdurch stark beeinflußt werden. Die Aushebeschrägen (Formschrägen) können schon bei der Konstruktion vorgesehen werden. Die Mindestwerte sind in Tab. 24 zusammengestellt.

Für die meisten Legierungen ist die Mindestwanddicke etwa 4 mm, kleinste Kerndurchmesser ca. 6 mm. Lediglich bei Stahlguß sollte Wanddicke und Kerndurchmesser nicht kleiner als 10 mm sein. Scharf auslaufende Wandungen können an der Abschlußkante bis etwa 2 mm dick werden. Erhebliche Bedeutung für den Konstrukteur haben Abweichungen für Maße ohne Toleranzangabe. Sie sind entsprechend Tab. 25 festgelegt. Der Inhalt dieser Abmachungen ist sinngemäß in ZGV-Mitteilungen veröffentlicht, die im folgenden auszugsweise wiedergegeben werden:

Abweichungen für Maße ohne Toleranzangabe.

Dem Konstrukteur ist bekannt, daß kein in die Zeichnung eingetragenes Maß bei der Fertigung mit absoluter Genauigkeit eingehalten werden kann. Es müssen vielmehr für jedes Maß mehr oder weniger große Abweichungen zugelassen werden. Grenzmaße ergeben sich aus der Tatsache, daß Über- oder Unterschreitungen das Teil für seine Funktion unbrauchbar machen.

Es ergibt sich also die Notwendigkeit, für jedes Maß die Abweichung festzulegen. Das bedeutet jedoch nicht, daß jedes Maß auf der Zeichnung toleriert werden muß. Viele Maße bedürfen aus Funktionsgründen keiner Tolerierung; die Fertigung verlangt jedoch die Angabe der Grenzmaße, damit sie so wirtschaftlich wie möglich arbeiten kann. Je größer die Toleranzen werden dür-

Tabellen 25a—k. *Abweichungen für Maße ohne Toleranzangabe [15, 11]*

Tabelle 25a. *Vornormen, bzw. Normentwürfe*

DIN	Titel	Stand der Normung	Ausgabedatum
1683, Blatt 1	Abweichungen für Maße ohne Toleranzangabe; Gußstücke aus Stahlguß, Toleranzgruppen A und B	Vornorm	September 1962
1684, Blatt 1	—; Gußstücke aus Temperguß, Toleranzgruppen A, B und C	Entwurf	Juli 1962
1685, Blatt 1	—; Gußstücke aus Gußeisen mit Kugelgraphit, Toleranzgruppen A und B	Entwurf	Mai 1962
1686, Blatt 1	—; Gußstücke aus Gußeisen mit Lamellengraphit (Grauguß), Toleranzgruppen A und B	Vornorm	Juni 1962
1686, Blatt 2	—; Gußstücke aus Gußeisen mit Lamellengraphit (Grauguß), Toleranzgruppe C	Entwurf	September 1961
1687, Blatt 1	—; Gußstücke aus Schwermetallguß, Toleranzgruppen A und B	Vornorm*	1962
1687, Blatt 2	—; Gußstücke aus Schwermetallguß, Toleranzgruppe C	Entwurf	September 1961
1688, Blatt 1	—; Gußstücke aus Leichmetallguß, Toleranzgruppen A, B und C	Vornorm*	1962
1689	—; Gußstücke nach dem Druckgießverfahren gefertigt, Toleranzgruppen A, B, C und D	Entwurf*	1962

* im Druck

Tabelle 25b. *Toleranzgruppen A und B für Längen, Breiten und Höhen*
Diese Werte sind vorgesehen für Gußstücke aus Gußeisen mit Lamellengraphit, mit geringfügigen Abweichungen gelten sie auch für Gußstücke aus Gußeisen mit Kugelgraphit, Temperguß und Schwermetallguß.

Toleranzgruppen		Nennmaßbereich in mm									
		bis 18	über 18 bis 50	über 50 bis 180	über 180 bis 500	über 500 bis 1250	über 1250 bis 2500	über 2500 bis 4000	über 4000 bis 6000	über 6000 bis 8000	über 8000 bis 10000
A	Außenmaße	+2 −1	+2 −1,5	+3,5 −2,5	+6 −4	+9 −6	+13 − 9	+17 −12	+22 −16	+27 −19	+30 −22
A	Innenmaße u. Mittenabstände	+1 −2	+1,5 −2	+2,5 −3,5	+4 −6	+6 −9	+ 9 −13	+12 −17	+16 −22	+19 −27	+22 −30
B	Außenmaße	+1,2 −0,8	+1,5 −1	+2,5 −1,5	+4 −2,5	+6 −3,5	+ 8 − 5	−	−	−	−
B	Innenmaße u. Mittenabstände	+0,8 −1,2	+1 −1,5	+1,5 −2,5	+2,5 −4	+3,5 −6	+ 5 − 8	−	−	−	−

Tabelle 25c. *Toleranzgruppen A und B für Wanddicken* (Werkstoffe wie unter 25b)

Toleranzgruppen	Nennmaßbereich in mm			
	bis 6	über 6—18	über 18—50	über 50—120
A	±1,5	±2,5	±3,5	±4,5
B	±1	±2	±2,5	±3,5

Tabelle 25d. *Toleranzgruppe* C *für Längen, Breiten und Höhen* (Werkstoffe wie unter 25b)

Toleranzgruppe		Nennmaßbereich in mm									
		bis 18	über 18 bis 30	über 30 bis 50	über 50 bis 80	über 80 bis 120	über 120 bis 200	über 200 bis 315	über 315 bis 500	über 500 bis 800	über 800 bis 1250
C	Außenmaße	+0,7 −0,4	+0,8 −0,5	+1 −0,6	+1,2 −0,7	+1,5 −0,9	+1,8 −1,1	+2,2 −1,3	+2,5 −1,6	+3 −1,9	+3,8 −2,4
	Innenmaße u. Mittenabstände	+0,4 −0,7	+0,5 −0,8	+0,6 −1	+0,7 −1,2	+0,9 −1,5	+1,1 −1,8	+1,3 −2,2	+1,6 −2,5	+1,9 −3	+2,4 −3,8

Tabelle 25e. *Toleranzgruppe* C *für Wanddicken* (Werkstoffe wie unter 25b)

Toleranzgruppe	Nennmaßbereich in mm					
	bis 6	über 6−10	über 10−18	über 18−30	über 30−50	über 50−80
C	+0,8 −0,7	+0,9 −0,8	+1,1 −0,9	+1,4 −1,1	+1,7 −1,3	+2 −1,6

Tabelle 25f. *Toleranzgruppen* A *und* B *für Längen, Breiten und Höhen*
Diese Werte sind vorgesehen für Gußstücke aus Stahlguß.

Toleranzgruppen		Nennmaßbereich in mm									
		bis 18	über 18 bis 50	über 50 bis 180	über 180 bis 500	über 500 bis 1250	über 1250 bis 2500	über 2500 bis 4000	über 4000 bis 6000	über 6000 bis 8000	über 8000 bis 10000
A	Außenmaße	+3 −2	+4 −2	+7 −4	+10 −5	+15 −8	+20 −10	+27 −13	+40 −20	+52 −26	+64 −32
	Innenmaße u. Mittenabstände	+2 −3	+2 −4	+4 −7	+5 −10	+8 −15	+10 −20	+13 −27	+20 −40	+26 −52	+32 −64
B	Außenmaße	+2 −1,5	+3,5 −2	+5 −3	+8 −4	+11 −6	+15 −7,5				
	Innenmaße u. Mittenabstände	+1,5 −2	+2 −3,5	+3 −5	+4 −8	+6 11	+7,5 15				

Tabelle 25g. *Toleranzgruppen* A *und* B *für Wanddicken.* *Für Stahlguß*

Toleranzgruppen	Nennmaßbereich in mm					
	bis 18	18−50	50−120	120−250	240−400	400−500
A	±4	±7	±9	±12	±15	±16
B	±2	±3	±4,5	± 6	± 7	± 8

Tabelle 25h. *Toleranzgruppe* C *für Längen, Breiten und Höhen.* *Für Stahlguß*

Toleranzgruppe		Nennmaßbereich in mm									
		bis 18	über 18 bis 30	über 30 bis 50	über 50 bis 80	über 80 bis 120	über 120 bis 200	über 200 bis 315	über 315 bis 500	über 500 bis 800	über 800 bis 1000
C	Außenmaße	+1,5 −1,0	+2,0 −1,0	+2,0 −1,5	+2,5 −2,0	+3,0 −2,0	+4,0 −2,5	+5,0 −3,0	+6,0 −3,5	+7,0 −4,0	+8,0 −5,0
	Innenmaße u. Mittenabstände	+1,0 −1,5	+1,0 −2,0	+1,5 −2,0	+2,0 −2,5	+2,0 −3,0	+2,5 −4,0	+3,0 −5,0	+3,5 −6,0	+4,0 −7,0	+5,0 −8,0

Tabelle 25i. *Toleranzgruppe C für Wanddicken. Für Stahlguß*

Toleranzgruppe	Nennmaßbereich in mm				
	bis 10	über 10—18	über 18—30	über 30—50	über 50—80
C	+2,0 −1,5	+2,0 −2,0	+3,0 −2,5	+3,0 −3,0	+4,0 −3,5

Tabelle 25k. *Kleinstmaße für innenliegende Rundungen bei Gußstücken aus Stahlguß*

Nennmaßbereich der Wanddicke mm	bis 30	über 30 bis 50	über 50 bis 80	über 80 bis 120	über 120 bis 180	über 180 bis 250	über 250 bis 315	über 315 bis 400	über 400 bis 500
Rundung Kleinstmaß mm	10	15	20	30	50	70	90	120	150

fen, um so billiger wird die Fertigung bis zu einem Grenzwert, über den hinaus eine weitere Steigerung der Ungenauigkeit keinen wirtschaftlichen Vorteil mehr bringt.

Modelleinrichtungen zur Herstellung von Gußstücken werden im allgemeinen nach Zeichnungen des Maschinenbaues hergestellt. Spezielle Modellzeichnungen, die Angaben über die Größe der Schwindmaße, Formschrägen, Bearbeitungszugaben, über Teilungsebenen, Anschnitt-Technik usw. enthalten, liegen meist nicht vor. Mit dem üblichen Herstellungsverfahren gelingt es im praktischen Betrieb aber nicht, die vorgeschriebenen Maße auf Grund der nicht sicher erfaßbaren Schwindung, der Arbeitsweise des Formers, der Modelltoleranzen und anderer Einflußgrößen genau einzuhalten.

Die „Maßabweichungen" in den angegeben Tabellen sollen deshalb als Richtlinie für die Konstruktion und Fertigung von Gußstücken gelten, soweit dafür nicht besondere abweichende Vorschriften bestehen. Die in den Tabellen enthaltenen Werte sind fertigungsbedingte Abweichungen, die für Maße der gegossenen unbearbeiteten Werkstückfläche gelten.

Mit durchschnittlicher Einrichtung und durchschnittlichem Fertigungsaufwand lassen sich die Toleranzgruppen A und B einhalten, während mit größerem Fertigungsaufwand die kleineren Abweichungen der Toleranzgruppe C erreicht werden können.

Im Regelfall gilt Toleranzgruppe A nur für handgeformte Gußstücke, für die Holzmodelle Verwendung finden; Toleranzgruppe B für hand- und maschinengeformte Gußstücke bei Verwendung von Holzmodellen höherer Güte oder Metallmodellen; Toleranzgruppe C stützt sich auf Erfahrungswerte aus der Serien- und Massenfertigung, wobei beste Metall- oder Kunststoffmodelle und Einrichtungen zur Anwendung kommen.

Die Nennmaßbereichstufung wurde für die Toleranzgruppe C feiner gewählt als bei A und B, um der verfeinerten Gießtechnik und den kleineren Abweichungen Rechnung zu tragen.

Aus Gründen der Wirtschaftlichkeit wird dem Konstrukteur und Besteller empfohlen, die Toleranzgruppe C nur in wirklichen Bedarfsfällen anzuwenden.

Die Toleranzgruppe für Wanddicken ist der Toleranzgruppe mit gleicher Buchstabenbezeichnung für Längen, Breiten und Höhen zuzuordnen. Zu den Wanddicken rechnen die Dicken von Stegen und Rippen.

Die Bearbeitungszugaben sind in den Abweichungen für Maße ohne Toleranzangabe nicht berücksichtigt. Diese sind bei Außenmaßen den Nennmaßen zuzuschlagen und bei Innenmaßen von den Nennmaßen abzuziehen.

Die Bearbeitungszugaben dürfen nicht kleiner sein als die mindestens erforderliche Bearbeitungstiefe plus der Minusabweichung bei Außenmaßen bzw. der Plusabweichung bei Innenmaßen.

Um bei nicht tolerierten Maßen eine Überbestimmung durch die Abweichungen nach dieser Richtlinie zu vermeiden, dürfen von den drei Größen: Außenabmessung, Wanddicke und Innenabmessung nur jeweils zwei in der Zeichnung bemaßt werden.

Da alle Abweichungen für die eingetragenen Nennmaße gelten, muß die Zeichnung gemäß DIN 1511 klarstellen, ob die Formschräge zum Nennmaß zuzugeben (Formschräge +), abzuziehen (Formschräge −) oder zu mitteln ist (Formschräge ±).

Für Außen- und Innendurchmesser sowie für Rundungen (Außen- und Innenradien) gelten die gleichen Abweichungen wie für Längen, Breiten und Höhen. Die Abweichungen bezüglich Lage, Geradheit, Ebenheit, Rundheit, Parallelität und Verwindung eines Gußstückes sollen innerhalb des Toleranzraumes liegen, damit das Werkstück seine konstruktiv bestimmte Funktion erfüllen kann. Es wird empfohlen, die notwendigen Einengungen auf den Zeichnungen anzugeben.

Gewichtstoleranzen der Gußstücke sind genormt in den Stoffnormen der Gußwerkstoffe nach DIN. Meist soll das Gewicht eines „maßhaltig" gegossenen Stückes nicht unter-, sondern höchstens um 5 bis 7% überschritten werden. Verworfen dürfen Gußstücke aber z. T. erst bei einem Übergewicht von ca. 15% werden.

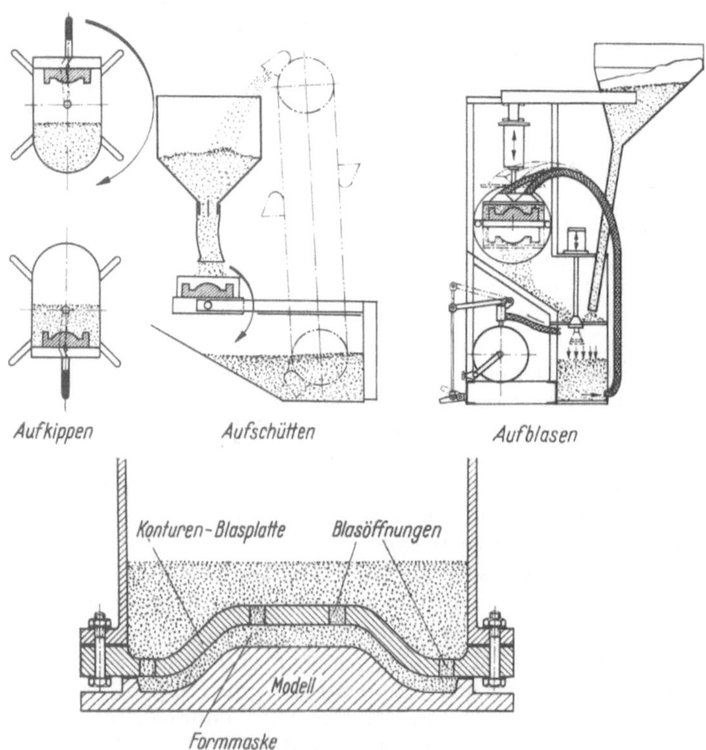

Bild 136. Formmaskenherstellung. Nach F. PÖLZGUTER [1].

2.4 Feinguß und Formmaskenguß

Größere Serien kleinerer Teile lassen sich meist nicht mehr wirtschaftlich im normalen Sandgußverfahren herstellen. Es kommen dann vor allem entweder Feinguß- und Formmaskenguß oder Kokillen- und Druckguß in Frage. Ein wesentlicher Vorteil der Fein- und Formmaskengußverfahren besteht darin, daß auch

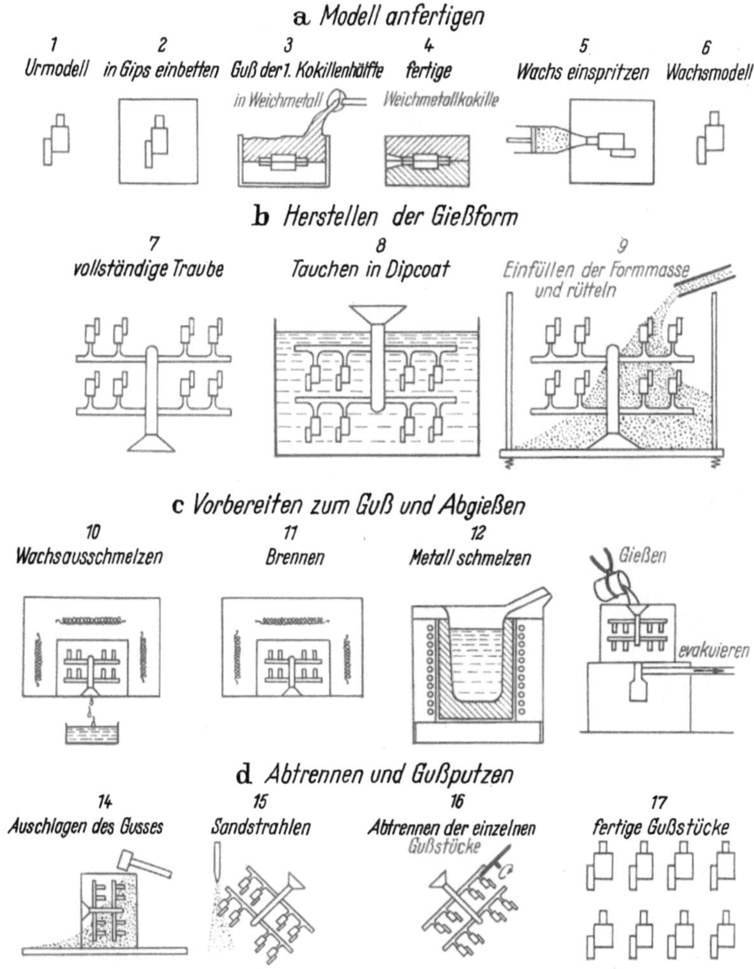

Bild 137. Modell-Ausschmelz-Verfahren. Nach Th. KLINGENSTEIN [7].

Werkstoffe mit rel. hohen Schmelzpunkten (Stahl und dgl.) vergossen werden können. Man benutzt als Formwerkstoff hochwertige Sande, beim Feinguß meist Äthylsilikat und beim Formmaskenverfahren (Croning-Verfahren) Kunstharz als Binder. Die Aushärtung der Formen erfolgt dementsprechend beim Äthylsilikatbinder bei 1000 °C ca. 6 bis 8 Stunden, beim Kunstharzbinder bei 450 °C ca. 1 min. Die Gasdurchlässigkeit der Croning-Formen ist gut, die Abkühlung des Gußstückes erfolgt nicht schroff. Auch hier ist also besonders auf gerichtete Erstarrung Wert zu legen. Das Croning-Verfahren erlaubt meist die Anwendung von Masseln, das Feingußverfahren erfordert Anschnittsysteme mit Steigerwirkung.

Beide Verfahren unterscheiden sich wesentlich in der Art der Modelle (Bilder 136, 137). Die Modelle sind beim Croning-Verfahren aus Metall und ca. 200 bis 300 °C warm. Der Croning-Formstoff wird nach gewünschter Formdicke etwa 6 bis 20 sec. auf der Platte belassen und dann der nicht verfestigte Rest desselben

Bild 138. Formmaskenabgüsse aus Grauguß. Nach F. PÖLZGUTER [1].

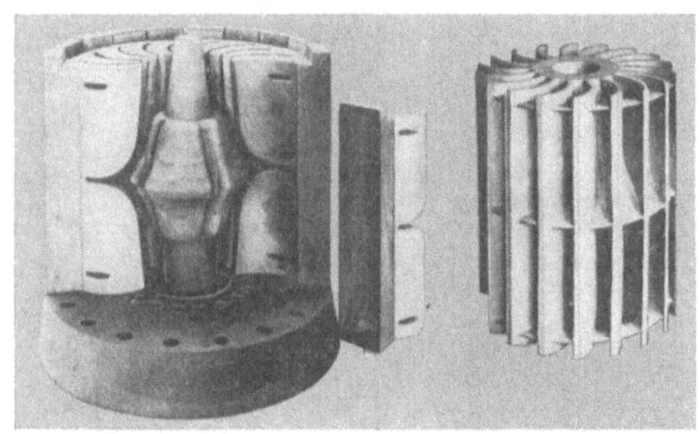

Bild 139. Pumpenlaufrad aus GS-45, Formmaskenform. Nach F. PÖLZGUTER [1].

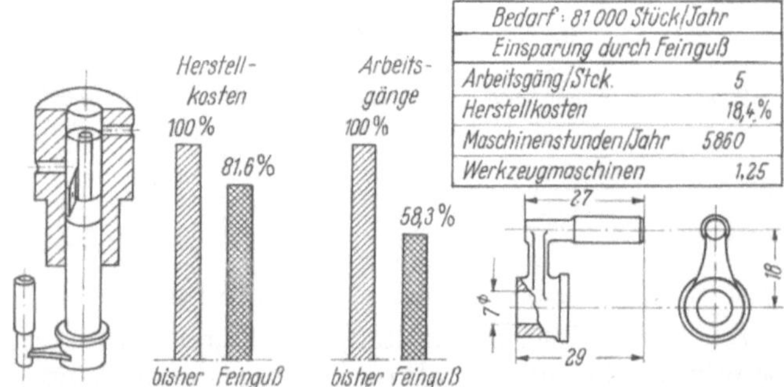

Bild 140. Verstellhebel für Dieseleinspritzpumpe. Nach F. PÖLZGUTER [8].

abgekippt. Anschließend werden die vorgehärteten Formmaskenhälften fertig ausgehärtet, die Kerne (CO_2- oder Croning-Hohlkerne) eingelegt, die Formen verklebt oder verklammert, hinterfüllt mit Sand (auch Stahlkies), sowie vergossen (möglichst im Stapelguß). Das Feingußverfahren wird gekennzeichnet durch die Verwendung verlorener Modelle aus Wachs oder Kunststoff (meist Polystyrol). Die Einzelmodelle werden mit dem Eingußsystem zu Modelltrauben

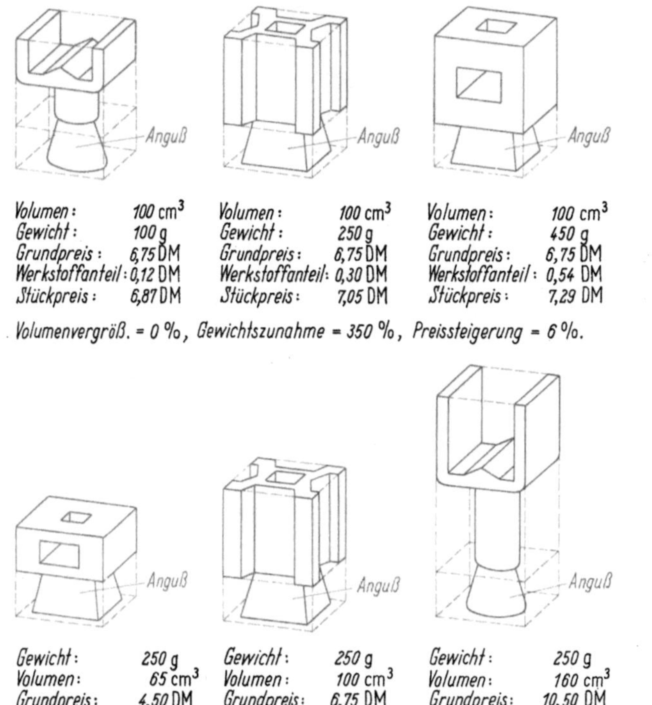

Bild 141. Preisänderung in Abhängigkeit vom Gewicht und dem Raumbedarf der Einzelform. Nach F. PÖLZGUTER [8].

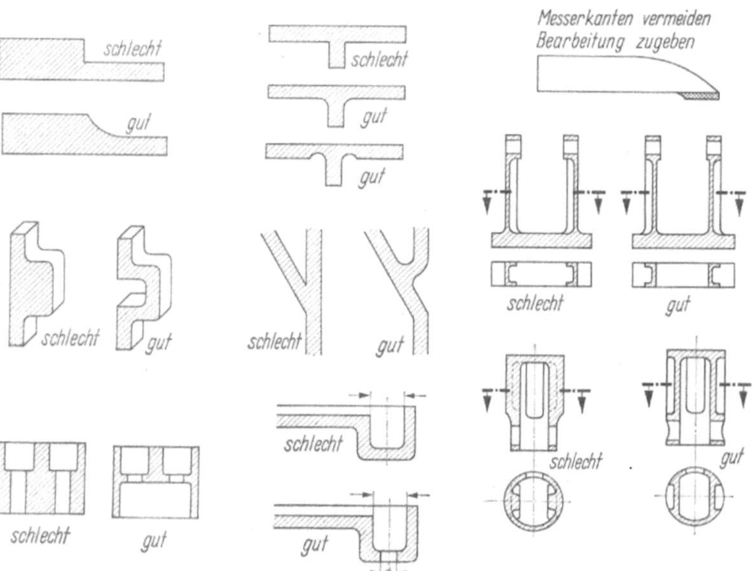

Bild 142. Konstruktionsregeln für Feinguß. Nach F. PÖLZGUTER [1].

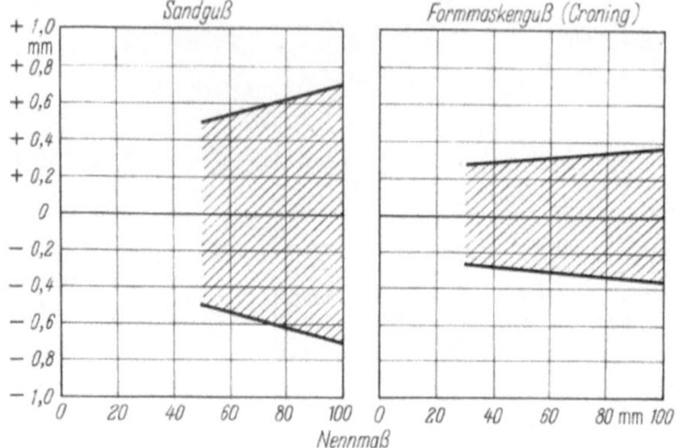

Bild 143. Formmaskengußtoleranzen. Nach F. PÖLZGUTER [1].

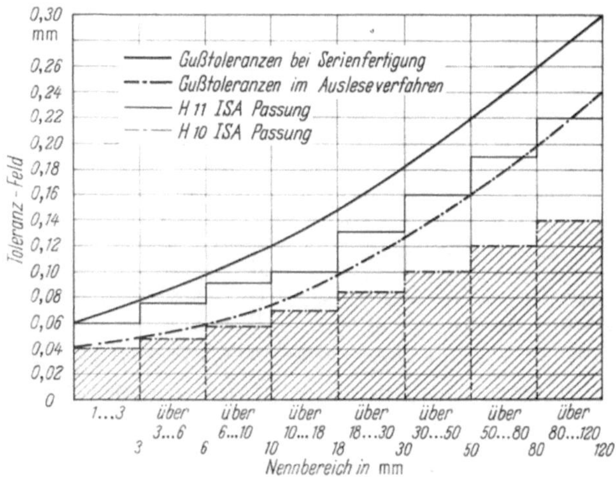

Bild 144. Feingußtoleranzen. Nach F. PÖLZGUTER [1].

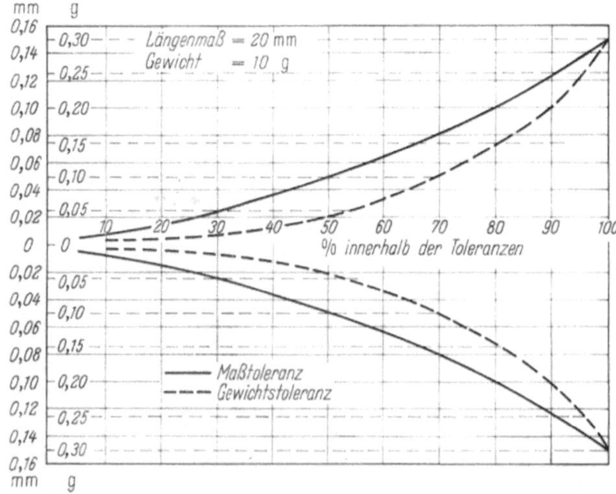

Bild 145. Häufigkeitsverteilung von Maß- und Gewichtsabweichungen für ein Beispiel. Nach F. PÖLZGUTER [1].

verschweißt, die nach Größe und Volumen genau auf die vorhandenen Gieß-, Putz- und Trennmaschinen abgestimmt sein müssen.

Die in Frage kommenden Gießereien sind meist auf Formmaskengußteile zwischen 1 und 100 kg und Feingußteile zwischen 10 gr und 1500 gr eingestellt. Es können recht komplizierte Gußteile mit sehr guter Ausbringung abgegossen werden (Bilder 138 bis 142). Ohne besondere Schwierigkeiten lassen sich Mindestwandstärken von 4 mm beim Croning- und 1 mm beim Feingußverfahren erzielen. Die kleinsten Kerndicken sind etwa gleich groß. Meist werden Rauhtiefen von 100 bzw 50 μm erzielt. Die Toleranzen kommen normalerweise an JT 14 bzw. JT 12 nach DIN 7151 heran (Bilder 143, 144). Selbstverständlich kann man durch das Ausleseverfahren auch bessere Maßqualitäten erzielen (Bild 145). Wirtschaftlicher ist jedoch meist das Genauprägen bei geeigneten Werkstoffen. Für die spangebende Nachbearbeitung kleinerer Teile müssen ungefähr 0,3 bis 0,5 mm zugegeben werden.

2.5 Kokillen-, Niederdruck- und Druckguß

Kokillen- und Druckguß sind wie die im vorigen Kapitel erwähnten Verfahren für große Serien kleinerer Gußteile geeignet. Es handelt sich um Gußverfahren mit Dauerformen, die meist aus Gußeisen oder Stahl sind und nur noch mit Kokillenschlichte oder Trennmitteln angestrichen oder angestäubt werden. Hartguß, Walzenguß und ähnliche Sonderverfahren sollen an dieser Stelle nicht berücksichtigt werden. Im Gegensatz zum Croning- und Feinguß sind diese Verfahren für Werkstoffe mit hohen Schmelztemperaturen nicht so geeignet, weil die Formen dann verhältnismäßig rasch zerstört werden. Die Anwendung für Kupferlegierungen und Gußeisen nimmt jedoch stetig zu. Für Legierungen mit besonders niedrigem Schmelz- bzw. Erweichungspunkt, wie Blei, Zinn und Thermoplaste, wird von diesen beiden Verfahren praktisch nur noch das Druckgußverfahren angewandt [18]. Im Gegensatz zum Croning- und Feinguß wird bei diesen Verfahren der Werkstoff sehr rasch in der Form abgeschreckt. Von der Gießtechnik her gesehen hat das den Vorteil, daß auch ausgedehntere Wandungen noch gespeist werden können. Bei der Kokille wird durch Eingußsystem und Steiger, in der Druckgußform nur durch das unter 15···500 kp/cm² beim Warmkammerverfahren und 500···7500 kp/cm² beim Kaltkammerverfahren stehende Eingußsystem gespeist. Das starke Abschrecken bewirkt eine besonders feine Kristallisation. Bei starken Wanddickenunterschieden treten allerdings auch häufig recht große Korngrößenunterschiede mit den werkstoffabhängigen Folgen auf. In bestimmten Fällen, z. B. bei rel. dicken, kompakten Werkstücken, ist die hohe Abkühlgeschwindigkeit Voraussetzung für feinkristallinen, dichten Guß.

So lassen sich bestimmte Hydraulikgußteile aus Gußeisen nur durch Gießen in Kokille dicht bekommen. Es muß allerdings erwähnt werden, daß hier gleichmäßig feines Gefüge nur bei hochwertigster Schmelz- und Gießtechnik entsteht. Die durch ungleichmäßiges Abschrecken bedingten Gefügeunterschiede treten besonders stark bei Verarbeitung von Gußeisen auf. Nur in Ausnahmefällen kann man hier auf Weichglühen, verbunden mit Spannungsfreiglühen o. ä. verzichten. Im Gegensatz zu dem früher beschriebenen Großseriengießverfahren ist der Formwerkstoff sehr starr und gasundurchlässig. Infolgedessen muß das Werkstück sehr schnell nach dem Erstarren ausgeworfen werden. Die Auswerferdruckflächen sollten gleich bei der Konstruktion berücksichtigt werden. Ebenso die sich durch Luftschlitze bzw. Luftrillen abzeichnenden Nähte und Markierungen. Aus den gleichen Gründen sollten die Gußstücke so einfach wie möglich konstruiert werden.

Als Beispiel für ein einfaches Kokillengußstück sei ein Handrad angeführt (Bild 146). Bei Kokillengußstücken mit einem kompliziert gestalteten Hohlraum kann man keine, zur Seite herausziehbaren Kerne aus Stahl, bzw. Gußeisen verwenden. In diesem Falle sind Einlegesandkerne nötig (Bild 147). Um ein wirbel- und schaumfreies Füllen der Kokille zu ermöglichen, schwenkt man diese Form

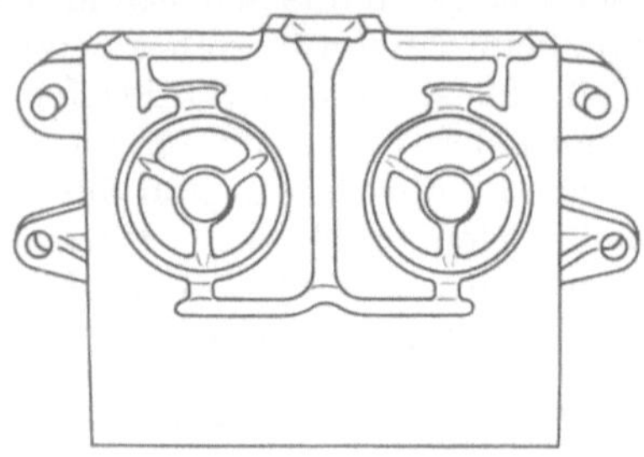

Bild 146. Kokille für Handräder aus GG.
Nach F. SCHIRM [1].

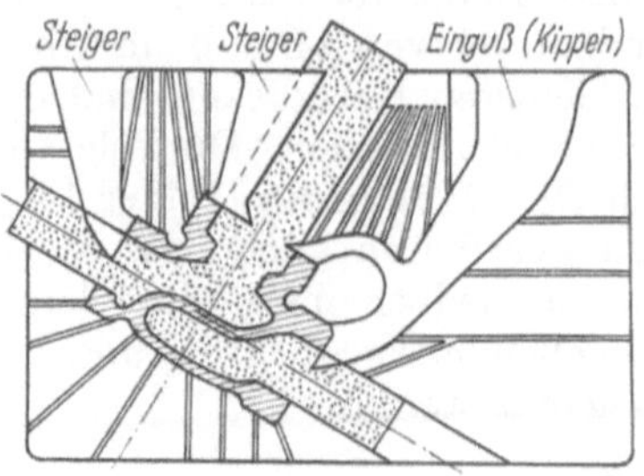

Bild 147. Kokille zum Schwenkgießen mit eingelegtem CO₂- oder Croningkern. (Die Doppellinien sind Entlüftungsrillen) [7].

beim Eingießen. Noch besser kann man derartige Kokillen mit Hilfe des Niederdruck-Gußverfahrens füllen (Bild 148) [77] (siehe auch Kapitel 2.2). Durch Erhöhen des Gasdrucks im Warmhaltetiegel wird die Schmelze blasenfrei in die Form gedrückt. Wärmezentrum ist das mit Schmelze gefüllte Steigrohr, d. h. das Gußstück muß oben zuerst erstarren, die gelenkte Erstarrung also zum rel. lang

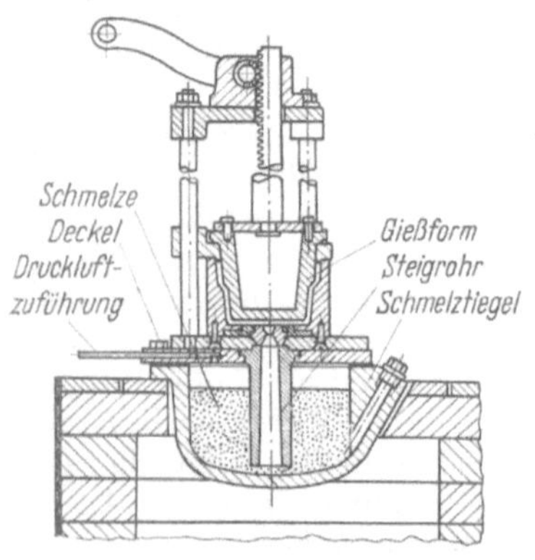

Bild 148. Kokille für das Abgießen eines Topfes nach dem Niederdruck-Gießverfahren [77].

flüssig und unter Druck stehenden Anguß am Ende des Steigrohres verlaufen. Der Gasdruck ist dabei lediglich so hoch, daß die Form sicher gefüllt werden kann, bei Aluminiumlegierungen z. B. um 0,3 atü. Der Druck in der Kokille beträgt dann jedoch einige atü, reicht also an die untere Grenze des Warmkammergießverfahrens heran. Das Niederdruckgießverfahren ist daher ein Verfahren, bei dem sich die gelenkte Erstarrung besonders leicht verwirklichen läßt. Durch den recht kurzen Anguß, sowie das Fehlen von Speisern, ist auch das Umlaufmaterial gering. Aus diesem Grunde ist das Verfahren bei mittleren Serien häufig billiger als das einfache Kokillengußverfahren. Gerade bei Leichtmetallgußstücken mit komplizierteren Sandkernen ist es oft das einzige ausschußarme Gießverfahren, so z. B. bei Motorenzylinderköpfen und Zylinderblöcken. In diesem Fall wird es auch in der Großserienfertigung eingesetzt. Feinverrippte, luftgekühlte Motorenzylinder aus G Al Si 12 mit eingegossenem, alfinbehandeltem Graugußzylinder lassen sich u. a. wegen des ruhigen Ausfließens der Rippen im Niederdruckgußverfahren ebenfalls wirtschaftlich gießen.

Da beim Druckguß mit höheren Einspritzdrücken gearbeitet wird, verbietet sich der Einsatz von Sandkernen. Die Druckgußform muß daher mit einfach, möglichst gerade zu ziehenden Kernen, hier auch Stempel oder Schieber genannt, auskommen. In Bild 149 sind, nach Anschnittsystem gegliedert, drei einfache Formkonstruktionen dargestellt. Bei den Bohrungskernen unter a) handelt es sich um gerade zu ziehende, einfache Kerne. Unter a 2) kann man ersehen, wie vier Auswerfer die beiden Druckgußstücke zum Einguß hin auswerfen, ohne daß auffällige Markierungen am Gußstück entstehen. Diese Methode bringt allerdings eine gewisse Unsicherheit mit sich. In Bild 150 wird nochmals auf die Besonderheiten metallischer Formen hingewiesen. Da diese Formen nicht gasdurchlässig sind, muß eine ausreichende Luftabführung gewährleistet sein. An den Luftkanälen entstehen selbstverständlich Grate.

V. von Reimer gibt folgende Konstruktionsregeln für Druckguß, die entsprechend auch für Kokillenguß gelten [10]:

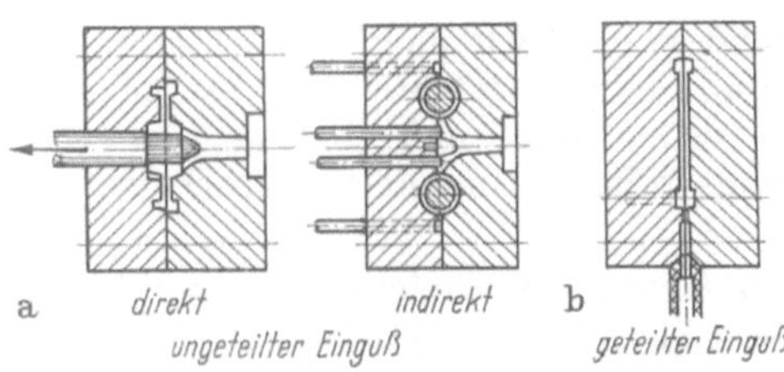

Bild 149. Anschnittsysteme bei Druckguß. Nach F. Lutz [8].

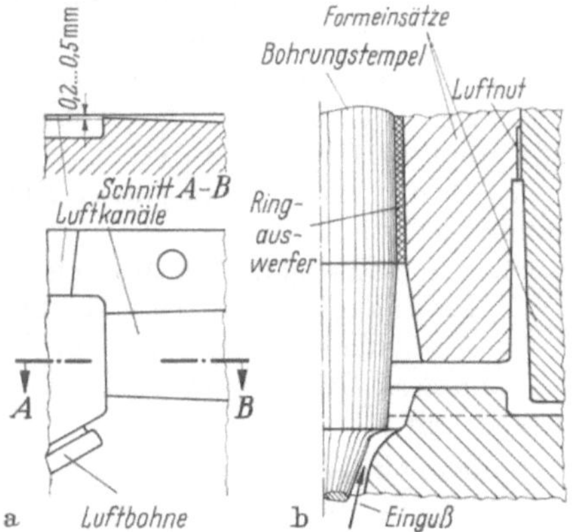

Bild 150. Möglichkeiten der Luftabführung bei Druckguß. Nach F. Lutz [8].

1. Das Teil ist so auszuführen, daß die Teilungsfläche eben und gradlinig ist. Die Herstellungskosten der Werkzeuge zum Gießen und Entgraten sind dann geringer.

2. Hohlräume, Bohrungen, Aussparungen sind in die Öffnungs- und Ausstoßrichtung senkrecht zur Teilungsebene zu legen, damit Schieber eingespart werden.

3. Äußere Hinterschneidungen und Augen sind bis zur Teilungsebene ggf. als Rippen zu verlängern, damit Ansätze vermieden werden. Unterschnittene Bohrungen und Flächen sollen durch Umkonstruktion bzw. durch Eingießen von Fremdteilen oder Zusammengießen geändert werden.

4. Die Wanddicken sollen unter Berücksichtigung der leichten Gießbarkeit und entsprechender Festigkeit gleichmäßig und dünn gewählt werden. Rippen, Aussparungen oder Profilgestaltung sind an Stelle von Werkstoffanhäufungen vorzusehen. Schroffe Querschnittsübergänge sind zu vermeiden.

5. Scharfe Übergänge und scharfe Kanten sind durch kleine Abrundungen zu umgehen, aber nicht an Stellen, an denen senkrechte Formteile zusammenstoßen.

6. Es sind möglichst einfache Oberflächenformen zu wählen, die mit einer maschinellen Bearbeitung der Hohlform hergestellt werden können.

7. Neigungen an Innen- und Außenflächen sind vorzusehen.

8. Große Flächen sollen durch Muster unterbrochen, durch Ränder und Rippen verstärkt werden.

9. Lange, dünne Kerne sind zu umgehen. Alle Kernbewegungen sollen einfach sein.

10. Bohrungen dürfen nicht zu dicht am Rande angeordnet werden, da sonst Gefahr des Reißens besteht.

11. Bei Gewinden sind die Kosten des Mitgießens mit denen der nachträglichen Herstellung zu vergleichen. Außengewinde sollen möglichst in die Teilungsebene gelegt werden.

12. Keine Kordelflächen vorsehen! Wülstebei geriffelten Flächen verbilligen Putzkosten.

13. Erhabene Schriftzeichen am Abguß sind billiger als versenkte.

14. Auswerfer sind so vorzusehen, daß am Gußstück keine dem Aussehen schadende Markierung sichtbar wird.

15. Zur Verfestigung von Gleit- und Lagerflächen sowie zur Erhöhung der Festigkeit der Druckgußlegierungen dienen eingegossene Einlagen. Diese sind durch Verzinkung oder einen Überzug aus Kadmium vor Korrosion zu schützen.

16. Zur Verbindung von Druckgußteilen mit anderen Teilen sind eingegossene Schrauben und Bolzen zu verwenden.

17. Man kombiniere in einem Abguß möglichst mehrere nachträglich zu montierende Teile.

18. Die zulässigen Maßabweichungen sind so groß wie möglich zu halten.

19. Eine nachträgliche Oberflächenbehandlung, hauptsächlich leichtes Polieren, ist zu ermöglichen. Die Teilungsebene ist so zu legen, daß der Grat bei einer mechanischen Nachbearbeitung oder beim Polieren im gleichen Arbeitsgang entfernt wird.

Welche Gußstückgrößen, bzw. -gewichte lassen sich erreichen? Auf üblichen Kokillengieß- und Druckgußmaschinen lassen sich Werte nach Tab. 26 erreichen. Für Gußeisen gelten etwa dieselben Werte wie für Kupferlegierungen. In Sonderfällen lassen sich selbstverständlich noch größere Druckguß- und vor allem Kokillengußteile herstellen.

Tabelle 26. *Übliche Größtwerte für Stückgewicht und Größe von Druckgußteilen (und Maschinenkokillenguß).* Nach F. LUTZ [8, 15]

Werkstoff	Stückgewicht kg	Höchstabmessungen		
		Länge mm	Breite mm	Tiefe mm
Zinklegierung	bis 20	1000	600	300
Aluminiumlegierung	bis 8	1000	600	300
Magnesiumlegierung	bis 6	1000	600	300
Kupferlegierung	bis 5	400	300	200

Tabelle 27. *Unter üblichen Bedingungen erreichbare Kennwerte für Druckgußstücke (und Kokillengußstücke).* Nach F. LUTZ [8]

		Zinklegierung	Aluminiumlegierung	Magnesiumlegierung	Kupferlegierung
Mindestwanddicke (abhängig von Stückgröße und Gestalt)	[mm]	0,6···2	1···3	1···3	1,5··3
Mindestübergangsradien	[mm]	0,5	1	1	1
Mindestneigung der Kerne und Innenflächen	[%]	0,2···0,4	0,4···1	0,3···0,5	2···3
Mindestneigung der Außenflächen (senkrecht zur Formteilung)	[%]	0···0,2	0,2···0,5	0···0,3	1···1,5
Eingegossene Bohrungen: Mindestdurchmesser		(1) 3	(2,5) 5	(2) 5	(4) 5
Max. Länge durchgehend		8 d	5 d	5 d	3 d
Max. Sacklochtiefe		4 d	3 d	3 d	2 d
Außengewinde: Mindestdurchmesser	[mm]	(6) 8	(8) 12	(8) 12	—
Kleinste Steigung	[mm]	0,7	1	1	—
Verzahnungen: Kleinster Modul	[mm]	0,3	0,5	0,5	1,5
Erreichb. Maßgenauigkeit: bis 50 mm ($\pm$)	[mm]	0,1···0,3	0,2···0,4	0,2···0,4	0,4···0,8
50 bis 120 mm ($\pm$)	[mm]	0,2···0,4	0,3···0,5	0,3···0,5	0,6···1
über 120 mm ($\pm$)	[mm]	0,3···0,5	0,4···0,7	0,4···0,6	—

Weitere Konstruktionsrichtlinien für Kokillen- und Druckguß sind in Tab. 27 zusammengestellt. Für Gußeisen gelten wieder etwa die gleichen Werte wie für Kupferlegierungen. Konstruktionsbeispiele sind in den Bildern 151 bis 155 angeführt. Während bei Druckgußwerkzeugen, insbesondere den Kernen, die Standstückzahl durch normalen Verschleiß begrenzt sein sollte, treten bei ungünstiger Gußstückkonstruktion vorzeitig Bruch oder unzulässiger Verzug der Kerne auf (Bild 156). An der Spritzpistole erfordern die durch Farbe gekennzeichneten Löcher viel zu lange und dabei zu dünne Kerne, wobei der eine Kern nur an einem Ende geführt ist. Wie man die Schußzahl pro Stunde ohne Beeinträchtigung der Funktion des Gußstückes erhöhen kann, zeigt Bild 157. Ähnliche Schwierigkeiten bereiten Hinterschneidungen beim Kokillenguß (Bilder 158 und 159).

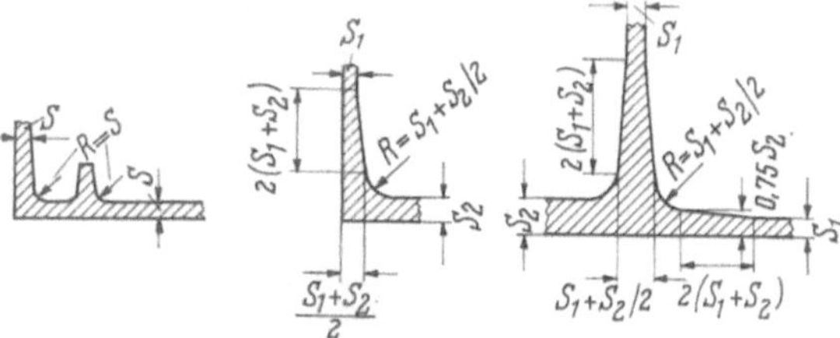

Bild 151. Hohlkehlen und Querschnittsübergänge an Druckgußteilen.
Nach F. Lutz [8].

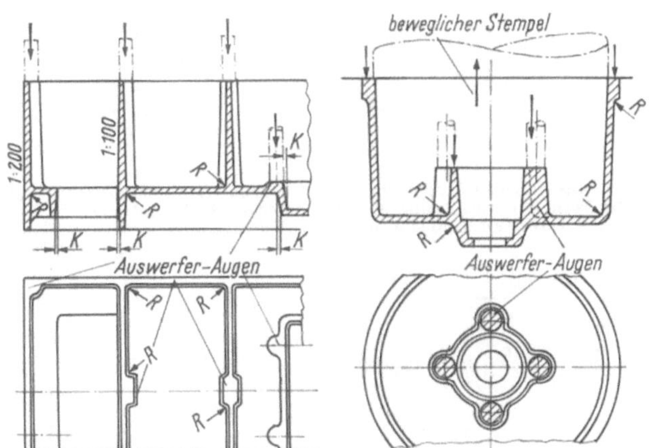

Bild 152. Aushebeschrägen und Auswerferaugen bei Druckguß. Nach F. Lutz [8].

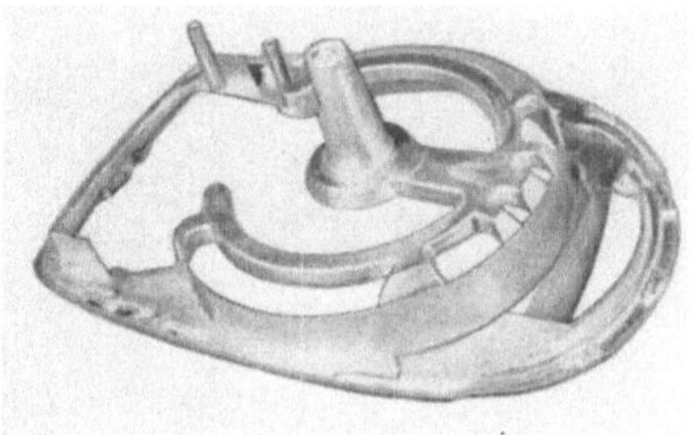

A   *B*   *C*

Bild 153. Teile aus perlitisch geglühtem Kokillen-Gußeisen mit Lamellengraphit. Nach [17].
A Pumpengehäuse (0,97 kg); *B* Lagerdeckel (0,28 kg); *C* Pumpengehäuse (0,97 kg).

Bild 154. Leuchtentragrahmen mit Anschnittsystem aus Zink-Druckguß, Stückgewicht 440 g [17].

8*

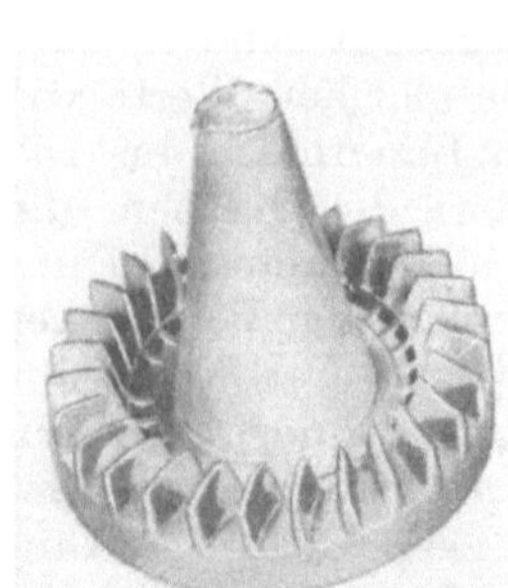

Bild 155. Lüfterrad mit Anschnittsystem aus Zinkdruckguß,
Stückgewicht 475 g [17.

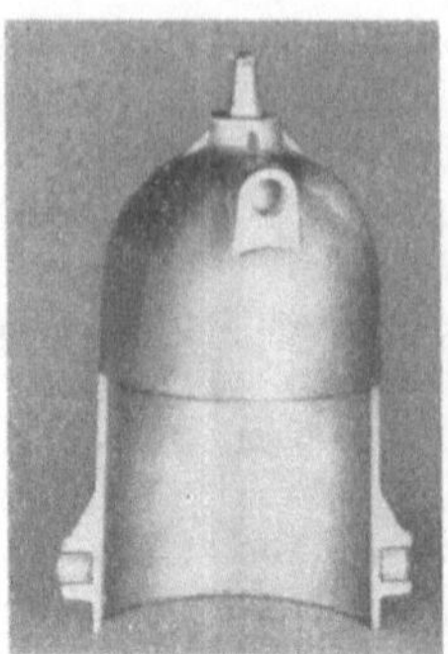

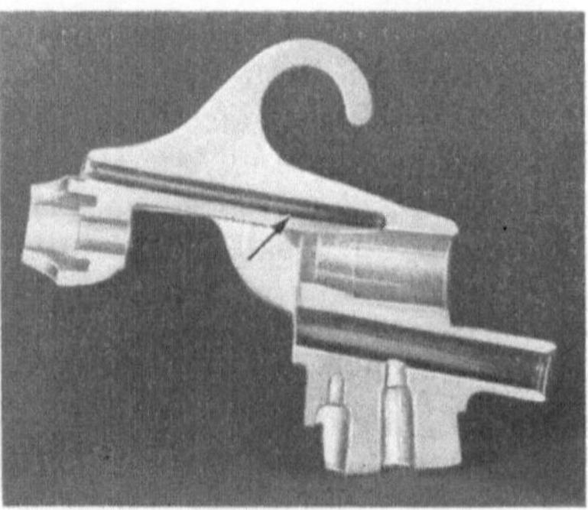

Bild 156. Vergleich zweier Druckgußteile. Nach [17].
Als Beispiel für eine gute Konstruktion mit leicht zu ziehenden starren Kernen
wird das Filtergehäuse A aus GDAlSi12(Cu), Stückgewicht 560 g, angeführt.
Die Kerne zur Spritzpistole B aus GDAlSi6Cu3, Stückgewicht 1452 g,
kleben leicht, werden leicht überhitzt, verziehen sich leicht
und brechen daher auch gelegentlich.

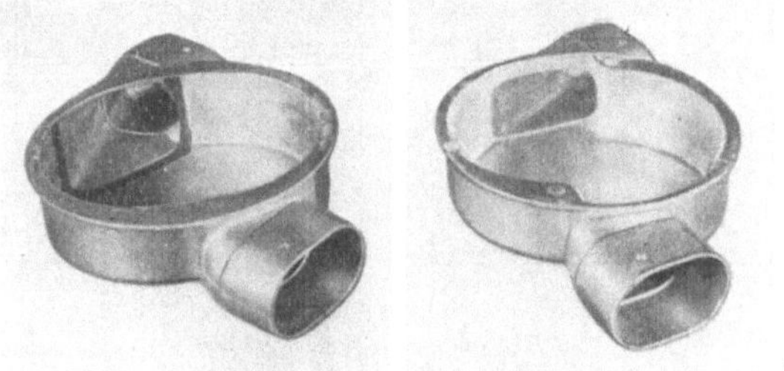

Bild 157. Doppelentfrostergehäuse aus Aluminiumdruckguß GDAlSi6Cu3, Stückgewicht 295 g.
Nach [17]. Die Form der Ausführung A wurde durch zwei Einlegebacken stark verteuert.
Die Form der verbesserten Ausführung B hat lediglich zwei gut ziehbare Kerne.

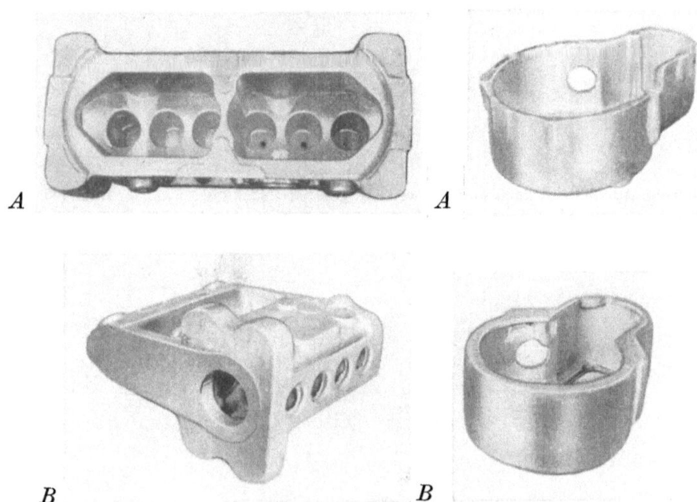

Bild 158. Einspritzpumpengehäuse aus Aluminium-Kokillenguß. Nach [17].
Bei der Ausführung A werden nur feste Kerne, bei der Ausführung B
dagegen kostenerhöhende Sandkerne benötigt.

An dieser Stelle kann erwähnt werden, daß auf üblichen Kokillengieß- und Druckgußmaschinen bis zu 400 Abgüsse bzw. Schüsse pro Stunde möglich sind. Bei Mehrfachformen ist die Anzahl der Gußstücke in der Stunde entsprechend größer. Diese Leistungen sind in erster Linie auf Karussell- und Warmkammergießmaschinen zu erzielen.

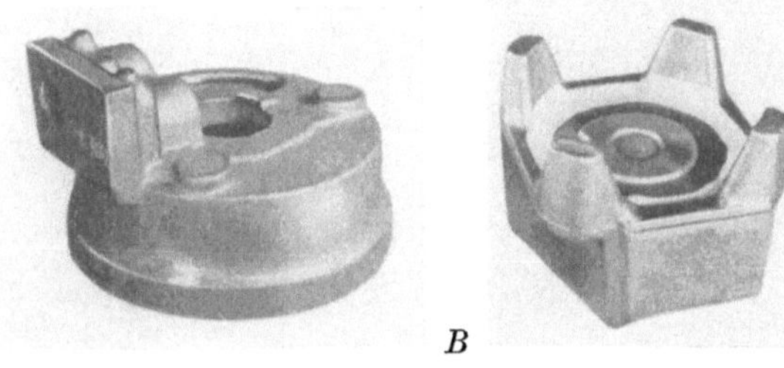

Bild 159. Ständergehäuse aus perlitisch geglühtem Kokillengußeisen mit Lamellengraphit. Nach [17]. Im Gegensatz zur Ausführung *B* (Stückgewicht 2,68 kg) muß wegen Hinterschneidung bei der Ausführung *A* (Stückgewicht 3,9 kg) ein Kern vorgesehen werden.

Im Vergleich mit Sandguß ergeben sich beim Einsatz von Kokillen- und Druckgießmaschinen Grenzstückzahlen von ca. 3000. Wirklich ausgenutzt sind derartige Maschinen erst im kontinuierlichen Betrieb bis zu Standstückzahlen des Werkzeuges. Nach F. Lutz betragen sie

bei Zinklegierungen	200 000 Abgüsse und mehr
bei Aluminiumlegierungen	50 000 Abgüsse und mehr
bei Magnesiumlegierungen	60 000 Abgüsse und mehr
bei Kupfer (Gußeisen-)Leg.	5 000 Abgüsse und mehr

Da die Anlagekosten bei einfachen, handbedienten Kokillen wesentlich kleiner sind, ergeben sich hier schon deutlich kleinere Grenzstückzahlen.

2.6 Schleuderguß und Strangguß

Schleuderguß und Strangguß haben mit den vorausgegangenen Verfahren einiges gemein. Es werden meist Metallkokillen, bzw. noch schroffer wirkende Graphitkokillen verwandt. Daher können diese Verfahren auch meist erst bei größeren Serien wirtschaftlich werden. Man unterscheidet Senkrecht- und Waagrechtschleuderguß, sowie den meist mit senkrechter Drehachse gegossenen Schleuderformguß. Ebenso unterscheidet man Senkrecht- und Waagrechtstrangguß (Bilder 160 bis 162). Da beim Schleuderguß die Zentrifugalbeschleunigung ein mehrfaches von g ist, tritt in verstärktem Maße Schwereseigerung auf. Da-

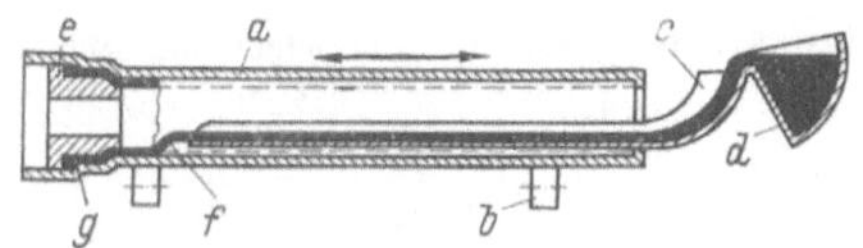

Bild 160. Waagrecht — Schleuderguß von Muffenrohren aus GG [*11*].
a Kokille; *b* Laufrollen; *c* Gießrinne; *d* Kipp-Pfanne; *e* Kern; *f* Gießstrahl; *g* Muffenrohr.

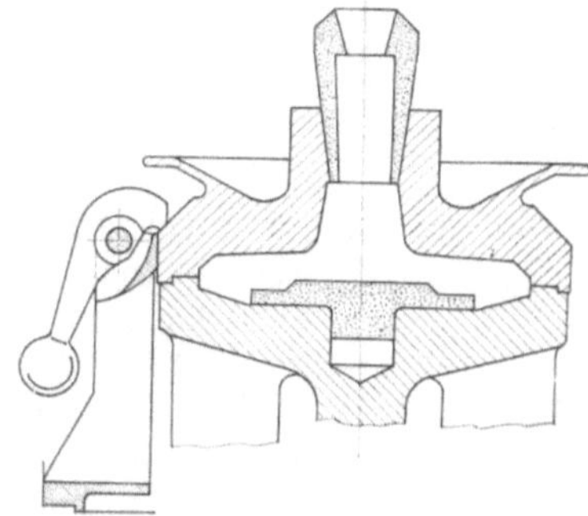

Bild 161. Senkrecht — Schleuderguß von Tellerrädern aus Stahlguß. Nach Ford [*1*].

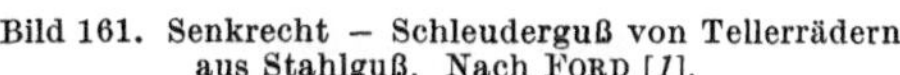

durch werden leichtere Bestandteile, wie z. B. Gasbläschen, Graphit, Schlacken nach innen zur Drehachse hin verdrängt. Die Kristallisationsrichtung von außen nach innen bewirkt zusätzlich ein „Ausschwitzen" niedrigschmelzender Legierungen, z. B. Phosphideutektikum u. a. (Bild 163). Beim Strangguß, insbesondere dem Senkrechtstrangguß liegen die Verhältnisse ähnlich günstig, wenn auch die

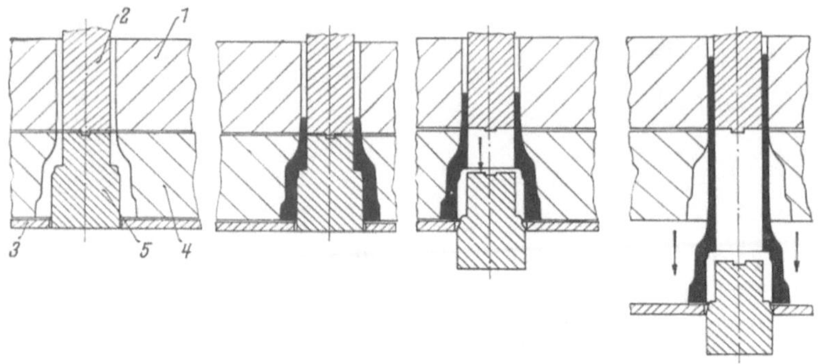

Bild 162. Senkrecht — Strangguß von Muffenrohren aus GGL. Nach A. WITTMOSER [1].

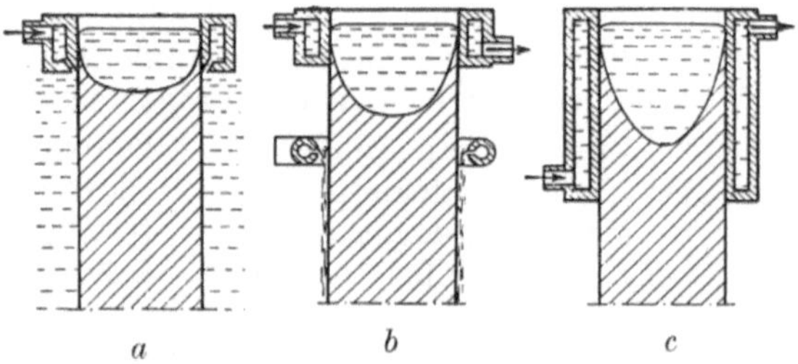

Bild 164. Erstarrungsverlauf bei Strangguß.
Nach A. WITTMOSER [1].
a Wasserguß; b Spritzkühlung;
c trockene Junghans-Kokille.

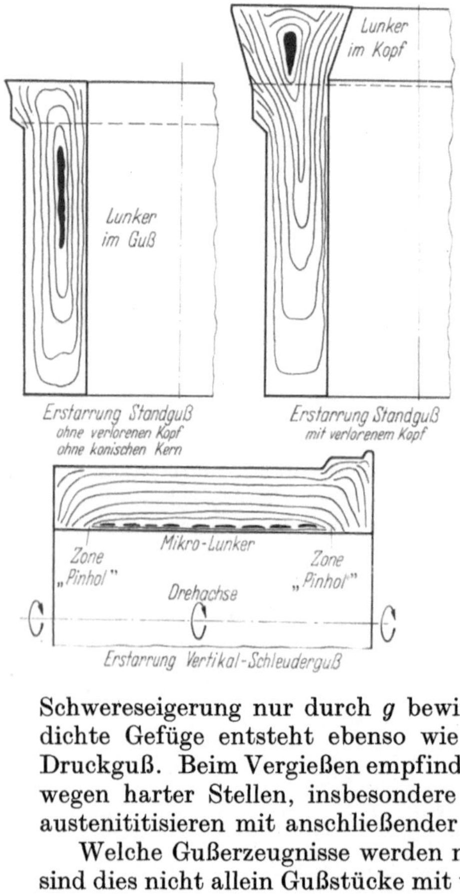

Bild 163. Erstarrungsverlauf bei Standguß und Schleuderguß.
Nach F. BRÜGGER [1].

Schwereseigerung nur durch g bewirkt wird (Bild 164 [19]). Das rel. feine und dichte Gefüge entsteht ebenso wie beim vorher beschriebenen Kokillen- bzw. Druckguß. Beim Vergießen empfindlicher Legierungen, z. B. Gußeisen, muß man wegen harter Stellen, insbesondere beim Schleuderguß, noch glühen, genauer: austenititisieren mit anschließender passender weiterer Wärmebehandlung.

Welche Gußerzeugnisse werden nun mit vorliegendem Verfahren erzeugt? Es sind dies nicht allein Gußstücke mit wenig zu zerspanenden Volumen, wie Wasser-

und Gasrohre, Motorenlaufbuchsen, Getrieberäder, Lagerschalen, Schleuderfein-
gußteile, sondern auch Halbzeug, das im starken Maße spangebend verarbeitet
wird wie z. B. Zahnradbandagen, Rohr- und Stangenmaterial für Kolbenringe und
andere Drehautomatenteile, sowie Halbzeug, das spanlos verformt wird wie z. B.

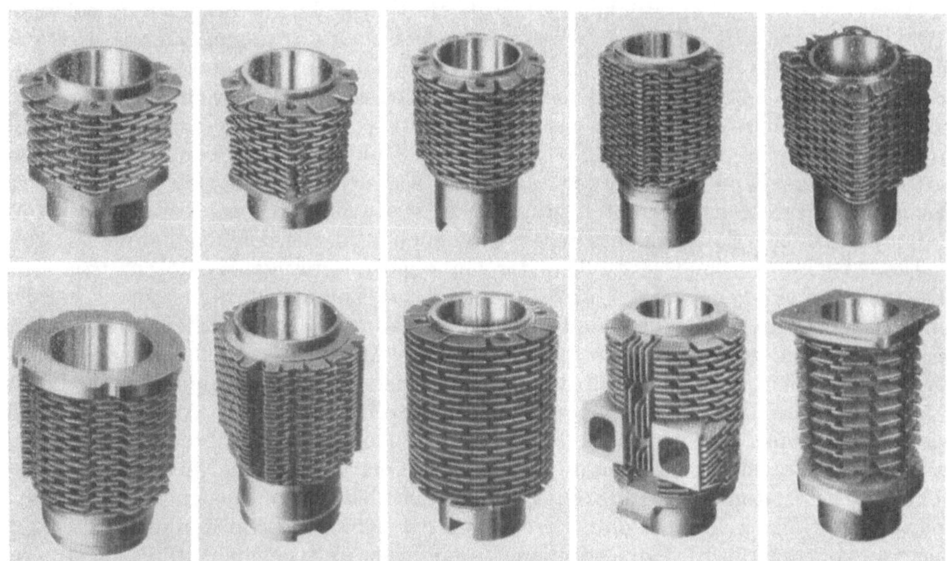

Bild 165. Rippenzylinder für Viertakt- und Zweitaktmotoren aus Gußeisen-Schleuderguß. Nach F. BRÜGGER [1].

Brammen und Knüppel. An dieser Stelle interessieren nur Gußstücke. Die
größten Abmessungen werden praktisch nur bei Rohren, bzw. Zylindern erzielt,
nämlich rund 1 m $\varnothing$ und 10 m Länge. Bei derartigen Rohren sind die Toleranzen
meist wegen des freien Schwindens etwas größer als beim übrigen Kokillenguß.
Andererseits muß man berücksichtigen, daß hier keine
Aushebeschrägen vorgesehen werden müssen. Durch
Minderung des zu zerspanenden Volumens, durch Fortfall der Steiger, Knochen und Eingüsse und nicht zu-
letzt durch die besonders gleichmäßige, dichte Werk-
stoffqualität kann selbst bei Einzelanfertigung ein vor-
liegendes Verfahren wirtschaftlicher sein als Sandguß.
Besonders vorteilhaft ist hier allerdings der Strangguß, da einmal für sämtliche Längen bei einem Querschnitt nur eine Kokille nötig ist und außerdem die
Stranggußkokillen meist billiger sind als die Schleu-
dergußkokillen.

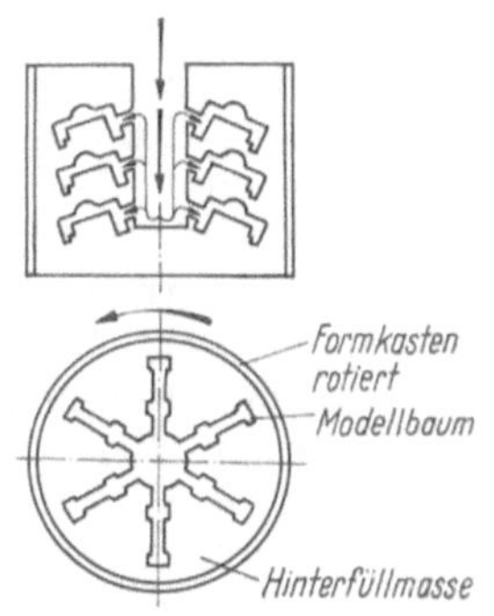

Bild 166.
Senkrecht-Schleuderformguß [7].

Sowie die Teile kompliziertere Formen haben,
kommt ausschließlich Schleuderguß in Frage. Rippenzylinder und Schleuderformguß sind Beispiele hierfür
(Bilder 165 und 166).

Normalerweise verwendet man dabei nicht mehr Kokillen, sondern ausgehärtete Sandformen. Aus Gründen der Formfestigkeit können allerdings nur rel.
kleine Werkstücke auf diese Art gegossen werden. Von den zahlreichen Möglichkeiten des Schleuderverbundgusses sei die Herstellung von größeren Bleibronze-
lagerschalen mit Stahlstützring angeführt.

3. Berücksichtigung der Weiterverarbeitung bei der Gußstückgestaltung

3.1 Spanen

Das Gießen von Werkstücken ist bereits ein Formgebungsverfahren, mit dessen Hilfe sich schon weitgehend eine funktionsgerechte Gestaltung erzielen läßt. Diese Möglichkeit sollte bei der Konstruktion eines Maschinenteiles ausgenutzt werden, so daß lediglich an Stellen, an denen die geforderten Toleranzen und Oberflächengüten direkt nicht zu erzielen sind, spangebende Verfahren eingesetzt werden. Andernfalls würde der wesentliche Vorteil von Gußkonstruktionen, mit geringem Stoffabfall auszukommen, wieder zunichte. Außerdem würden die Selbstkosten durch erhöhten Betriebsmittel- und Arbeitsaufwand steigen. In bestimmten Fällen, z. B. bei Führungen, Dichtungsflächen und dergleichen kann eine rel. starke Abspanung auch einen Teil der Gußeigenspannungen auslösen, bzw. zusätzliche Druckeigenschaften aufbringen, so daß Verzug entsteht. Stark verallgemeinernd kann man sagen, daß in erster Linie aus Wirtschaftlichkeitsgründen so wenig wie möglich zerspant werden sollte. An zweiter Stelle hat der Konstrukteur dafür zu sorgen, daß das zu zerspanende Stoffvolumen günstig liegt. Das in der Zeiteinheit zu zerspanende Volumen soll bei kleinstem Aufwand so groß wie möglich sein. Das bedeutet, daß die Bearbeitungsflächen dort liegen müssen, wo man leistungsfähige Zerspanungsverfahren bei geringsten Neben- und sachlichen Verteilzeiten einsetzen kann. An welche besonders leistungsfähigen Zerspanungsverfahren könnte man bereits bei der Konstruktion denken? Es sind dies Messerkopffräsen, Kopierdrehen, Ausbohren und gegebenenfalls Räumen. Dem Räumen kommt allerdings nur bei hohen Stückzahlen eine gewisse Bedeutung zu. Die anderen Verfahren sind dadurch ausgezeichnet, daß durch den Einsatz von starr geführten Hartmetallwerkzeugen ausreichende Schnittleistungen erzielt werden können. Nebenzeiten und sachliche Verteilzeiten können gemindert werden, wenn in einer Ebene an einer bzw. auch zwei einander gegenüberliegenden parallelen Werkstückaußenseiten messerkopfgefräst werden kann, wenn in einer Achsrichtung senkrecht zur Werkstückoberfläche eine oder mehrere Bohrungen mit gleichem oder kleiner werdendem Durchmesser ausgebohrt werden können und wenn möglichst von einer Seite her kopiergedreht werden kann. Werkzeugwechsel während der Bearbeitung eines Werkstückes sind nach Möglichkeit zu vermeiden. Sollten sie nicht zu umgehen sein, so muß schon bei der Konstruktion darauf geachtet werden, daß voreinstellbare Schnellwechselwerkzeuge, die den Werksnormen entsprechen, eingesetzt werden. Letzteres sollte eigentlich ganz allgemein berücksichtigt werden.

In diesem Zusammenhang kann noch auf verschiedene Einzelheiten eingegangen werden. Bei gut zu zerspanenden starren Drehteilen ist das Drehen der gesamten Kontur im Einstechverfahren dann besonders günstig, wenn an Stelle eines Formdrehmeißels das Werkzeug aus genormten Einzeldrehmeißeln zusammengebaut werden kann. Beim Kopierdrehen sind Rillen zu vermeiden und evtl. durch einfache Radien zu ersetzen, damit der Kopiermeißel nicht zu stark mit seiner Nebenschneide arbeiten muß. Flächen, die hinter der Außenkontur zurücktreten, erfordern wegen des Auslaufs meist recht kleine Messerköpfe. Wesentlich günstiger ist es, die Bearbeitungsebene hervortreten zu lassen. Der Fräsvorgang kann dann evtl. bei rel. großem Messerkopf mit einer Tischbewegung zu erzielen sein. Gegebenenfalls ist dann auch mit einfachsten Programmiereinrichtungen (Programmspeichern) auszukommen. Im Gegensatz zum Ausbohren bedingt das Bohren in's Volle wegen der Querschneide recht hohe Axialkräfte. Leichte Konstruktionen können sich bei größeren Löchern hierdurch sogar verziehen. Auch treten beim Bohren in's Volle leicht Schwierigkeiten mit der Spanabfuhr und der Kühlung auf. Die Schnittgeschwindigkeiten dürfen auch nicht allzu hoch gewählt werden, da mit Schnellarbeitsstahlbohrern gearbeitet wird (hartmetallbestückte Spiralbohrer bringen hier normalerweise keinen Vorteil). Relativ zur Gußstückgröße sollten daher nur kleinere Löcher in's Volle gebohrt werden. Dann müssen natürlich Anschnitt- und Auslaufebene senkrecht zur Vorschubrichtung verlaufen, und die Länge der Bohrung sollte den doppelten Bohrerdurchmesser nicht überschreiten. Bei Sacklöchern muß man leider wegen der gewöhnlich folgenden Arbeitsgänge meist auf ein größeres Verhältnis l/d gehen. Aus zahlreichen Gründen sollten so wenig wie möglich verschiedene Bohrerdurchmesser und auch Bohrungen je Werkstück vorgesehen werden. Auch

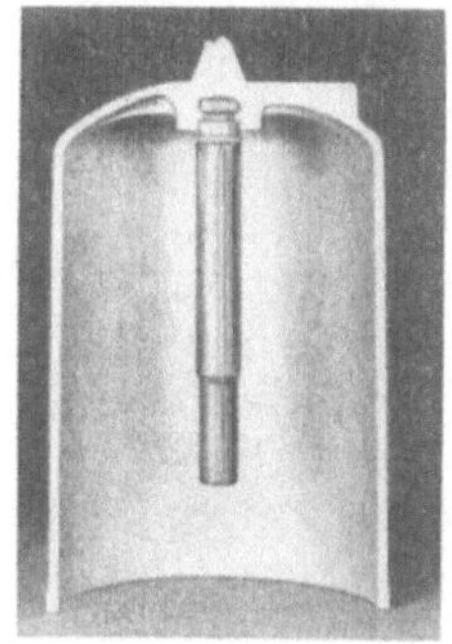

Bild 167. Filtergehäuse aus GD-AlSi12(Cu), Stückgewicht 410 g [*17*].

Bild 168. Schwungmagnetzünder aus GD-AlSi12(Cu) [*17*].

Bild 169. Wischergehäuse aus Zinkdruckguß [*17*].

bei Innengewinden wird die Fertigung durch zu viele Gewindegrößen erheblich erschwert. Es muß nicht besonders betont werden, daß Sackgewinde mehr Schwierigkeiten als Durchgangsgewinde bereiten.

An dritter Stelle wären die Rüstzeit, Bestimm- und Spannzeit ebenso wie die Vorrichtungskosten zu berücksichtigen. Je schwieriger und je zeitraubender die Aufspannung eines Gußstückes ist, um so größer wird zweifellos der Fertigungsaufwand. Sperrige Stücke erfordern meist Werkstückträger, kompakte und starre kommen häufig ohne dieselben aus. Gerade bei der Verkettung von Werkzeugmaschinen ist dieser Gesichtspunkt erachtenswert. In vielen Fällen ist es praktisch, Bestimm- und Spannflächen oder -Augen gleich mitzugießen, um mit einfachsten Spann- und Vorrichtungselementen auszukommen. Ebenso kann hierdurch der durch Spannen und dgl. bedingte Anteil an Nebenzeit gemindert werden.

Besonders bei Kokillen- und Druckgußstücken aus niedriger schmelzenden Werkstoffen ist es häufig besonders wirtschaftlich, „zuerst zu zerspanen und dann zu gießen". Kleinere Innen- und Außengewinde können dann nämlich in Form von Eingußmuttern und Eingußstiften als gut zu zerspanende Dreh- oder sogar Umformautomatenteile von Draht- oder Stangenmaterial sehr wirtschaftlich hergestellt werden (Bilder 167 bis 169). Ölleitungen können bequem als vorgebogene Eingußröhrchen hergestellt werden. Abgesehen von den meist günstigeren Festigkeitseigenschaften der Eingußteile spart man sich erheblichen Fertigungskummer. Lange Ölbohrungen sind schon schwierig herzustellen, größere Zerspannugsarbeiten an komplizierten Druckgußteilen bringen aber meist erhebliche Spannschwierigkeiten mit sich.

Das Thema: „Zerspanungsgerechte Konstruktion von Gußstücken" verlangt nicht nur Richtlinien für die zerspanungsgerechte Formgebung. An dieser Stelle muß auch der Zusammenhang zwischen Gußstückstoff, Werkzeugstoff und Zerspanungsbedingungen im Hinblick auf eine wirtschaftliche Zerspanung erwähnt werden. Zu den Zerspanungsbedingungen zählen die Schnittbedingungen (Schnittgeschwindigkeit, Vorschub, Spantiefe, Schnittunterbrechungen) die Schneidengeometrie, die Verfahren (Drehen, Fräsen usw.) die Starrheit und Leistungsfähigkeit der Werkzeugmaschinen, die Qualität des Werkzeuges (Nachschliff) und ggfls. die Wirkung einer Schneidflüssigkeit. Nachfolgende Ausführungen gelten nur bei einer Werkzeug- und Werkzeugmaschinenqualität, die den derzeit gängigen Werkzeugstoffen angemessen ist. Unzulängliche Werkzeugmaschinen, die z. B. zu stark vibrieren, bringen wesentlich schlechtere Ergebnisse. Die Schneidengeometrie ist nach DIN-Vornorm 6581 zufriedenstellend bezeichnet. Die Winkel in der Werkzeugmeßebene, α, β, γ sind praktisch bei sämtlichen Zerspanungsverfahren Arbeits- oder Wirkwinkel. In erster Näherung erfolgt der Spanablauf auch in dieser Ebene. Die Spanbildung wird durch Abtrenn- und Umformkräfte, bzw. -Arbeiten bewirkt. Die Abtrenn- und Umformkräfte werden durch den Trenn-, Scher- und Umformwiderstand des Gußstückstoffes und dem vom Werkzeug aufgebrachten Spannungszustand beeinflußt. Ersteres kann allein, letzteres nur zum Teil vom Konstrukteur berücksichtigt werden. Folgende Gußstückstoffe haben meist rel. niedrige Trennwiderstände: Magnesium und Zinklegierungen, Gußeisen mit Lamellengraphit, Rotguß, Messing mit größerem Zinkgehalt. Bei Spanwinkeln um 0° ergeben sich Reiß- und Bröckelspäne (gut abzuführen), die Oberfläche wird aber nur bei hohen Schnittgeschwindigkeiten glatt. Zähe Gußstückstoffe, deren Trennwiderstand wesentlich größer als ihr Scherwiderstand ist, lassen sich meist schwieriger zerspanen. Dazu zählen z. B. zahlreiche Nickel-, Kupfer-, Aluminiumlegierungen und Stahlsorten. Es entstehen Fließspäne, die erst durch Spanabweiser (auch Spanleitstufen) zu engen Spirallocken oder kurzen, engen Wendeln umgeformt werden müssen, damit das Spänevolumen nicht zu groß wird, bzw. der Spantransport überhaupt wirtschaftlich möglich ist. Wird bei Fließspänen, im Grenzfall auch schon bei Scherspänen, die Spanstauchung λ_S = Spandicke, geteilt durch die Spanungsdicke $(1 > \lambda_S > 10)$ zu groß, so besteht die Gefahr der Aufbauschneidenbildung (Bild 170). Die Aufbauschneidenbildung bewirkt rauhe Werkstückoberfläche und stärkeren Werkzeugverschleiß, sollte also vermieden werden. Wie erzielt man also niedrige Spanstauchungen? Man muß sich dazu vergegenwärtigen, daß das Aufstauchen des Spanes ein Umformvorgang ist, der von der Neigung der Werkzeugspanfläche γ und dem Reibungskoeffizient μ zwischen Gußstückstoff und Werkzeugstoff beeinflußt wird. Aus Gründen der Schneidenfestigkeit sollte der Spanwinkel nicht mehr als 10° betragen, bei negativen Spanwinkeln ist ein Ausbrechen der Schneide noch weniger zu erwarten. Vom Spanwinkel her kann man also unter üblichen Bedingungen nur einen geringfügigen Einfluß erwarten. Wesentlich ist also der Festkörperreibungskoeffizient bei vorliegenden Drücken (über Zehntausend atü) und Temperaturen (einige 100 bis über tausend °C). Und dieser hängt nun rein von der Gußstückstoff- und Werkzeugstoffpaarung ab. Mit praktisch allen Gußstückstoffen lassen sich am besten wegen des unter vorliegenden Bedingungen geringen Reibungskoeffizienten die zahlreichen Hartmetalltypen paaren, wenn nicht sogar in Sonderfällen mit Oxydkeramik- oder Diamantwerkzeugen gearbeitet wird. Aus der Beziehung $k_S \approx a + \sigma_{zB} \cdot \lambda_s$ — wobei k_S die Schnittkraft, geteilt durch die Spanungsfläche und a eine kleine, den Abtrennwiderstand und etwas auch den Spanwinkel berücksichtigende Konstante ist — ist weiter zu ersehen, daß mit niedrigerer Span-

stauchung auch die Schnittkraft und damit die Werkzeug- und Werkstück-
beanspruchung kleiner wird. Bedenkt man noch, daß die Verschleißstandzeit bei
ausreichend hohen Schnittgeschwindigkeiten an Hartmetallwerkzeugen meist
größer als an Schnellarbeitsstahlwerkzeugen ist, so muß man als Konstrukteur
bestrebt sein, die oben erwähnten, den rationellen Hartmetalleinsatz ermöglichen-
den Zerspanungsverfahren anzuwenden!

Einige Beispiele mögen zeigen, in welcher Größenordnung der Konstrukteur
die für eine wirtschaftliche Fertigung so wichtige Werkzeugstandzeit bzw. Schnittgeschwindigkeit beeinflussen kann. In Bild 171 ist die Schnittgeschwindigkeit bei
einer Standzeit von 60 min und einer bestimmten Verschleißmarkenbreite B als
Standzeitkriterium über der Härte einer
auf verschiedene Härten wärmebehan-
delnden GG-Sorte ohne Gußhaut dargestellt. Bei ferritischem Grundgefüge ist

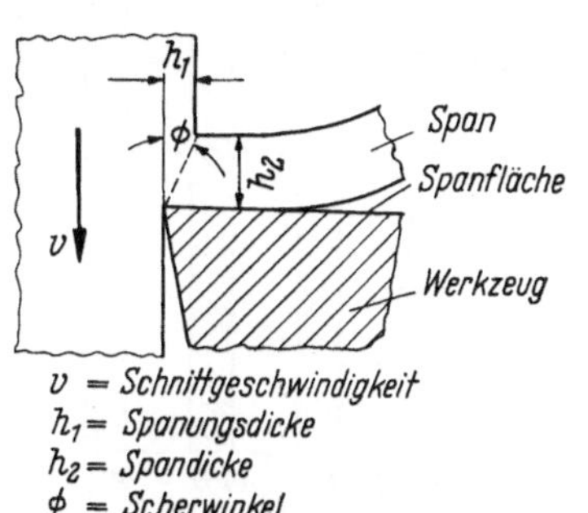

Bild 170. Fließspanbildung. Nach W. LEYENSETTER [20, 21].

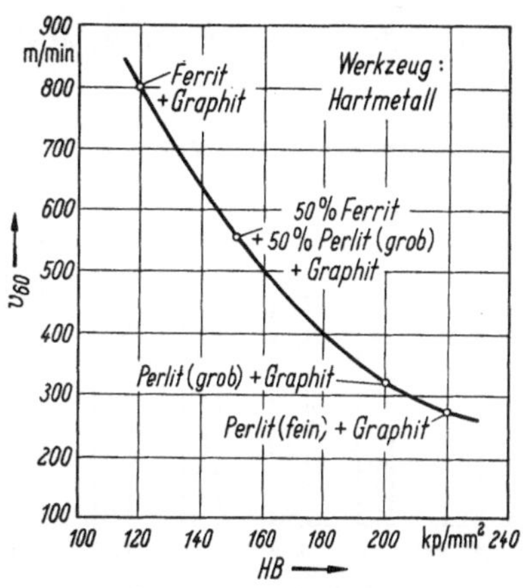

Bild 171. Zerspanbarkeit von unlegiertem Gußeisen mit Lamellengraphit. Nach P. WIEST [22].

die Schnittgeschwindigkeit bei gleicher Standzeit dreimal so hoch wie bei fein-
perlitischem Grundgefüge! Ohne wesentlichen Einfluß der Gußhaut sind z. B.
Kokillengußteile aus Grauguß. Tab. 28 zeigt die Einflüsse der vom Konstrukteur
vorzuschreibenden Wärmebehandlung an derartigen Gehäusen. Die zerspanungsgerechte, hier sowieso erforderliche Wärmebehandlung bringt eine Standzeit-
steigerung um mehr als 700%! In Bild 172 werden die Schnittgeschwindigkeiten
bei einer Standzeit von 10 min, dem Verschleißstandzeitkriterium $B = 0,2$ mm
und der Zerspanung von perlitischem Grauguß (GGL) ohne Gußhaut, sowie dem

Tabelle 28. *Zerspanbarkeit von wärmebehandeltem Gußeisen mit Lamellengraphit, gemessen an Gußstücken in der Serienfertigung.*
Nach P. WIEST [22]

Werkzeug: Hartmetall   *Schnittbedingungen:*

Werkstück: GG 18 — geglüht   Werkzeug 1: s = 0,32 mm
                                                      v = 103 m/min

Standzeitkriterium: Werkzeug 2: s = 0,2 mm
Maßtoleranzgrenze   v = 92 m/min

Härte HB in kg/mm²	Späne in kg/Nachschliff	
	Werkzeug 1	Werkzeug 2
190—200	10—20	2—6
170—190	20—50	6—12
150—170	50—90	12—25
130—150	90—140	25—50
110—130	>140	>50

Stahl Ck 60 ohne Walz- oder Schmiedehaut miteinander verglichen. Es handelt sich in beiden Fällen nicht gerade um bestzerspanbare Werkstoffe. Die deutliche Überlegenheit der verschiedenen Hartmetallsorten gegenüber einer hochwertigen Schnellarbeitsstahlsorte (EW 9 Co 10) ist aber gut zu erkennen (siehe auch Bild

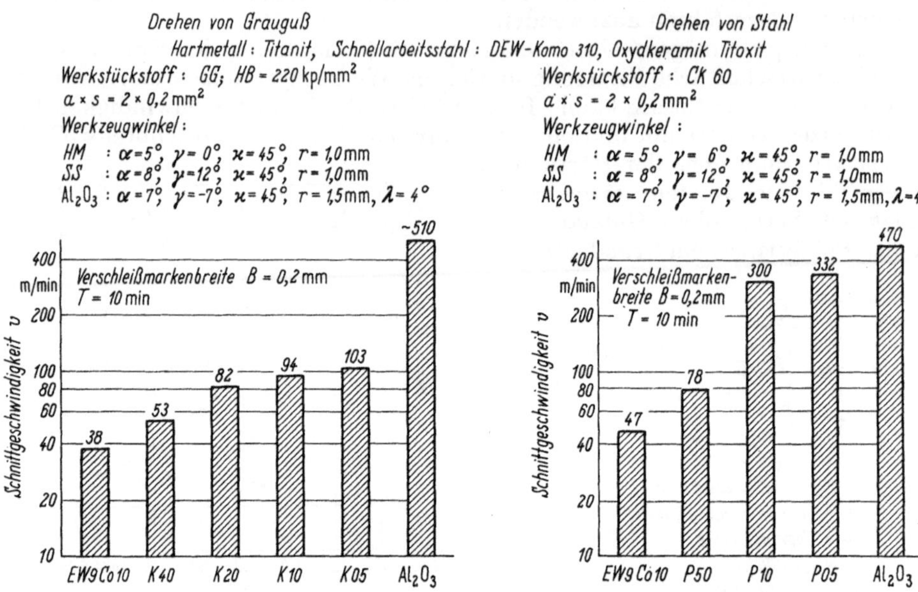

Bild 172. Standzeitschnittgeschwindigkeiten verschiedener Werkzeugstoffe beim Drehen von Gußeisen mit Lamellengraphit und Stahl. Nach H. Beutel [23].

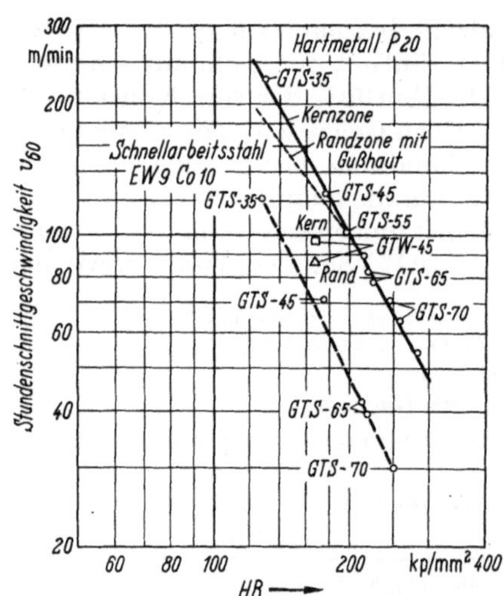

Bild 173. Standzeitschnittgeschwindigkeiten zweier Werkzeugstoffe beim Drehen von Temperguß [11].

Schneidstoffe: Hartmetall: P 20
Schnellarbeitsstahl: EW9Co10

Schnittbed.		HM	SS
Spanwinkel	γ	5°	15°
Freiwinkel	α	6°	6°
Einstellw.	$\varkappa$	60°	60°
Spantiefe	a	2,5 mm	2,0 mm
Vorschub	s	0,25 mm	0,25 mm

173). Die besondere Eignung von Oxydkeramik für Schlichtschnitte ohne Schnittunterbrechungen auf sehr starren Werkzeugmaschinen bei der Bearbeitung von Gußstücken aus Eisen–Graphit-Gußwerkstoffen geht auch aus Bild 174 hervor. Bei der Gestaltung von Übergängen zur unbearbeiteten Gußhaut in Bremstrommeln oder ähnlichen Gehäusen kann man sich die in Bild 175 dargestellten

Versuchsergebnisse zunutze machen. Eine Vergleichsmöglichkeit für die Zerspanbarkeit von Gußstückstoffen gibt die Tab. 29. Die Schnittgeschwindigkeit zu Beginn des Starkanstieges der Verschleißmarkenbreite könnte als Kenngröße angesehen werden. Der logarithmische Maßstab ist hierbei zu berücksichtigen. Diese Werte gelten nur für Schlichtschnitte. Betrachtet man den für die Standzeit beim Schruppen häufig maßgeblichen Kolktiefenanstieg, so stellt man doch weitreichend übereinstimmende Zerspanbarkeitsverhältnisse fest. Eine weitere

Werkstück	Werkstoff	Schneidstoff	a×s [mm]	v [m/min]	Standmenge St.	Schnittzeit pro St. [min]	Vorteil durch TITOXIT
Perlitguß HB = 200 kp/mm²		Hartmetall K 05	0,5×0,2	88,5	6	8,96	rd. dreifache Standzeit bei 75 % Hauptzeiteinsparung
		Oxydkeramik TITOXIT 12□×5	0,5×0,2	350	20 je Schneide	2,26	
Sonderguß HB = 240 kp/mm²		Hartmetall K 10	0,5×0,2	47	110	0,30	rd. zweifache Standzeit bei 30 % Hauptzeiteinsparung
		Oxydkeramik TITOXIT 15△×6	0,5×0,2	72	250 je Schneide	0,20	
Temperguß HB = 150 kp/mm²		Hartmetall K 10	2×0,21	28…118		2,87	rd. 72 % Hauptzeiteinsparung
		Oxydkeramik TITOXIT 12□×5	2×0,21	96…400		0,81	

Bild 174. Leistungsvergleich zwischen Hartmetall und Schneidkeramik beim Schlichtdrehen von Gußstücken aus Eisen-Graphit-Werkstoffen. Nach F. ALTENWERTH [24].

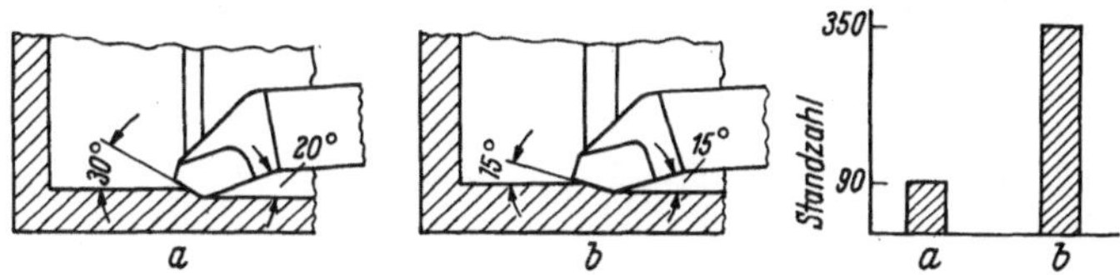

Bild 175. Einfluß des Einstellwinkels auf die Standstückzahl beim Feindrehen von Bremstrommeln aus GG-26. Nach J. KERBUSCH [25].

Vergleichsmöglichkeit vor allem für die in der Praxis anzutreffenden üblichen Zerspanungsbedingungen gibt die Tab. 30. Für jede einzelne Hauptgruppe gilt nämlich, daß die Zerspanungsbedingungen um so günstiger sind, je spröder der Werkzeugstoff sein darf. Hiermit verbunden ist zu mindest bei den hier genormten Hartmetalltypen eine erhöhte Verschleißfestigkeit und damit Wirtschaftlichkeit des Zerspanungsvorganges. Es darf in diesem Zusammenhang erwähnt werden, daß sich die drei Hauptgruppen in erster Linie nur durch eine unterschiedliche Art der Verschleißfestigkeit unterscheiden. Bei der Hauptgruppe P handelt es sich um die Warmverschleißfestigkeit, bei der Hauptgruppe K um die Kaltverschleißfestigkeit und bei der Hauptgruppe M um beides gleichzeitig, aber weitaus nicht so ausgeprägtem Maße. Man kann also Warmverschleißfestigkeit nur auf Kosten der Kaltverschleißfestigkeit erzielen und umgekehrt.

Bisher wurde die für den Konstrukteur wichtige Zerspanungs- oder Bearbeitungszugabe noch nicht erwähnt. Da man keinesfalls etwa für Grauguß x mm, für Rotguß y mm und dgl. festlegen kann, war es zweckmäßig, zuerst wichtige Zerspanungsbeziehungen zu erläutern. Grundsätzlich sollte die Zerspanungs-

Tabelle 29. *Verschleiß-Schnittgeschwindigkeitskurven zur Kennzeichnung verschiedener Zerspanbarkeitstypen.*
Nach G. VIEREGGE [64] Die Verschleißkennwerte sind die Verschleißmarkenbreite B und die Kolktiefe KT.

Nr.	Werkstoff	Kennzeichnende Eigenschaften	Zug-festigkeit kp/mm²	Härte HV kp/mm²	Dehnung %	Erforderliche Schneidstoff-Eigenschaften	Bevorzugte HM-Gruppen	V-v-Kurven für H-M-Werkzeuge Drehzeit: 60 min — B [mm], --- KT [μ] Klebbereich
1	Sandstein	spröde geringe Bindefestigkeit hohe Härte der Gefügebestandteile	<2	Quarz -1400	0	hohe Härte und Abriebfestigkeit	K K 10	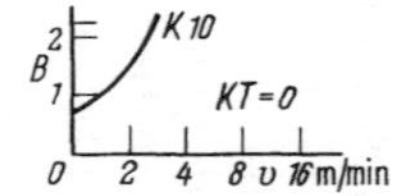
2	Hartguß (gehärteter Stahl)	spröde, große Bindefestigkeit, hohe Härte	200 bis 300	600 bis 700	<1	hohe Härte, Druck- und Kantenfestigkeit	K K 01 bis K10	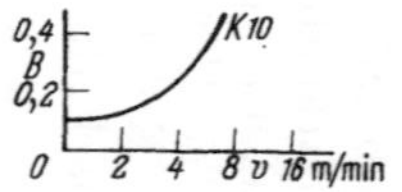
3	Grauguß $HB \sim 220 \frac{kp}{mm^2}$	zähes Grundgefüge mittlerer Härte mit Unterbrechungen des Gefügeverbandes durch Graphitlamellen	20 bis 30	220	<2	hohe Druckfestigkeit, keine Neigung zur C-Aufnahme, warmfest	K K 01 bis K20	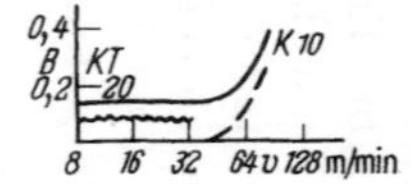
4	Lamellar-perlit. Stahl (C $\sim$ 0,8%) C 80 WS	geringe Zähigkeit, mittlere Härte	80 bis 100	270	<6	hohe Druckfestigkeit, reaktionsträge, warmfest	P P 01 bis P40	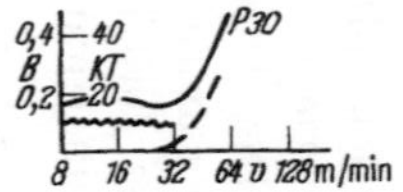
5	Ferrit.-perlit. Stahl (C $\sim$ 0,4%) C 45	mittlere Zähigkeit und Härte	60 bis 65	180	18	hohe Druckfestigkeit, reaktionsträge, warmfest	P P 01 bis P40	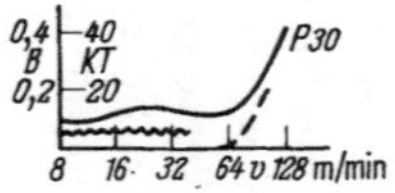

6	Automaten-weichstahl	mittlere Zähigkeit, weiches Grundgefüge, enthält Bestandteile mit Schmierwirkung	45 bis 55	140	25	raktionsträge und warmfest	K M K 10 M 40 M 30	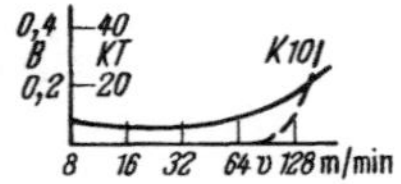 0,4 B 0,2 / 40 KT 20 / K101 / 8 16 32 64 v 128 m/min
7	Reineisen (Ferrit)	große Zähigkeit und Klebneigung, geringe Härte, vollkommen homogenes Gefüge	38 bis 40	115	40	große innere Bindefestigkeit kantenfest	K M K 10 K 20 M 30	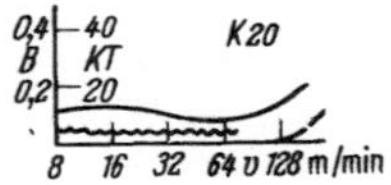 0,4 B 0,2 / 40 KT 20 / K20 / 8 16 32 64 v 128 m/min
8	Austenit. Stahl X 12 Cr Ni 18/8	große Zähigkeit und Klebneigung, mittlere Härte, homogenes Gefüge	70 bis 80	220	60	große innere Bindefestigkeit, Kantenfestigkeit, reaktionsträge	M (P) M 10 (P 25) M 20	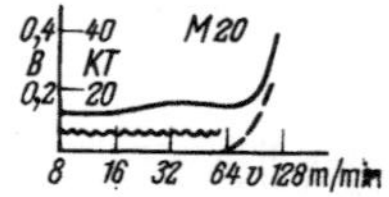 0,4 B 0,2 / 40 KT 20 / M20 / 8 16 32 64 v 128m/min
9	Mangan-hartstahl	große Zähigkeit und Verfestigung, mittlere Härte, homogenes Gefüge	80 bis 100	270	50	große innere Bindefestigkeit, Kantengestigkeit	M M 20 (M 10)	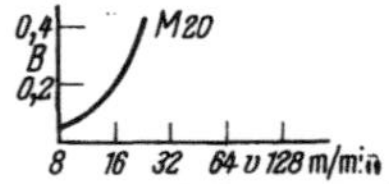 0,4 B 0,2 / M20 / 8 16 32 64 v 128 m/min
10	Holz	faseriger Aufbau, geringe Härte	5 bis 15	<30		kantenfest, zäh	K K 40 K 30 K 20	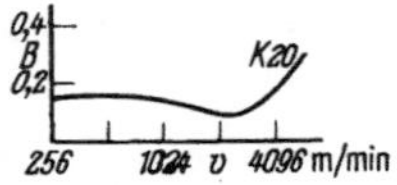 0,4 B 0,2 / K20 / 256 1024 v 4096 m/min

Tabelle 30. *Empfehlungen für günstige Paarungen von Werkstückstoff und Werkzeugstoff bei gegebenen Schnittbedingungen.* Nach H. BEUTEL [64]

Zerspannungs-Hauptgruppe na8h ISO/TC 29	Kenn-farbe	Zerspannungs-Anwendungs-gruppe		TITANIT-Sorte	Werkstoffe	Anwendung: Arbeitsvorgang, Arbeitsbedingungen und Sorteneigenschaften
P Stahl, Stahlguß, lang-spanender Temperguß	blau (RAL 5012, Munsell 2.5 PB 5/10)	P 01.2	← zunehmende Schnittgeschwindigkeit bzw. zunehmende Verschleißfestigkeit → / → zunehmende Zähigkeit ←	STi 02	Stahl, Stahlguß	Feindrehen und Feinbohren bei höchsten Anforderungen an die Maßgenauigkeit und Oberflächengüte unter sehr hohen Schnittgeschwindigkeiten bei Vorschüben bis etwa 0,08 mm U und Spantiefen bis etwa 0,75 mm. Voraussetzung ist schwingungs-freies Arbeiten.
		P 01.3		STi 03	Stahl, Stahlguß	Feindrehen und Feinbohren wie mit STi 02, jedoch mit größeren Spanquerschnitten. (Vorschub bis maximal 0,1 mm U und Spantiefe bis etwa 1 mm).
		P 05		STi 05	Stahl, Stahlguß	Schlicht- und Feinbearbeitung mit hohen Schnittgeschwindigkeiten bei kleinen Spantiefen und geringen Vorschüben bis etwa 0,2 mm/U. Hohe Formbeständigkeit der Schneidkante. Besonders geeignet für schabende Schnitte, z. B. beim Gewinde-schneiden, Gewindewirbeln und Gewindefräsen sowie zum Flächenfeinfräsen auf stabilen Maschinen.
		P 10		STi 10 STi 10 T	Stahl, Stahlguß	Drehen, Kopierdrehen, bei hohen Schnittgeschwindigkeiten, kleine bis mittleren Spantiefen und Vorschüben bis etwa 0,8 mm/U. Schlichtarbeiten bei Ungleich-mäßigkeiten der Werkstückoberflächen von Schmiede- und Gußteilen, Fräsen, Schlagzahnfräsen und Gewindeschneiden. STi 10 T hat gegenüber STi 10 bei sonst gleichen Schneideigenschaften höhere Widerstandsfähigkeit gegen Kolkverschleiß und größere Sicherheit gegen Schneid-kantenausbruck.
		P 20		STi 20	Stahl, Stahlguß, langspanender Temper guß	Drehen, Kopierdrehen und Fräsen bei mittleren bis hohen Schnittgeschwindigkeiten u. mittleren Spanquerschnitten. Schruppen unter günstigen maschinellen Voraus-setzungen. Hobeln bei kleinen Spanquerschnitten. Schälen.
		P 25		STi 25	Stahl, Stahlguß, langspanender Temperguß	Fräsen, Schruppdrehen geschmiedeter, gewalzter oder vergüteter Werkstücke und Kopierdrehen mit hohen Schnittgeschwindigkeiten und mittlere bis hohen Vor-schüben. Radsatzbearbeitung. Standardsorte für das Fräsen von Stahl. Weitgehend unempfindlich gegen Wärme-wechselbeanspruchung, Einschlüsse und Schnittunterbrechungen.
		P 30		STi 30	Stahl, Stahlguß, langspanender Temperguß	Schruppdrehen, Fräsen mit mittleren bis niedrigen Schnittgeschwindigkeiten und großen Spantiefen und Vorschüben, auch bei erschwerten Bedingungen Rund-satzbearbeitung. Hobeln.

Gruppe / Werkstoff	Farbe			Sorte	Bearbeitbare Werkstoffe	Anwendung
P Stahl, Stahlguß, lang- spanender Temperguß	blau (RAL 5012, Munsell 2.5 PB 5/10)	P 40	zunehmende Schnittgeschwindigkeit bzw. zunehmende Verschleißfestigkeit → zunehmende Zähigkeit →	STi 40	Stahl, Stahlguß mit Einschlüssen und Lunkern	Schruppdrehen und Hobeln von Stahl und Stahlguß unter ungünstigen maschinellen Voraussetzungen mit stark wechselnden Schnittiefen oder unterbrochenem Schnitt bei großen Spanquerschnitten und niedrigen Schnittgeschwindigkeiten. Auch Hobeln von Gußeisen geringer Brinellhärte. Schwerzerspanung.
		P 45		STi 45	Stahl, Stahlguß mit Sandeinschlüssen und Lunkern	Hobeln und Drehen von Werkstoffen geringer bis mittlerer Festigkeit nit mittleren Geschwindigkeiten auf alten Maschinen oder bei starken Schnittunterbrechungen. Standardsorte für Hobelarbeiten. Gegenüber STi 40 erhöhte Zähigkeit bei etwas geringerer Verschleißfestigkeit. Schneidkeilfestigkeit auch bei großen Spanwinkeln.
		P 50		STi 50	Stahl, Stahlguß mittlerer bis geringer Festigkeit m. Fehlstellen. Automatenstahl	Drehen, Hobeln, Stoßen bei höchsten Anforderungen an die Zähigkeit des Hartmetalls, bei sehr ungünstigen und robusten Schnittbedingungen oder mit formschwierigen Werkzeugen für Werkstoffe mittlerer bis geringer Festigkeit bei niedrigen Schnittgeschwindigkeiten und großen Spanquerschnitten. Die hohe Zähigkeit ermöglicht große Spanwinkel. Vollkommen löt- und Schleifrißunempfindlich. — StTi 50 schließt die Lücke zwischen den Schneideigenschaften des Hartmetalles und des Schnellarbeitsstahles. Auch geeignet für Automatenarbeit.
M Stahl, Stahlguß, Manganhartstahl, hartstahl, leg. Gußeisenaustenit. Stähle, Temperguß, sphärol. Gußeisen, Automatenstahl Automatenstahl	gelb (RAL 1007, Munsell 7,5 YR 7/10)	M 10	zunehmende Schnittgeschwindigkeit bzw. zunehmende Verschleißfestigkeit → zunehmende Zähigkeit →	UTi 10	Stahl, Stahlguß, Manganhartstahl, Grauguß, legierter Grauguß, Aufschweißlegierungen	Drehen, und Fräsen im Schlichtschnitt bei mittleren bis hohen Schnittgeschwindigkeiten. UTi 10 überdeckt das Anwendungsgebiet von STi 20 und HTi 10 bei angenäherter Leistung.
		M 20		UTi 20	Stahl, Stahlguß, Manganhartstahl, Grauguß, Temper- und Sphäroguß	Drehen und Fräsen im Schruppschnitt bei mittleren Schnittgeschwindigkeiten. UTi 20 überdeckt das Anwendungsgebiet von STi 30 und HTi 20 bei angenäherter Leistung. Besonders geeignet zur Bearbeitung von gegossenen Blöcken, geschmiedeten Wellen und Walzen.
		M 30		UTi 30	Stahl, Stahlguß, Grauguß, legierter Guß, austenitische Stähle, hochwarmfeste, rost- u. säurebeständige Werkstoffe	Drehen, Fräsen und Hobeln unter ungünstigen Schnittbedingungen bei niedrigen Schnittgeschwindigkeiten und großen Spanquerschnitten. — Besonders geeignet zur Bearbeitung zum „Kleben" neigender Werkstoffe unter robusten Einsatzbedingungen bei verunreinigten Oberflächen. — Allgemein geeignet für große, auf Biegung beanspruchte Hartmetallplatten, für Werkzeuge, die einen kleinen Keilwinkel benötigen oder auf Grund der Konstruktion löt- und schleifrißanfällig sind. — Gute Eignung für die Bestückung von Spiralbohrern für die Metallbearbeitung.
		M 40		UTi 40	Automatenweichstahl, Stähle niedriger Festigkeit, Leicht- u. Buntmetalle	Zum Drehen, Formdrehen und Abstechen, vornehmlich auf Automaten und Revolverdrehbänken. Hohe Kantenfestigkeit und Zähigkeit ermöglicht den Anschliff relativ großer Spanwinkel.

Tabelle 30 (Fortsetzung)

Zerspanungs-Hauptgruppe	Kenn-farbe	Zerspa-nungs-Anwen-dungs-gruppe		TITANIT-Sorte	Anwendung	
		nach ISO/TC 29			Werkstoffe	Arbeitsvorgang, Arbeitbedingungen und Sorteneigenschaften
K Gußeisen, Hartguß, kurz- spanender Temperguß, gehärteter Stahl, Nichteisen- metalle, Kunststoffe, Holz	rot (RAL 3011, Munsell S R 3/10)	K 01	zunehmende Schnittgeschwindigkeit bzw: zunehmende Verschleißfestigkeit → zunehmende Zähigkeit zunahmende Schnittgeschwindigkeit bzw: zunehmende Verschleißfestigkeit ↓	HTi 03	Aluminiumlegierungen mit hohem Si-Gehalt, stark verschleißend wirkende Werkstoffe, wie Kohle, Hartpapier, Keramik, Asbest, Kunststoffe, Lager-metalle	Feindrehen, Schlichtdrehen, Feinbohren, Feinfräsen unter schwingungsfreien Voraussetzungen, Schaben. Fein- und Feinstbearbeitung aller Werkstoffe (einschließlich Stahl) mit Zugfestig-keiten unter 60 kg/mm².
		K 05		HTi 05	Grauguß hoher Härte, Hartguß, gehärteter Stahl, Kupferlegierun-gen, Glas, Porzellan, Hartgummi, Hartpa-pier, Horn, Natur- und Kunststeine, Kunst-harzpreßstoffe, Al-Si-Legierungen	Drehen, Bohren und Schlichtfräsen mit hohen Schnittgeschwindigkeiten und kleinen Spanquerschnitten. Feindrehen und Feinbohren aller stark schmirgelnden Werkstoffe bei hohen Ansprüchen an die Verschleißfestigkeit unter stabilen Be-dingungen. Schaben.
		K 10		HTi 10	Grauguß üb. 220kg/mm² HB, Hartguß, kurzspanender Temper-guß, gehärteter Stahl über 150 kg/mm² F. Bunt- und Leichtmetal-le, Glas, Gestein, Por-zellan, Kunst- und Preßstoffe	Drehen, Fräsen mit kleinen bis mittleren Spanquerschnitten, Bohren, Senken, Rei-ben, Räumen.
		K 20		HTi 20	Grauguß bis 220 kg/mm² HB, Stahl unt. 50 kg/mm² F, Nicht-eisenmetalle wie Kup-fer, Kupferlegierungen, Messing, Leichtmetalle, stark verschleißend wir-kende Schichthölzer, Gestein	Drehen, Fräsen mit kleinen bis mittleren Spanquerschnitten, HTi 20 wird in Er-gänzung von HTi 10 vorzugsweise bei höheren Ansprüchen an die Zähigkeit einge-setzt. (Schruppsorte).
		K 30		HTi 30	Grauguß niedriger Här-te, Stahl geringer Festigkeit Schichthöl-zer, Nichteisenmetalle	Drehen, Fräsen, Hobeln, Stoßen bei ungünstigen Arbeitsbedingungen (Gußkruste, wechselnde Härte und Schnittiefe, unterbrochener Schnitt, unrund schwingende Werkstücke) oder formschwierigen Werkzeugen bei besonderer Beanspruchung auf Zähigkeit (siehe auch UTi 30).
		K 40		*HTi 40	Natur- und Preßholz, Kunststoffe, Nichteisenmetalle	Drehen, Fräsen, Hobeln, Stoßen bei besonders schwierigen Arbeitsbedingungen, großen Span- bzw. kleinen Keilwinkeln. Standardsorte für Holzbearbeitung. Zähe-ste Hartmetallsorte der Gruppe K.

zugabe so tief sein, daß die sehr hoch beanspruchte Meißelspitze die Gußhaut mit
Gußwerkstoffoxyden und ggf. Sandeinschlüssen unterschneidet. Bei Formmaskenguß, Feinguß, Kokillen- und Druckguß ist die Gußhaut nur bis zu wenigen
Zehntelmillimetern dick. Bei üblichem Sandguß können es bis zu einigen Milli-
metern sein. Wenn man bedenkt, wie diese Gußhaut die Standzeit beeinflussen
kann, muß der Konstrukteur bestrebt sein, Gußverfahren zu wählen, bei denen
nur sehr dünne Gußhäute auftreten. Im Grenzfall verhält sich diese Gußhaut wie
Sandstein (siehe auch Tab. 29). Um auf annehmbare Standzeiten zu kommen,
müssen bei dickeren Gußhäuten die Schnittgeschwindigkeiten auf weniger als den
halben Wert der Kernzonenschnittgeschwindigkeit gesenkt werden! Dabei müssen auch zähere Hartmetallsorten eingesetzt werden. Zu der gußhautbedingten
Schnittiefe müssen noch das untere Abmaß[1], sowie die Rauh- oder Narbentiefe und
gegebenenfalls eine Schlichtschnittiefe addiert werden, um die richtige Bearbeitungszugabe zu erhalten. Große Gußstücke aus Sandguß erfordern daher oft
Bearbeitungszugaben von 40 mm und mehr, kleinere Kokillen- und Druckgußstücke von ca. 0,5 mm.

Die hier für Werkzeuge aus Hartmetall aufgezeigten Beziehungen gelten in
ähnlicher Form auch für Bearbeitungsverfahren, bei denen sich Hartmetall häufig
nicht wirtschaftlich anwenden läßt, z. B. beim Formfräsen, Abwälzfräsen, Ab-
wälzstoßen, Schleifen, Honen und Läppen, Bohren in's Volle, Gewindeschneiden.
Auch hier entstehen Zerspanungsschwierigkeiten meist bei sehr zähen, schmieren-
den oder hochfesten Gußstückstoffen.

3.2 Umformen

Umformverfahren werden in erster Linie zur Herstellung und Weiterverarbeitung von Stab-, Stangen, Draht-, Band- und Blechmaterial, sowie Schmiedestücken verwandt. Als Weiterverarbeitungsverfahren von Gußstücken kommen
sie nur wenig zur Anwendung, nämlich zum Richten, Prägen und Kalibrieren bei
Raumtemperatur oder auch bei erhöhter Temperatur,
d. h. oberhalb der Rekristallisationstemperatur. Dabei können auch nur zähe Gußstückstoffe rel. sicher
umgeformt werden. Einfache Gußstücke lassen sich
meist gut richten. Trotzdem muß der Konstrukteur
aufpassen, ob überhaupt eine Presse vorhanden ist,
die genügend hohe Kräfte bei entsprechendem Um-
formweg aufbringt. Da beim Richten in erster Linie
gebogen wird, kann man die Kräfte grob aus Hebelarm, Widerstandsmoment auf Biegung und Biege-
streckgrenze bestimmen. Wegen Reibung und anderer

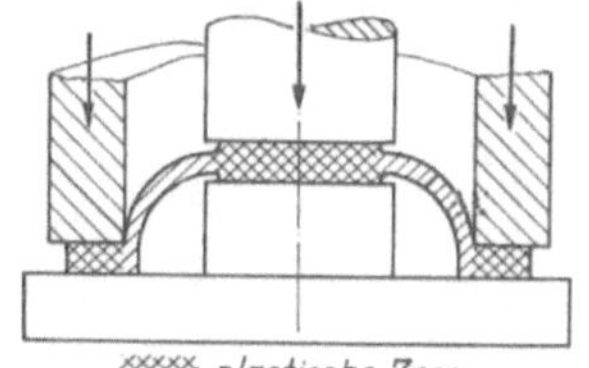

Bild 176. Flach- und Glattprägen
eines Flansches und eines Auges
(Werkzeug auf HRc > 60 span-
nungsarm durchgehärtet).

Einflüsse sollte man aber mit dem doppelten Wert rechnen. Als Richtwerkzeug
kommen meist nur einfache, auf dem Pressentisch befestigte Unterlagen in Frage.

Will man dagegen einen Flansch oder ein Auge flach- und glattprägen, so muß
die Kraft so groß sein, daß das unter der Prägefläche befindliche Stoffvolumen
wenigstens kurzzeitig in vollplastischen Zustand überführt wird (Bild 176). Hier-
für ist eine Kraft $P = \dfrac{F_{max} \cdot k_{f\,max}}{\eta_F}$ erforderlich. F_{max} ist die gesamte Prägefläche
am Ende des Prägevorganges (Volumenkonstanz berücksichtigen). $k_{f\,max}$ ist die
am Ende des Prägevorganges auftretende Formänderungsfestigkeit. Sie wird der
k_f-Kurve des Werkstoffes bei der Größtformänderung $\varphi_g = \ln \dfrac{F_{max}}{F_0}$ entnommen

---

[1] siehe auch Tab. 25.

(k_f-Kurven siehe VDI-Handbuch Betriebstechnik, Teil 2 Fertigungsverfahren [*12*]). F_0 ist die Prägefläche zu Beginn des Prägevorganges. Bei sehr kleinem Prägeweg kann man statt $k_{f\,max}$ auch die Quetschgrenze des Werkstoffes einsetzen. η_F ist der Umformwirkungsgrad. Er berücksichtigt hier hauptsächlich die Reibung an den Druckflächen und beträgt 0,2 bis 0,5. Begrenzt man den Stempelweg bei hydraulischen Pressen durch einen Anschlag, so ist neben einer Glättung auch eine deutliche Verbesserung der Maßtoleranzen zu erzielen. Kann man übrigens nicht die ausreichende Kraft aufbringen, so ist das Ergebnis meist unbefriedigend. Neben der ungleichmäßigen Einebnung bleiben rel. hohe Eigenspannungen zurück, so daß sich die Prägefläche nach einer evtl. folgenden Zerspanung wieder verziehen kann. Die Abmessungstoleranzen können beim Prägen auf einige zehntel, bzw. in günstigen Fällen bei recht kleinen Teilen auch einige hundertstel Millimeter gedrückt werden. Im allgemeinen wird eine wesentliche Verbesserung der Oberflächengüte erzielt. Sie hängt aber vom Ausgangszustand stark ab. Stahlgekieste oder gebeizte Oberflächen sind bei Eisenwerkstoffen besonders günstig. Sandstrahlen ist ebenso ungünstig wie beim Zerspanen.

Außen- und Innenkalibrieren von einfachen Gußteilen ist zum Teil möglich. Damit kann z. B. die Aushebeschräge von Druckgußteilen beigedrückt werden. Beim Innenkalibrieren ist der ungünstige Spannungszustand zu berücksichtigen. Die angeführten Umformverfahren kommen praktisch nur für Serienteile bis zu einigen kg Gewicht in Frage. Zweckmäßig eingesetzt, können sie aber erhebliche Kosten sparen. Sei es, daß diese Verfahren die Zerspanung vollkommen ersetzen oder sei es, daß die Bearbeitungszugabe erheblich gemindert wird.

3.3 Wärmebehandlung

Die Wärmebehandlung ist ein Fertigungsverfahren, das die Eigenschaften des Werkstoffes, bzw. des Gußstückes verbessern soll. Es können dies Verarbeitungseigenschaften, sowie die genau so wichtigen Gebrauchseigenschaften sein. Verarbeitungseigenschaften müssen ausreichend eng toleriert sein, um ihren Zweck

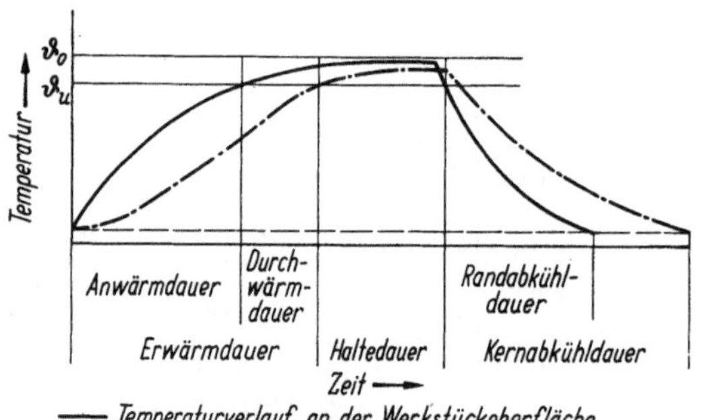

Bild 177. Temperaturverlauf am Werkstück bei einfacher Erwärmung und Abkühlung.

zu erfüllen. Infolgedessen muß der Wärmebehandlungsplan, genauer die darin enthaltenen Temperaturen, Zeiten und Medien auch ausreichend eng toleriert sein. Diese Bedingungen werden immer auf das Werkstück bezogen (Bild 177). Die Haltedauer ist dabei die Zeit, während der sich das ganze Werkstück innerhalb der vorgeschriebenen Temperaturdifferenz befindet. Die Erwärmdauer hängt ab von den Gesetzmäßigkeiten der instationären Wärmeübertragung, also z. B. vom Ofen und der vom Konstrukteur zu beeinflussenden Wanddicke und Werkstoffwahl (Temperaturleitzahl des Gußstückstoffes). Da hier die größte Wand-

dicke maßgebend ist, sollten gleichmäßige, rel. nicht zu dicke Wanddicken eingehalten werden. Dies auch, damit alle Partien des Gußstückes gleichmäßig
erwärmt werden, sich wenig verziehen und den Gefügeänderungen gleichmäßig
unterworfen werden. Gußstücke mit etwa konstanter, möglichst dünner Wanddicke müssen allerdings noch nicht unbedingt wärmebehandlungsgerecht konstruiert sein. Wichtig ist auch eine kompakte steife Form, die nicht zum Verzug
oder Verwinden neigt. Auch dürfen keine scharfen Kerben vorhanden sein,

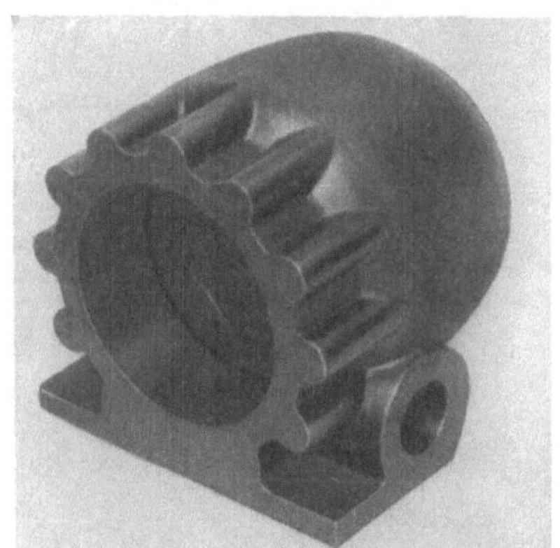

Bild 178. Gehäuseteile aus Gußeisen mit Kugelgraphit. Nach A. STOTZ AG.

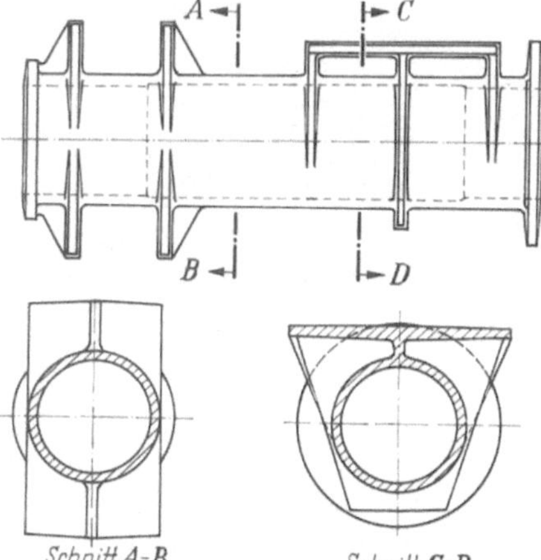

Bild 179. Achslagerrohr aus Temperguß
GTW-S38 (BSI).

damit nicht bei ggf. temperaturabhängigem spröden Werkstoffverhalten Anrisse
entstehen. Hinweise für wärmebehandlungsgerechte Formgebung mögen folgende
Beispiele geben (Bilder 178 bis 182). Besonders interessant ist der Flansch in
Bild 182. Hier wurde zwecks wirtschaftlicher Wärmebehandlung die Wanddicke
angeglichen. Ferritisch-perlitisches Grundgefüge mit etwas Temperkohle in der
Mitte der Augen stört hinsichtlich der Festigkeitsanforderungen nicht. Die Bohr-
barkeit wird sogar etwas verbessert.

Die Kenntnis der Wärmebehandlungsverfahren ist für einen Konstrukteur
genau so wichtig wie z. B. die Kenntnis der Passungen. Es wäre jedoch in diesem
Buche fehl am Platze, die Wärmebehandlungsverfahren genau zu beschreiben.
Auf die Bedeutung verschiedener Wärmebehandlungsverfahren muß jedoch hin-

gewiesen werden. Man kann hierbei primäre und sekundäre Verfahren unterscheiden. Die primären Verfahren dienen dazu, den Gußstückstoff überhaupt gebrauchsfähig zu machen. Es sind dies z. B. Diffusionsglühen (Homogenisieren) und Normalisieren bei Stahlguß, Tempern bei Temperguß und ggf. Diffusions-

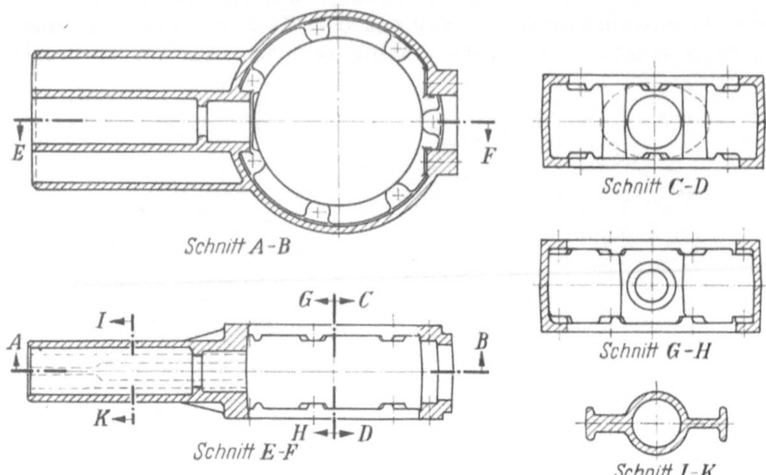

Bild 180. Hackgehäuse aus Temperguß GTW-S38 (BSI).

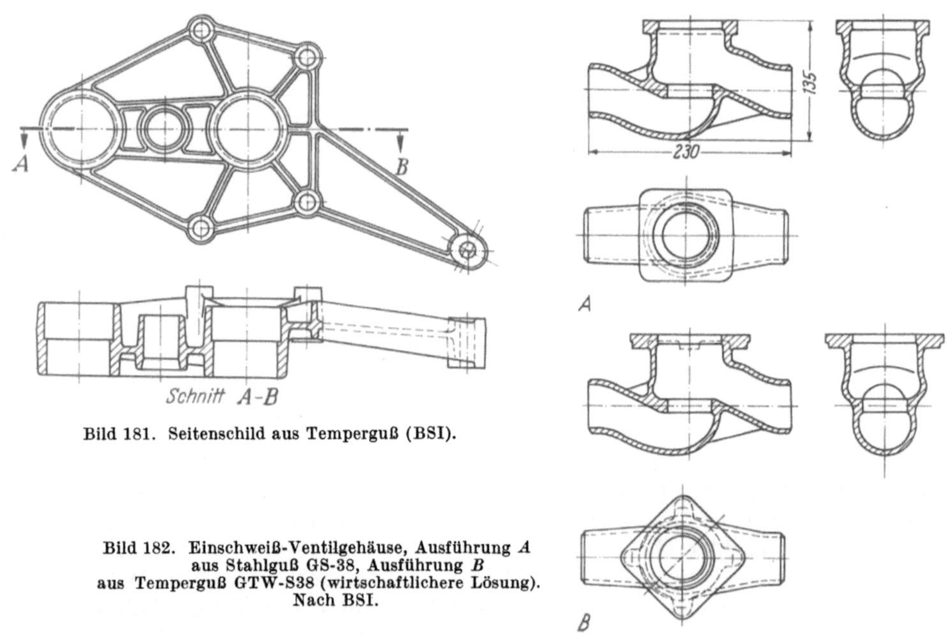

Bild 181. Seitenschild aus Temperguß (BSI).

Bild 182. Einschweiß-Ventilgehäuse, Ausführung A
aus Stahlguß GS-38, Ausführung B
aus Temperguß GTW-S38 (wirtschaftlichere Lösung).
Nach BSI.

glühen (Homogenisieren) bei Nichteisenmetallguß. Die sekundären Verfahren sollen den Gußstückstoff meist nur in einer bestimmten Richtung verbessern. Dazu zählen Spannungsfreiglühen, Weichglühen, Härten, Vergüten, Einsetzen, Nitrieren. Letztere Verfahren sind für den Konstrukteur von besonderem Interesse.

Das Spannungsfreiglühen ist vor allem dann angebracht, wenn Gußstücke formgenau und formbeständig sein sollen. Je nach Gieß- und Formverfahren, sowie Gußstückstoff und -Form ist jedes Gußstück mehr oder weniger eigenspannungsbehaftet. Diese Eigenspannungen können nur durch genau, jedem einzelnen Spannungszustand angepaßte plastische Verformungen abgebaut werden. Dies ist wiederum nur möglich durch Überschreitung der jeweiligen Formänderungsfestigkeit (bei einachsigem Zugspannungszustand ist die Formänderungsfestigkeit ungefähr gleich der Streckgrenze). In ganz einfachen Fällen, z. B. Stange oder Kugelbehälter ist das möglich durch Aufbringen äußerer Kräfte. Bei Gußstücken ist diese Methode wegen ihrer ungleichmäßigeren Form nicht möglich (das ,,Rüttelaltern'' kann entweder schaden oder hat nur moralische Wirkung [26]). Man muß also den Atomen des gesamten Gefüges eine derartig hohe Schwingungsenergie zuführen (oder einfacher: man muß so stark glühen), daß die Formänderungsfestigkeit oder Warmstreckgrenze oder Zeitdehngrenze sehr klein wird, sodaß die Eigenspannungen selbst die ihnen genau angemessenen plastischen Formänderungen hervorrufen. Es muß dann so langsam abgekühlt werden, daß keine neuen Spannungen entstehen. Die verbleibenden Eigenspannungsspitzen sind also (im einfachsten Falle bei praktisch einachsigem Spannungszustand) gleich der Warmstreckgrenze bzw. gleich der entsprechenden Zeitdehngrenze (Haltedauer für die Zeitdehngrenze) bei der entsprechenden Temperatur. Im allgemeinen kann man Restspannungen von 1 bis zu wenigen kp/mm² zulassen. Bei gegebener Haltedauer ist damit die Glühtemperatur eindeutig festgelegt und umgekehrt ebenso. Nimmt man als Glühtemperatur ca. 40 °C an, so kann man aus dem Zeitstandschaubild des betreffenden Werkstoffes entnehmen, daß z. B. bei Stahl- oder Grauguß in fast unendlicher Zeit eine Zeitdehngrenze (0,2% z. B.) von ca. 1 kp/mm² erreicht ist. Damit ist die Wirkung des ,,Auslagerns'' von ,,grünem'' Guß bei neutraler Atmosphäre eindeutig gekennzeichnet. Lagert man Gußstücke unter korrodierenden Bedingungen aus, so können die Eigenspannungen durch Wegkorrodieren der meist mit größeren Eigenspannungen versehenen Randzonen minimal gemindert werden. Die ,,Wirtschaftlichkeit'' dieser Methode liegt auf der Hand. Ein geringfügiger Einfluß auf den Werkzeugverschleiß durch Umwandlung der Zunderschicht kann jedoch beobachtet werden. Messungen an einfachen Gußstücken, z. B. von C. O. Burgess u. a. bestätigen diese Gesetzmäßigkeiten. Burgess fand auch, daß eine Auslagerung an Außenatmosphäre bei Werkstücken aus Grauguß nach einem Jahr einen Eigenspannungsabbau von ca. 10% ergab. Das Auslagern ist also unwirksam! Zu welchem Zeitpunkt soll nun spannungsfrei geglüht werden? Möglichst direkt vor der Feinbearbeitung, da bei der Schruppzerspanung größere Druckeigenspannungen bis zu einer Tiefe von rund 1 mm aufgebracht werden können. Hat der Konstrukteur das zu zerspanende Volumen zu groß gehalten, so können durch das Vorschruppen Eigenspannungen ausgelöst werden, die das Werkstück im Hinblick auf die Feinbearbeitung unzulässig stark verziehen. In diesem Falle müßte schon vor dem Schruppen spannungsfrei geglüht werden. Welchen Einfluß hat das Spannungsfreiglühen auf die Festigkeitseigenschaften? Es kann sie erhöhen oder mindern. Bei rel. spröden Werkstoffen, z. B. GG, bzw. solchen, die sich auf Grund des aufgebrachten Spannungszustandes spröde verhalten, wird die zulässige Spannung gegen Bruch durch die Eigenspannungen gemindert. In diesem Falle bringt das Spannungsfreiglühen eine Heraufsetzung der Bauteilfestigkeit. Glüht man dagegen bei zu hoher Temperatur oder zu lange, so kann der Effekt des Weichglühens eintreten. Hierbei sinkt die Zugfestigkeit des Werkstoffes und damit im allgemeinen auch die Bauteilfestigkeit.

Das Weichglühen dient im allgemeinen dazu, die Bearbeitbarkeit zu verbessern. Bei Stählen sollten Karbide in rundliche Form überführt werden, um z. B. die Zerspanfestigkeit (nach WEBER und HUCKS) herab und die verschleißbedingte Standzeit herauf zu setzen. Unlegierte Stähle unter 0,4% C sollten nicht weichgeglüht, sondern im normalisierten Zustand belassen werden. Man würde in diesem Falle durch Weichglühen gerade die Zerspanbarkeit verschlechtern. Bei nicht besonders legiertem Gußeisen mit Lamellen- oder Kugelgraphit versteht man unter Weichglühen das sogenannte Ferritischglühen. Der Kohlenstoff diffundiert hierbei an die Graphiteinschlußgrenzen. Ferritisches Grundgefüge in Verbindung mit Graphiteinschlüssen läßt sich sehr gut zerspanen. Der schwarze Temperguß wird häufig aus Gründen der günstigen Zerspanbarkeit gleich mit ferritischem Grundgefüge geliefert. Ein besonderes Weichglühen entfällt also hier.

Unter Härten versteht man bei den meisten Stählen und Eisen–Graphit-Gußwerkstoffen (GG, GGG, GTS) ein ausreichend schnelles Abschrecken vom praktisch austenitischen Gefügezustand, meist mit anschließendem Anlassen bis zu Temperaturen unterhalb des Martensitpunktes. Wegen der Rißgefahr bei schroffer Abkühlung muß unbedingt auf wärmebehandlungsgerechte Formgebung Wert gelegt werden. Auch muß der Verzug durch die Volumenzunahme bei der Martensitumwandlung berücksichtigt werden. Hierauf ist besonders bei einseitiger Flammen- oder Induktionshärtung zu achten. Die Umlaufhärtung bringt bei sachgemäßer Durchführung keinen Verzug. Während beim Härten von obigen Werkstoffen meist ein großer Härteanstieg erfolgt, werden geeignete Nichteisenlegierungen meist nur wegen der gleichmäßigen Festigkeitserhöhung ausscheidungsgehärtet.

Unter Vergüten versteht man bei den meisten Stählen und Eisen–Graphit-Werkstoffen ein Abschrecken vom praktisch austenitischen Gefügezustand bis zu einer bestimmten Temperatur, gegebenenfalls mit anschließendem Anlassen bis zu Temperaturen zwischen dem Martensit- und A_1 Punkt. Schreckt man im Salzbad ab und läßt isotherm in der Zwischenstufe die Gefügeumwandlung ablaufen (anschließend z. B. Luftabkühlung), so spricht man vom Zwischenstufenvergütung. Der wesentliche Vorteil gegenüber dem üblichen Vergüten durch Abschrecken bis auf Raumtemperatur mit anschließendem Anlassen ist der, daß temperatur- und umwandlungsbedingte Spannungen wesentlich niedriger sind. Dieser Vorteil macht sich besonders bei wärmebehandlungsungünstig konstruierten Gußstücken bemerkbar. Als Nachteil muß der besondere Aufwand durch das Salzbad angesehen werden. In der Großserienfertigung, z. B. bei den Vergütungsqualitäten von GTS, wird meist im Ölbad abgeschreckt und anschließend direkt im Durchlaufofen angelassen.

Die Einsatzhärtung, sowie das Karbonitrieren von Stahlformguß lohnt sich im allgemeinen nur bei rel. kleinen Gußstücken bis zu ca. 50 kg Gewicht. Bei größeren Werkstücken läßt sich die aus Fertigungsgründen notwendige größere Einsatztiefe ($>$ 1 mm) nur unwirtschaftlich, bzw. gar nicht erzielen. Für Eisen–Graphit-Werkstoffe kommt die Einsatzhärtung nicht in Frage, da bei Bedarf das Grundgefüge einfach von den Graphiteinschlüssen her aufgekohlt werden kann.

Will man die Oberflächenhärte von z. B. vergüteten Stählen oder Eisen–Graphit-Werkstoffen erhöhen, ohne Härterisse oder stärkeren Verzug befürchten zu müssen, so kommt das Nitrieren in Frage. Hierbei diffundiert bei Temperaturen von ca. 500 °C Stickstoff in die Werkstoffoberfläche. An der Oberfläche entsteht eine sehr dünne (größenordnungsmäßig einige 1/100 mm) Verbindungsschicht, dahinter eine einige Zehntel Millimeter (bis ggf. über 1 mm) tiefe Diffusionszone.

Die Verbindungsschicht besteht aus Stickstoffverbindungen. Sind im Werkstoff Hartnitridbildner, wie z. B. Chrom, Vanadium, Aluminium, so ist diese Verbindungsschicht sehr hart und so spröde, daß sie an Lagerstellen und ähnlichem unbedingt abgeschliffen werden muß. Sind keine Hartnitridbildner vorhanden, was ja auch bei unlegierten Werkstoffen der Fall ist, so ist die Verbindungsschicht (weiße Schicht) eine ausgezeichnete Einlaufschicht, soll also nicht abgeschliffen werden. Da beim Nitrieren praktisch kein Verzug auftritt, ist das auch nicht nötig. Die Diffusionszone ist durch den eindiffundierten Stickstoff zum Teil atomar, zum Teil durch Nitridnadeln verspannt und hat dadurch an der Oberfläche eine meist doppelt so große Kleinlasthärte wie im Kern. Sind im Gußstückstoff Hartnitridbildner, so ist die Diffusionszone absolut sehr hart, aber dabei rel. dünn bei schroffem Härteübergang zur Kernzone. Insgesamt ist dann diese Zone sehr schlagempfindlich und kann bei unvorsichtigem Schleifen ungleichmäßig weggeschliffen oder beschädigt werden. Gußstückstoffe ohne Hartnitridbildner bringen nicht ganz die absolute Härte der Diffusionszone an der Oberfläche wie die oben beschriebenen Stoffe. Dafür ist die Diffusionszone rel. tief und der Härteübergang ist stetiger. Zum Nitrieren von Konstruktionsteilen sind also im allgemeinen Stähle, bzw. Eisen–Graphit-Werkstoffe ohne Hartnitridbildner besser geeignet als solche mit Hartnitridbildnern. Letztere werden übrigens zum Teil als spezielle Nitrierstähle für Sonderfälle angeboten! Als Nitrierverfahren kommen das Salzbadnitrieren und das Gasnitrieren (Sonderfall Ionitrieren) in Frage. Mit beiden Verfahren lassen sich praktisch gleiche Wirkungen erzielen. Unterschiede hinsichtlich der Nitrierzeiten treten jedoch auf.

3.4 Oberflächenbehandlung

Die Oberflächenbehandlung von Gußstücken kann durchgeführt werden um zu verschönern, um korrosionsbeständig zu machen und um ggf. die Verschleißbeständigkeit zu erhöhen. Es muß hierbei zunächst die Oberfläche gereinigt werden. Einige Verfahren seien hierzu aufgezählt: Entfetten (mit alkalischen oder organischen Lösungsmitteln, Badbewegung durch z. B. Flüssigkeitsstrahl oder Ultraschall, elektrolytisch), Beizen (mit Schwefel- oder Salzsäure, ggf. mit Sparbeizezusatz; mit Salzschmelzen, elektrolytisches Beizen, z. B. Kolene-Verfahren für Eisen–Graphit-Gußwerkstoffe), Mechanische Reinigung (Sandstahlen, Stahlkiesen, Schleifen mit gebundenem und lose Korn, Trommeln, Bürsten, Flammstrahlen). Auf die gereinigte Oberfläche können nun metallische Überzüge aufgebracht werden: Tauchschmelzen, (Zink, Zinn, Blei, Aluminium), Flammspritzen (meist Zink, aber auch sehr viele andere Metalle), Hochvakuumaufdampfen, Diffusionsverfahren (Sheradisieren, Alitieren), Pulver-Kaltschweißen (Mitralverfahren), galvanische Verfahren (Zink, Cadmium, Kupfer, Nickel, Chrom usw.). Ebenso können organische Überzüge aufgebracht werden, z. B. Kunststoff- und Lacküberzüge. Ebenso lassen sich aus verschiedensten Gründen Emaillschichten, Oxydschichten (Beisp. Eloxieren), Hydroxidschichten (Brünieren) und Salzschichten (Phosphatieren) aufbringen. Sämtliche der in dieser unvollständigen Übersicht angeführten Verfahren lassen sich für die verschiedensten Zwecke durch Wahl geeigneter Bedingungen variieren. Anstelle spezieller Hinweise sollen Konstruktionsregeln für oberflächengerechte Gestaltung gegeben werden, die allgemein gehalten sind. Voraussetzung für die erfolgreiche Oberflächenbehandlung ist normalerweise ein spannungsarmes Gußstück ohne Oberflächenfehler, insbesondere Risse, Mikrolunker, Poren usw. Einmal können Oberflächenfehler durch die verschiedenen Verfahren eigenen Spannungszustände weiter aufreißen (unterstützt durch vorhandene Eigenspannungen), zum anderen können z. B. irgendwelche dort befindlichen Rückstände Schwierigkeiten bereiten. Viele Oberflächenverfahren reagieren hierauf überaus empfindlich und könnten direkt als zuverlässige Prüfverfahren angesprochen werden. Bei Motor- und Getriebegehäusen dient innen dagegen die Oberflächenbehandlung (Lackierung) dazu, die den Betrieb gefährdenden Sand- und Staubrückstände zu binden. Darüberhinaus ist genau zu prüfen, ob der Gußstückstoff (der Wärmebehandlungszustand des Gußstückstoffes) für die in Aussicht genommene Oberflächenbehandlung geeignet ist. Sind Schwierigkeiten dieser Art nicht überschaubar, so sind Betriebsversuche mit statistischer Auswertung meist nicht zu umgehen.

Die Gußstückform soll einfach gestaltet sein. Schlecht zu reinigende Ecken ohne Ablaufmöglichkeit von Flüssigkeiten sind zu vermeiden. Erhabene Flächen lassen sich meist besser behandeln als eingezogene. Besondere Schwierigkeiten bereiten scharfe Kanten oder scharfe Kerben. Sind sie nicht zu vermeiden, so sollten sie an Stellen liegen, die nicht auffallen oder anderweitig stören.

3.5 Fügen

Im Hinblick auf eine wirtschaftliche Fertigung kommt dem Fügen eine besondere Bedeutung zu. Unter Berücksichtigung der sicheren Betriebsfunktion soll das Fügen so einfach wie möglich sein. Unter den verschiedenen Fügearten nehmen die Schraub- und Schweißverbindungen eine besondere Rolle ein.

Abgesehen von Gußstücken, die selbst Außengewinde haben, sollte die Verschraubung so konstruiert sein, daß möglichst nur eine Schraubensorte verwandt wird. Darüberhinaus muß angestrebt werden, an alle Schrauben bequem mit Schlagschraubern, versehen mit Steckschlüssel- oder Innensechskantkopf, heranzukommen (ggf. Refa-MTM-Unterlagen zu Rate ziehen). Werden die Schlagschrauber handbedient, so kann es bei Taktfertigung praktisch sein, die Verschraubungen etwa in einer Höhe zu halten, da dann der Schlagschrauber federnd aufgehängt werden kann. Beim geplanten Einsatz von Schraubmaschinen sollte der Mittellinienabstand der Schrauben möglichst etwas größer als der Schlagschraubereinheitendurchmesser sein, um mit sowenig Arbeitstakten wie möglich auszukommen. Sind Sicherungen nötig, so müssen die Schraubensitze zu den z.Zt. immer mehr zum Einsatz kommenden, an Schraube oder Mutter befindlichen Schraubsicherungen passen.

Schweißverbindungen an Gußteilen sollten normalerweise nur durch Stumpfschweißnähte hergestellt werden. Bei geeigneten Schweißverfahren, Werkstoffen, sowie geeigneter Wärmebehandlung sind sie dann praktisch genauso belastbar wie die angrenzende Wandung. Nach Möglichkeit sind Schweißnähte nicht zu dick und nicht zu lang auszuführen, um Kosten zu sparen und besonders hohe Schweißspannungen zu vermeiden. In gleich ungünstiger Weise wirken sich größere Nahtdickenunterschiede und Knotenpunkte aus. Letzten Endes aus Kostengründen ist das günstigste Schweißverfahren zunächst zu ermitteln und dann bei der Konstruktion zu berücksichtigen. Kleine bis mittler Serienteile lassen sich oft gut auf Schweißmaschinen fügen. Voraussetzung dafür sind meist gerade oder kreisringförmige Nähte in einer Ebene. Auch muß z. B. für Abbrennschweißmaschinen und solche mit automatischer Schweißdrahtzuführung eine geeignete Aufspannmöglichkeit am Gußstück vorgesehen werden. Gute Schweißbarkeit eines Werkstoffes ist nicht immer mit guter Gießbarkeit bzw. Herstellbarkeit verbunden. Man muß hier Kompromisse schließen und z. B. anstelle von GG, GGG oder GTS den schweißbaren Weißen Temperguß verwenden. Dieser sollte allerdings an der Schweißnaht nicht dicker als 7 mm sein (Bild 183). Für größere Wanddicken kommt in erster Linie Stahlguß in Frage.

Stähle bis zu einem Kohlenstoffgehalt von 0,1% lassen sich mit den passend, abbrandberücksichtigend legierten Zusatzwerkstoffen bei stark behindertem Sauerstoffzutritt ohne besondere Schwierigkeiten verschweißen. Sowie der Kohlenstoffgehalt höher liegt, muß das passende kontinuierliche Zustandsschaubild des betreffenden Stahles zu Rate gezogen werden. Zusätzlich können auch die Stirnabschreckhärtekurven mit dem Parameter Anlaßtemperatur berücksichtigt werden. Bei etwa gegebenen Abkühlverhältnissen lassen sich die Gefügezustände bei der Einlagenschweißung bestimmen. Durch Mehrlagenschweißung ensttehen dann z. T. Anlaßgefüge. Werden in der der Schweiße benachbarten Zone Martensit-

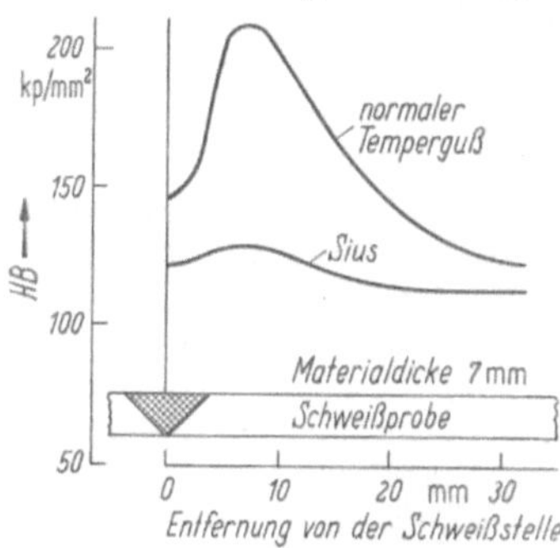

Bild 183. Härteverteilung an Schweißproben aus GTW-S38 (Sius) und GTW. Infolge der geringfügigen Aufhärtung der Randzone verhält sich die ganze Schweißnaht (Sius) recht zäh.

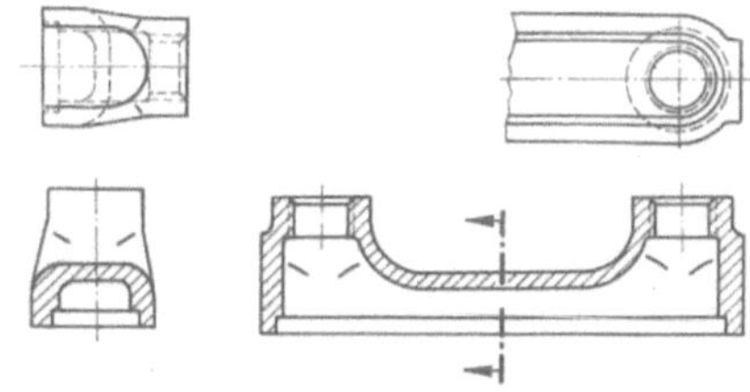

Bild 184. Anschlußstück für Konvektor aus GTW-S38 (BSI).

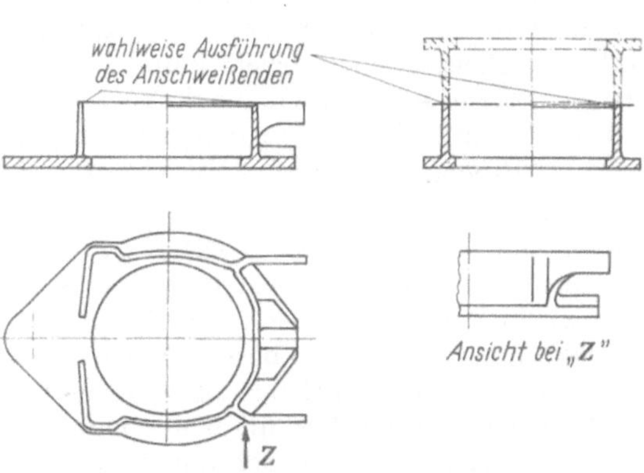

Bild 185. Lenkturmhälfte aus GTW-S38 (BSI). Zwei Hälften werden, wie rechts oben gezeichnet, zusammengeschweißt.

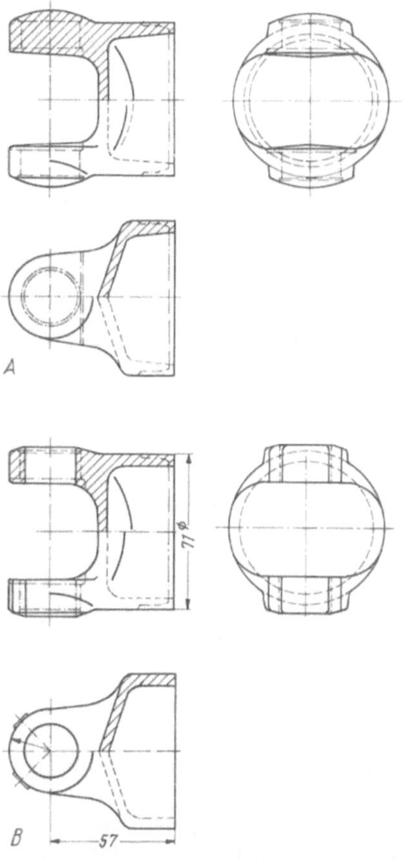

Bild 186. Gelenkstück: Schmiedestück A aus Stahl, Stückgewicht 0,955 kp, und Gußstück B aus GTW-S38, Stückgewicht 0,85 kp. Die Gußausführung ist u. a. wegen des geringeren zu zerspanenden Volumens wirtschaftlicher (BSI).

anteil und Martensithärte zu hoch, so besteht die Gefahr der Rißbildung. Bei niedrig legierten Stählen genügt meist eine Minderung der Abkühlgeschwindigkeit durch Vorwärmen auf $> 150\ °C$. Höher legierte Stähle dürfen meist nur bei Temperaturen oberhalb des Martensitpunktes geschweißt werden. Bei höher legierten und — oder höher gekohlten Stählen ist im Anschluß an das Schweißen Normalisieren üblich, um günstige Zähigkeit zu erhalten. Austenitische Stähle müssen dann homogenisiert werden, es sei denn, sie sind ausreichend stabilisiert. An dieser Stelle sei erwähnt, daß eine Schweißverbindung nicht besser als der zu verbindende Gußstück- und ggf. Umformstückstoff sein kann. Die Wirkung von Mikrolunkern, Poren und Dopplungen wird durch Schweißeigenspannungen noch

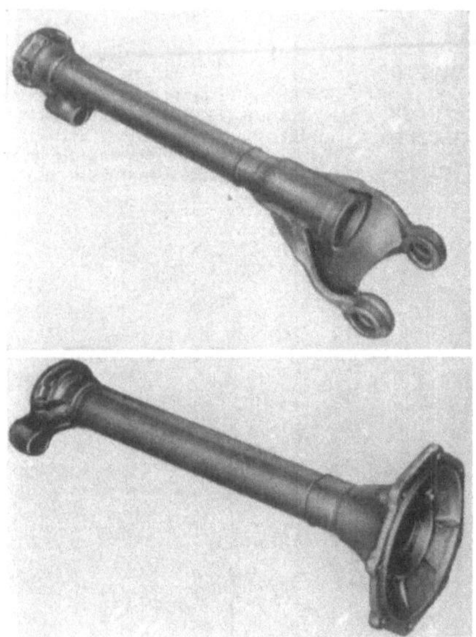

Bild 187. Hinterachsteile aus GTW-S38 mit eingeschweißtem Stahlrohr (BSI).

verstärkt. Ein Gußstück aus sprödem Werkstoff, z. B. aus GG, kann bei Temperaturen, die eine recht niedrige Warmstreckgrenze ergeben, geschweißt werden [27]. Mit „Spezialschweißelektroden" kann hier auch ohne Vorwärmung gelötet werden. Es wird mit Ni–Cu, Ni oder Ni–Fe-Elektroden gearbeitet und darauf geachtet, daß die wärmebeeinflußte Übergangszone so dünn wie möglich ist. Die Festigkeit kommt nicht an die des Gusses heran. Besondere Schwierigkeiten treten z. T. beim Schweißen von Leicht- und Buntmetallen auf. Hier wird meist mit MIG- und WIG-Verfahren gearbeitet.

Schweißgerecht konstruierte Gußstücke sind auf den Bildern 184 bis 188 zu sehen. Sie sind auch Beispiel dafür, wie durch Guß–Schweißkonstruktion Kosten gesenkt und die Bauteilfestigkeit erhöht wird. Sowohl der Lenkturm (Bild 185) als auch die Rohrstauchmaschine (Bild 188) ließen sich geteilt besser gießen. Die Zapfen in den nicht zu hoch beanspruchten Knotenpunkten (Bild 188a, Einzelheit bei A) dienten mit zur Justierung. Die Nahtwurzeln wurden mit Kohleblaselektroden ausgebrannt und dann erst vollgeschweißt. Nach dem Schweißen (150 °C Vorwärmtemperatur) wurde das Werkstück sofort normalisiert (Ofenabkühlung). Die Bilder 189 und 190 zeigen Gußstücke, an die zwecks Form- und Gießerleichterung die Füße nachträglich durch Kehlnähte angeschweißt wurden.

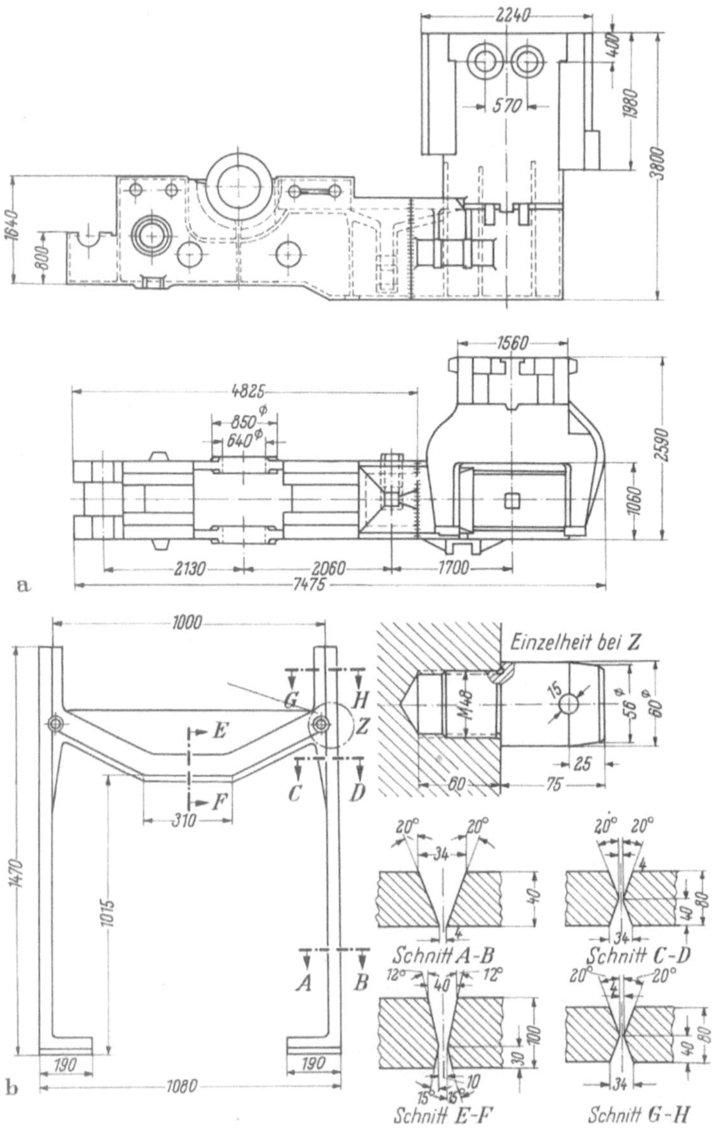

Bild 188. 400 to-Rohrstauchmaschine aus GS-45. 1. Nach A. Roth [*11*].
a) Gesamtansicht, Stückgewicht Bett + Ständer 14 + 31 t; *b*) Schweißfugenausführung.

3.6 Prüfen

Zur Funktionserfüllung haben Gußstücke bestimmten, vom Konstrukteur festgelegten Forderungen zu genügen. Zu diesem Zwecke schreibt der Konstrukteur für die im Gußfehler-Atlas angegbenen Fehlermöglichkeiten Toleranzen vor. Die Verwendung genormter Werkstoffe schließt zum Teil schon Toleranzvorschriften ein. Abmessungstoleranzen sind mindestens noch zusätzlich anzugeben. Prüfumfang und Prüfmethoden sind in den Werkstoff- und Prüfnormen meist schon vorgeschrieben. An dieser Stelle sei auf die jeweils neuesten Ausgaben der DIN-Taschenbücher 4 A, 4 B und 19 hingewiesen. Man hat hier Werkstoff- und

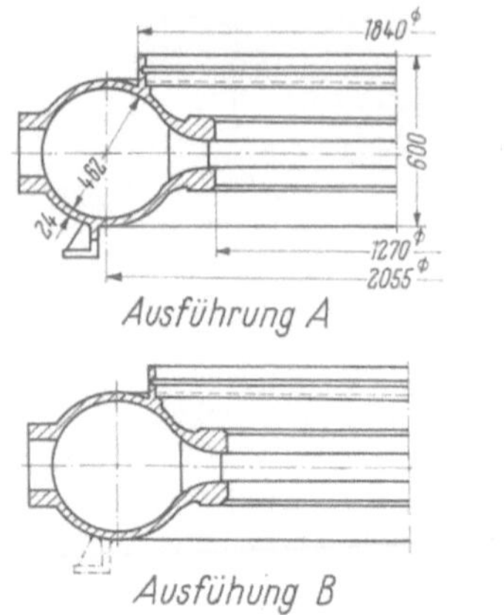

Bild 189. Spiralgehäuse aus GS-45,
Stückgewicht ca. 4100 kg. Nach W. Schumacher [8].

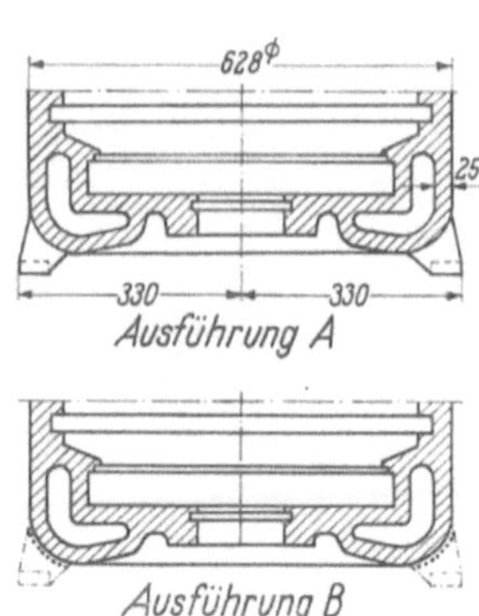

Bild 190. Dampfturbinengehäuse-Lager aus GS-22Mo4.
Nach W. Schumacher [8].

Prüfnormen für metallische Werkstoffe zum außerordentlich bequemen Gebrauch
zusammengefaßt. Folgende Werkstoffkennwerte können entsprechend den Normen gemessen werden. Es sind dies z. B. die chemische Analyse, Ergebnisse von
Zugversuchen, ggf. Biegeversuchen und Kerbschlagbiegeversuchen. Die Versuchsbedingungen sind weitgehend genormt, die chemische Analyse nach „Handbuch f. d. Eisenhüttenlaboratorium" und „Analyse der Metalle", die anderen
Versuche nach DIN. Die bei Gußstücken außerordentlich wichtige Probenentnahme muß dagegen im wesentlichen durch Absprache zwischen Gießer und
Abnehmer festgelegt werden. Lediglich bei genormten Gußstücken ist sie meist
festgelegt. Die Proben können getrennt, oder in Form von Stäben, Leisten oder
Platten angegossen werden. Bei Temperguß und Druckguß aus NE-Metallen ist
nur der getrennte Guß zulässig. Bei den meisten anderen Gußwerkstoffen kann
das wahlweise verabredet werden. Den Konstrukteur oder Abnehmer interessiert
allein die Beschaffenheit des Gußstückstoffes. Getrennt gegossene Proben geben
keinen sicheren Aufschluß über die Beschaffenheit des Gußstückes.

Letzlich ist also der Konstrukteur verantwortlich für die Festlegung der Form
und Lage der anzugießenden Proben an kritischen, besonders beanspruchten Gußstückstellen. Es gibt jedoch besondere Fälle, in denen man über die nach DIN
vorgesehenen Möglichkeiten hinaus gehen muß. Beispielsweise beim Flugzeug-,
Fahrzeug- und Armaturenbau. Hier müssen Gußstücke nach einem Stichprobenssytem entnommen und zerstört werden. Stichprobenprüfplan und Annahmekennlinie sind dabei zu vereinbaren. Ebenso die Form der Prüfung. Armaturen
können z. B. bis zum Bruch abgedrückt werden. Meistens ist eine betriebsähnliche Belastung für die Kontrolle nicht möglich. Dann wird die Lage der herauszuarbeitenden Proben genau in die Einzelteilzeichnung eingezeichnet und damit
festgelegt. Normalerweise werden dann auch metallographische Proben vorgesehen.

Als Ergänzung zu dem bisher beschriebenen Prüfsystem ist es vorteilhaft,
praktisch zerstörungsfreie Prüfmethoden hinzuziehen. Die größte Bedeutung
haben die Durchstrahlungs-, Ultraschall-, und Magnetpulver-, bzw. Farbeindringverfahren (ggf. magnetinduktive Verfahren). Auch die Härteprüfung kann,
sachgemäß angewandt, als zerstörungsfreies Prüfverfahren gelten. Damit lassen
sich 100% der Gußstücke, keinesfalls aber die Gußstücke 100%-ig prüfen. Der
Wert solcher Prüfungen kann trotz größtem Aufwand klein sein und umgekehrt.

Voraussetzung für den hohen Wert dieser Prüfungen ist die gute Zusammenarbeit zwischen dem Konstrukteur und dem möglichst neutralen und sachverständigen Prüfer, soweit möglich auch mit dem Gießer. Mit Hilfe der zerstörungsfreien Werkstoffprüfung kann man mit mehr oder weniger Sicherheit auf Werkstofffehler, wie z. B. Lunker, Gasblasen, Risse, oder auf Werkstoffeigenschaften, wie z. B. Elastizitätsmodul, Streckgrenze, oder auf Wanddickenfehler schließen. Da außerordentlich wichtige Gußstückeigenschaften geprüft werden können, kann man sich eine Fertigung von hochbeanspruchten Gußstücken ohne zerstörungsfreie Werkstoffprüfung gar nicht mehr vorstellen. Auf die Aussagesicherheit dieser Verfahren muß aber eingegangen werden. Die mechanische Werkstoffprüfung erfordert im allgemeinen keine allzugroßen Kenntnisse. Zugprobenherstellung, Zugversuch und Auswertung sind einfach und klar überschaubar. Um ein System zur zerstörungsfreien Prüfung eines bestimmten Gußstückes aufzustellen und zu erproben gehören im Vergleich zum einfachen Zugversuch erhebliche physikalische Kenntnisse des Verfahrens und dessen Grenzen, gute Kenntnisse der Form- und Gießverfahren und besonders gute Kenntnisse der in Frage kommenden Fehlermöglichkeiten. Nach der Fehlerfeststellung gilt es diese zu bewerten. Ohne umfassendes Wissen über die Beanspruchung des Gußstückes und über die Ermittlung von z. B. zulässigen Nennspannungen läßt sich eine sachliche Fehlerbewertung gar nicht durchführen. In der Praxis trennt man häufig die Fehlerermittlung von der Fehlerbewertung. Die Voraussetzungen für die an der Prüfung maßgeblich Beteiligten sind also sehr umfangreich. Sind die Voraussetzungen erfüllt, ist die Aussagesicherheit wirklich sehr groß. Sind die Voraussetzungen nicht oder unvollständig erfüllt, bleibt meistens nur noch eine gewisse „Moralische Wirkung" übrig. Wie kann der Konstrukteur zum Erfolg der zerstörungsfreien Prüfung beitragen? Durch Zusammenarbeit mit Prüfer und Gießer können die zu prüfenden Gußstückstellen und die Prüfverfahren festgelegt werden. Auch der Zeitpunkt der Prüfung ist von Bedeutung. Ist sie kurz nach dem Gießen, so kann die teure Bearbeitung von Ausschußteilen gespart werden. Allein hierdurch macht sich oft schon die zerstörungsfreie Prüfung bezahlt. Wie lassen sich die angeführten Prüfverfahren besonders günstig einsetzen? Die Durchstrahlungsverfahren sind besonders geeignet für das Auffinden von Lunkern und Gasblasen an Gußstückstellen nahezu gleichmäßiger, möglichst nicht zu dicker Wanddicke. Feine Mikrolunker oder Risse werden selbst bei der Bildgüteklasse 1 nach DIN 54110 häufig übersehen. Nachteilig wirkt sich der Strahlenschutzaufwand aus. Die Ultraschallverfahren sind für alle praktisch vorkommenden Gußstückwanddicken geeignet. Am besten lassen sich Gußstückteile US-prüfen, wenn Vorder- und Rückseite der zu prüfenden Stelle planparallel sind. Soll eine wichtige Stelle US-geprüft werden, so kann obige Bedingung gleich bei der Konstruktion berücksichtigt werden. Die meisten Gußstückstoffe lassen sich bei Wahl geeigneter Frequenzen und Schallköpfe gut prüfen. Lediglich recht grobkörnige Stoffe mit rel. viel nichtmetallischen Einschlüssen (z. B. Grauguß, schlechter als GG-20) bereiten Schwierigkeiten. Normalerweise werden aber hochbeanspruchte Gußteile nicht aus derartigen Stoffen hergestellt. Mit Hilfe der US-Prüfung kann man folgende Fehler feststellen: Lunker bis Mikrolunker, Risse bis Haarrisse, Gasblasen (einzelne Poren schlecht), Schweißnahtfehler an hochwertigen Stumpfnähten. Dazu können bestimmte Werkstoffeigenschaften, wie z. B. Schallgeschwindigkeiten, Elastizitätsmodul, rel. Dämpfung einfach mit oft ausreichender Genauigkeit festgestellt werden. Bei Eisen–Graphit-Werkstoffen lassen sich auch Werte wie Zugfestigkeit, Streckgrenze, Elastizitätsgrenze, Dauerschwingfestigkeit mit annehmbarer Genauigkeit und Sicherheit zerstörungsfrei ermitteln. Dies geht aber einzig und allein, wenn sowohl Graphitausbildung und Grundgefügefestigkeit, z. B. durch US-Prüfung und Härteprüfung festgestellt und mit Hilfe bekannter Beziehungen ausgewertet werden. Ist das US-Prüfverfahren für ein bestimmtes Gußstück erst einmal mit Erfolg ausprobiert, so läßt es sich in der Serienfertigung oft von angelernten gewissenhaften Kräften durchführen. Lediglich für Oberflächenfehler, insbesondere Risse, lassen sich Magnetpulver-, bzw. bei nicht ferromagnetischen Stoffen Farbeindringprüfung ansetzen. An mit anderen Verfahren schlecht zu prüfenden Stellen, nämlich Hohlkehlen, lassen sich aber selbst feinste Risse, z. B. Warm- oder Hartrisse, gut feststellen. Für Druckgußteile ist die Farbeindringprüfung besonders geeignet. So lassen sich auch Teile, die wegen feinster Poren bei der Galvanisierung Ausschuß geben würden, rechtzeitig ausscheiden. Mit Hilfe der magnetinduktiven Verfahren wird die in starkem Maße abmessungs- und wärmebehandlungsabhängige relative Permeabilität gemessen. Das Verfahren kommt normalerweise für Teile bis zu ca. 100 g Gewicht in der Großserienfabrikation in Frage. Bei größeren Teilen können nur am Rand liegende Gußstückabschnitte mit geringen Abmessungstoleranzen geprüft werden. Der Vollständigkeit halber muß noch die Bedeutung der Härteprüfung erwähnt werden. Als einfaches Prüfverfahren läßt sie sich leicht einsetzen. Es bestehen auch Zusammenhänge zwischen dem konstruktiv nicht direkt zu gebrauchenden Härtekennwert und Festigkeitseigenschaften. Zur Kontrolle der Wärmebehandlung ist die Härteprüfung auch geeignet. Man muß sich aber völlig klar darüber sein, daß bei sinnvoller Härtetoleranz ausgeschiedene Teile schlecht, die nicht ausgeschiedenen Teile aber keinesfalls mit ausreichender Sicherheit gut sind! Die Stellen, an denen die Härte geprüft werden soll, müssen vom Konstrukteur in der Einzelteilzeichnung angegeben werden! Ebenso muß das Härteprüfverfahren eindeutig und normgerecht vorgeschrieben sein. Es ist nämlich keineswegs gleichgültig, ob z. B. ein Graugußgehäuse mit der 1,25 mm oder 10 mm Brinellkugel geprüft wird. Daß nach Brinell nur bis HB 30 = 430 kp/mm² geprüft werden darf, ist selbstverständlich. Werden zu enge Härtetoleranzen vorgeschrieben, entstehen vermeidbare Schwierigkeiten. Mit um dieser Unsitte vorzubeugen, wurden nach DIN 50 150 (Vornorm) mittlere Meßunsicherheiten angegeben, zu denen dann noch die nicht zu klein anzusetzende Stofftoleranz zu addieren ist. Zusammenfassend kann gesagt werden, daß der sachgemäß vorgesehenen Härteprüfung ein Kontrollwert zukommt, daß der Konstrukteur aber lieber anstelle zu enger Härtetoleranzen z. B. sinnvolle Wärmebehandlungstoleranzen angeben sollte.

4. Funktionsgerechte Gestaltung

4.1 Einleitung

Unter funktionsgerechter Gestaltung versteht man die Dimensionierung (einschließlich Werkstoffwahl) eines Gußstückes, die eine ausreichende Funktion über die geplante Lebensdauer ermöglicht. Zur Funktionserfüllung müssen z. B. Anforderungen an die Formbeständigkeit, an die Festigkeit gegen Bruch, an Gleiteigenschaften und an elektrische Eigenschaften vom Gußstück erfüllt werden. Derartige Anforderungen können aber lediglich dann erfüllt werden, wenn die Beanspruchung ausreichend genau bekannt ist. Letzten Endes ist die wichtigste Grundlage für eine funktionsgerechte Gestaltung die gewissenhafte Ermittlung der Beanspruchung. Man kann hier z. B. Erfahrungen vom Betrieb ähnlicher Werkstücke nicht sorgfältig genug sammeln und auswerten. Auch kann man die Funktionssicherheit eines Werkstückes nicht durch die kompliziertesten Berechnungsmethoden erhöhen, wenn hinsichtlich der Beanspruchung reichlich Unsicherheit herrscht. Je genauer man die Beanspruchung kennt, um so genauer kann man auch konstruieren. Die Gesamtbeanspruchung muß sorgfältig aufgeschlüsselt werden, z.B. in verschiedene Lastfälle, sowie thermische, verschleißende und chemische Beanspruchung. Nach Möglichkeit stellt man für die verschiedenen Beanspruchungsarten z. B. aus Stichprobenprüfungen Häufigkeitsverteilungen auf und schließt mit den nach statistischen Methoden ermittelten Sicherheiten auf die betreffenden Grundgesamtheiten (Kollektive). Unter der Häufigkeitsverteilung versteht man die absolute oder relative Klassenhäufigkeit, aufgetragen über dem Merkmal (z. B. Lastausschlag). Die Häufigkeitsverteilung wird oft auch als Summenhäufigkeitskurve (relativ und absolut) aufgetragen.

Die absolute Häufigkeit bzw. Summenhäufigkeit wird meist als Zeit oder Lastspielzahl aufgetragen. Sind keine ähnlichen Werkstücke vorhanden, an denen die Häufigkeitsverteilung ermittelt werden kann, so kann dieselbe gelegentlich aus der Aufgabenstellung festgelegt werden.

Sind geforderte Funktion und zu erwartende Beanspruchung des Gußstückes bekannt, so wird meist gefühlsmäßig entworfen und dann an kritisch erscheinenden Stellen nachgerechnet. Nachrechnung und Korrektur erfolgt z. B. hinsichtlich elastischer und plastischer Formänderung, Formänderung durch Verschleiß oder Korrosionsabtrag, Festigkeit gegenüber zügiger und dynamischer Beanspruchung unter Berücksichtigung von Temperatur und Korrosion. Für Serienteile, die aus funktionellen und—oder kostenbedingten Gründen rel. leicht sein sollen, genügt diese Dimensionierungsmethode meist nicht. Hier muß man anschließend an die konventionellen Methoden mit Hilfe der Betriebsfestigkeitslehre dimensionieren. An dieser Stelle muß darauf hingewiesen werden, daß es Bauteile gibt, die nach gesetzlich oder rechtsverbindlich vorgeschriebenen Regeln zu berechnen sind (z. B. im Stahlhochbau, Kranbau, Dampfkesselbau). Auf die Unzahl der bekannten Berechnungsmethoden kann hier im einzelnen nicht eingegangen werden. Es ist aber außerordentlich wichtig, den Zusammenhang zwischen reinen Werkstoffeigenschaften und den Eigenschaften des Gußstückes zu erkennen. An Hand einiger ausgewählter einfacher Beziehungen soll dieser Zusammenhang aufgezeigt werden. Für verschiedene Anwendungsfälle können diese Beziehungen jedoch auch direkt zur Dimensionierung eingesetzt werden.

4.2 Elastische und plastische Formänderung

Von den meisten Gußteilen wird eine ausreichende Formstabilität im Betrieb unter Belastung erwartet. Eine Voraussetzung hierfür ist zunächst, daß der Gußwerkstoff nicht unzulässig hoch beansprucht wird. Eine weitere, sehr wichtige Voraussetzung ist aber auch, daß die Widerstandsmomente für Biegung und Verdrehung bei geringstmöglichem Werkstoffeinsatz so hoch wie möglich sind. Dies ist um so einfacher zu erreichen, je kleiner das Gußteil ist. Am Beispiel eines einfachen Getriebegehäuses läßt sich dies erklären. Wird das Getriebe ohne Berücksichtigung der Gestaltfestigkeitslehre (z. B. scharfe Zahnfußübergänge) aus einfachen Maschinenbaustählen für Wellen und Zahnräder hergestellt, so wird das Getriebegehäuse etwa doppelt so große Außenabmessungen (achtfaches Volumen) haben als unter Einsatz von guten Einsatzstählen und gewissenhafter Formgebung. Dabei läßt sich das kleinere Gehäuse unter wesentlich geringerem

Materialaufwand auf ausreichende Formbeständigkeit bringen. Die Kraftübertragung zum Gehäuse, bzw. zwischen Gehäuseteilen sollte auf kürzestem Wege erfolgen. Jede Kraftumleitung bedingt zusätzliche Formänderungen. Eine auskragende Flanschverbindung ist daher meist ungünstiger als direkt in die Wandung eingelassene Schrauben. Gerade Gußteile lassen sich derartigen Forderungen gut anpassen.

Sind von der Formgebung her günstige Voraussetzungen gegeben gilt es, die zulässigen Nennspannungen zu ermitteln, um danach ggf. Werkstoff oder Wanddicken korrigieren zu können. Im „kalten Maschinenbau" wird vorwiegend die elastische Formänderung zu berücksichtigen sein. Dies liegt daran, daß die zugelassenen, bzw. auftretenden Werkstoffspannungen meist rel. niedrig sind und die üblichen Maschinenbauwerkstoffe dabei kaum kriechen. Bis zu welcher Grenzspannung kann man in erster Näherung mit einem elastischen Verhalten rechnen? Diese Grenzspannung ist die Elastizitätsgrenze; eine Spannung, bei der lediglich eine geringfügige plastische Dehnung ε, Stauchung oder Schiebung γ eintritt. Meist ist die gerade auftretende plastische Dehnung $\varepsilon_{pl} = 0{,}01 \cdot 10^{-2}$, gelegentlich wird auch $\varepsilon_{pl} = 0{,}02 \cdot 10^{-2}$ und $\varepsilon_{pl} = 0{,}005 \cdot 10^{-2}$ angegeben. Fälschlicherweise wird hier manchmal noch die Proportionalitätsgrenze angeführt. Diese ist aber bei allen technischen Werkstoffen nahe der Spannung Null. Lediglich gitterfehlstellenfreie kristalline Werkstoffe könnten eine höhere Proportionalitätsgrenze haben. Anders gesagt: gelegentlich zu findende Angaben über die Proportionalitätsgrenze unterliegen lediglich der Funktion der Meßgenauigkeit. In den allermeisten Fällen kann man die plastische Verformung bis zur Elastizitätsgrenze vernachlässigen und die elastische Verformung mit Hilfe des Hooke'schen Gesetzes $\sigma = E \cdot \varepsilon_{el}$, $\tau = G \cdot \gamma_{el}$ ausrechnen. Das Steigungsmaß der Spannungs–Dehnungskurve, der Elastizitätsmodul E, bzw. der Gleitmodul G ist bis zur Elastizitätsgrenze als Konstante anzunehmen. Bei höheren Spannungen wird es meist etwas kleiner. In erster Näherung kann man auch für die wichtigsten Gußstückstoffe bis zur Elastizitätsgrenze den Elastizitätsmodul für Zug dem für Druck gleichsetzen. Damit ergibt sich auch bei biegebeanspruchten Querschnitten angenähert eine lineare Spannungsverteilung ohne Verschiebung der neutralen Faser. Das gilt also auch für Grauguß ab GG-20. Minderfeste Graugußsorten werden heute dank verbesserter Schmelztechnik der Gießereien kaum noch für übliche Bauteile eingesetzt. Die aufgrund der hier angeführten Berechnungsmethoden eintretenden Fehler können mit Hilfe der im Kapitel 1 zusammengestellten Werkstoffdaten abgeschätzt werden. Dabei sollte aber berücksichtigt werden, daß die formbedingten Unsicherheiten gerade bei Gußstücken meist größer sind. Insgesamt können die elastischen Verformungen ggf. unter Berücksichtigung eines mehrachsigen Spannungszustandes durch die einfachen Beziehungen in erster Näherung ermittelt werden. Zur genauen Ermittlung steht nur eine einzige Methode zur Verfügung: das Messen am Gußstück im Zusammenhang mit statistischer Auswertung.

Wie kann bei gegebener Formgebung und Belastung die Starrheit erhöht werden? Durch Wahl eines Werkstoffes mit höherem Elastizitätsmodul. Eine Erhöhung der Elastizitätsgrenze z. B. durch eine Wärmebehandlung bringt normalerweise nichts. U. a. bei Werkzeugmaschinen kommt diesem Umstand einige Bedeutung zu. Da die elastische Verformung dem Elastizitätsmodeul umgekehrt proportional ist, bringt z.B. der Übergang von einem Gußeisen mit $E = 0{,}8 \cdot 10^{4}$ kp/mm² auf ein anderes mit $E = 1{,}6 \cdot 10^{4}$ kp/mm² eine Halbierung der elastischen Verformung. Auch bei schwingender Beanspruchung dieser Gußeisensorten ändert sich der Schwingungsausschlag meist entsprechend. Bei den sehr kleinen

Schwingungsausschlägen und bei nicht kritischer Anregung darf der Einfluß der
Dämpfung hier nicht überbewertet werden. Viele Werkzeugmaschinen, auch viele
Pressen, dürfen sich übrigens nur derart geringfügig verformen, daß schon aus
diesem Grunde die zulässigen Nennspannungen wesentlich unter der Elastizitätsgrenze liegen müssen. Elastische Verformungen, hier auch Verzug genannt,
treten auf beim Auslösen von Eigenspannungen (z. B. Gußeigenspannungen) durch
spangebende Bearbeitung. Ebenso tritt durch das Spanen auch direkt Verzug
aufgrund der plastischen Oberflächenstauchung auf. In beiden Fällen verhält

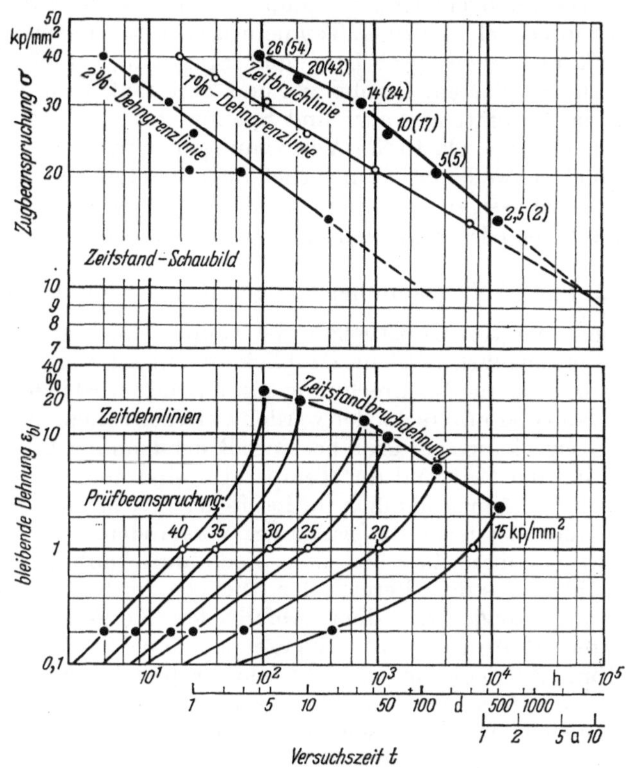

Bild 191. Zeitstandschaubild nach DIN 50118, Beispiel.

sich der Verzug etwa umgekehrt proportional zum Elastizitätsmodul des Gußstückstoffes bei gleicher Höhe der Eigenspannungen. Erfahrungsgemäß haben
ja auch die sogenannten verzugsarmen Gußeisensorten einen deutlich höheren
Elastizitätsmodul als der „normale Grauguß" nach DIN 1691.

Im Gegensatz zum „Kalten Maschinenbau" werden beim „Thermischen Maschinenbau" außer elastischen Verformungen oft auch plastische in Rechnung
gesetzt. Die Nennspannungen liegen hier zwar auch meist deutlich unter der
Elastizitätsgrenze, die plastischen Verformungen nehmen aber bei höheren
Temperaturen im Laufe der Zeit zu. Die Werkstoffe kriechen also. Zur Darstellung des Einflusses von z. B. Zugspannung, Temperatur und Zeit benötigt
man Zeitstanddiagramme (Bild 191). Hieraus können die Zeitdehngrenzen (Zugspannungen) für die gerade noch zulässigen bleibenden Dehnungen abgelesen
werden. Zusätzlich müssen allerdings verformungsbehindernde und verformungs-
steigernde Bedingungen berücksichtigt werden. Je geringer die Unterschiede

zwischen den Hauptnormalspannungen bei einem mehrachsigen, gleichsinnigen Spannungszustand sind, um so größer ist die Verformungsbehinderung und umgekehrt. In grober Näherung kann z. B. nach der Schubspannungshypothese die größte Hauptspannungsdifferenz als „Zugbeanspruchung σ" im Zeitstandschaubild eingesetzt werden, um die bleibende Längenänderung in Richtung der größten Hauptspannung zu ermitteln. Da die Rekristallisationsgeschwindigkeit durch vorangegangene Kaltverformung heraufgesetzt wird, ist dieser, das Kriechen verstärkende Effekt zu berücksichtigen. Auch deshalb werden warmbeanspruchte Werkstücke homogenisierend geglüht. Man sollte beachten, daß einige Gußwerkstoffe schon bei rel. niedrigen Temperaturen unter Beanspruchung kriechen. So z. B. Zink, aber auch durch Druckguß (Spritzguß) verarbeitete Thermoplaste [28]. Bei Thermoplasten, Gießharzen und Zink muß man das Zeit–Dehnverhalten bereits bei Raumtemperatur und Spannungen ab ca. 0,5 kp/mm² berücksichtigen. Unzulässige plastische Verformungen können nicht nur bei ruhender, sondern auch schwellender Beanspruchung auftreten. Soweit vorhanden, kann man dann die zulässigen Spannungen mit Hilfe von Zeit–Schwing-Schaubildern mit eingetragenen Dehngrenzen nach HAIGH ermitteln.

4.3 Festigkeit gegenüber zügiger Beanspruchung

Die Dimensionierung von Gußstücken, die hauptsächlich zügig beansprucht werden, erfolgt zwar zunächst meist im Hinblick auf zulässige elastische und oder plastische Verformungen, eine Nachrechnung gegen Bruch wird jedoch meist angeschlossen. Hierbei muß klar unterschieden werden zwischen zähen und spröden Gußstückstoffen. Die Grenze kann sehr grob bei einer Bruchdehnung $\delta_5 = 10\%$ gezogen werden. Der Einfluß der Zeit und der Temperatur sind aber zu beachten. Zunächst zähe Werkstoffe können nämlich im Laufe der Zeit bei der gegebenen Betriebstemperatur und Betriebsbeanspruchung verspröden. Im „thermischen Maschinenbau" ersieht man dies aus dem Zeitstandschaubild (Bild 191), im „kalten Maschinenbau" aus dem Bereich der Hochlage im Kerbschlagzähigkeits-Temperaturdiagramm, sowie aus dem Abfall der Kerbschlagbiegezähigkeit „künstlich gealterter" Proben. Es hat sich gezeigt, daß bei bestimmten Gußwerkstoffen, wie z. B. Zink, Zinklegierungen und Eisen–Graphit-Werkstoffen, die obere Übergangtemperatur (Übergang Steilabfall — Hochlage) an Schlagbiegeproben (ohne Kerbe) etwa gleich der an Kerbschlagbiegeproben ist. Soweit aus den Werk-

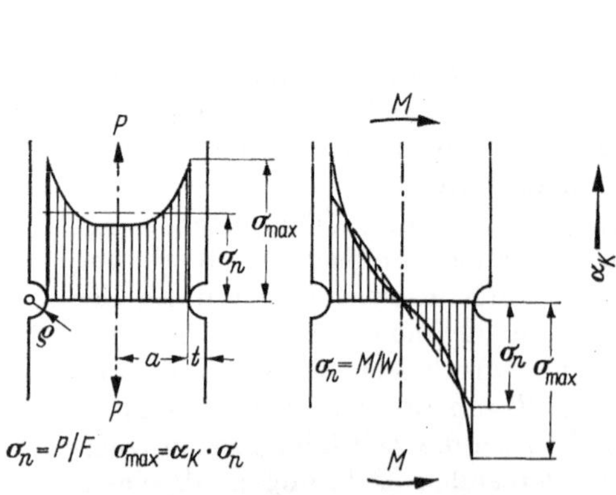

Bild 192. Spannungsverlauf bei rein elastischer Verformung an gekerbten Stäben bei Zug- und Biegebeanspruchung [31].

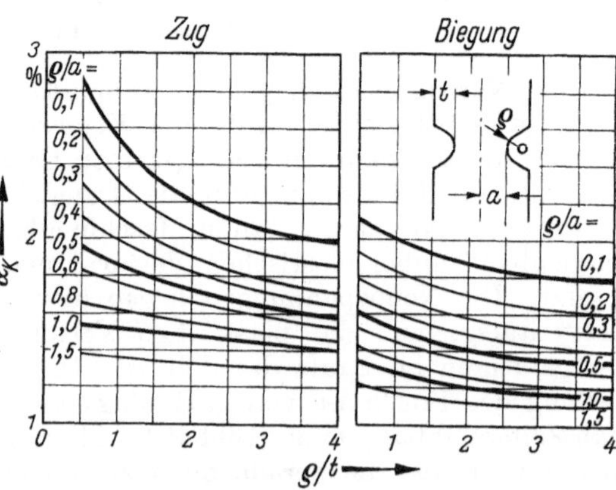

Bild 193. Formzahlen randgekerbter Flachstäbe bei Zug und Biegung. Nach M. M. FROCHT [31, 29.]

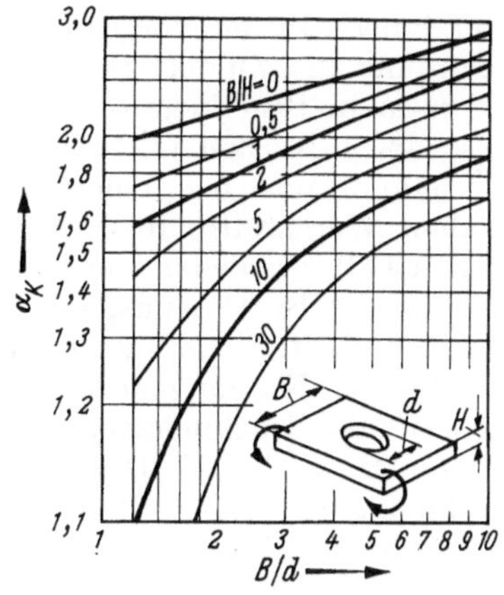

Bild 194. Formzahlen quergebohrter Flachstäbe
bei Biegung.
Nach Thum-/Sigwart/Holdt [31, 29].

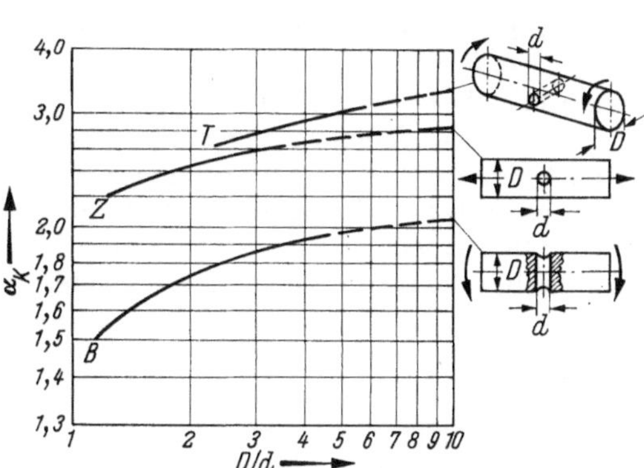

Bild 195. Formzahlen quergebohrter Rundstäbe bei Zug,
Biegung und Verdrehung.
Nach Thum/Sigwart/Holdt [31, 29].

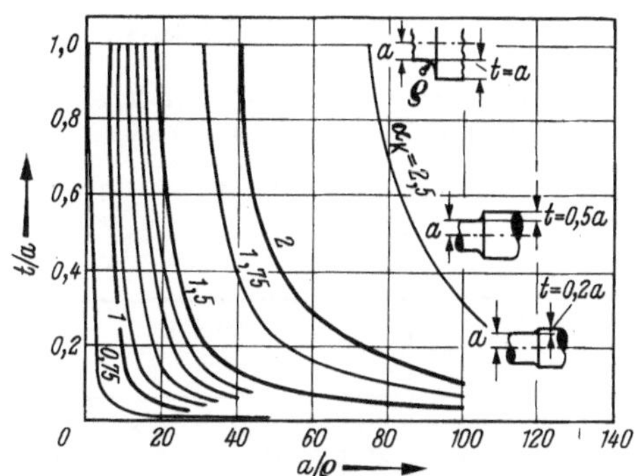

Bild 196. Formzahlen abgesetzter Wellen bei Verdrehung.
Nach C. Petersen [31, 29].

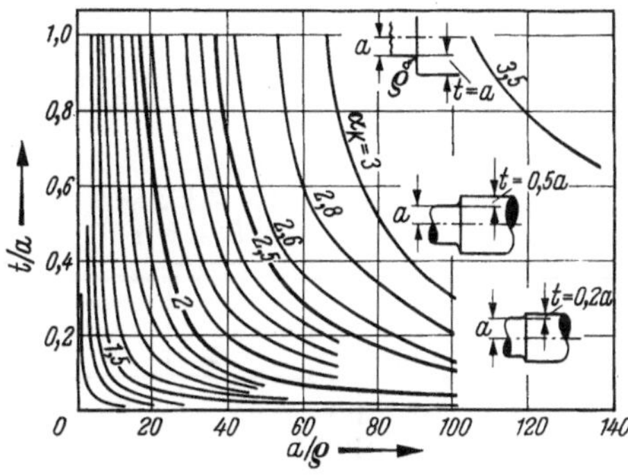

Bild 197. Formzahlen abgesetzter Wellen bei Biegung.
Nach C. Petersen [31, 29].

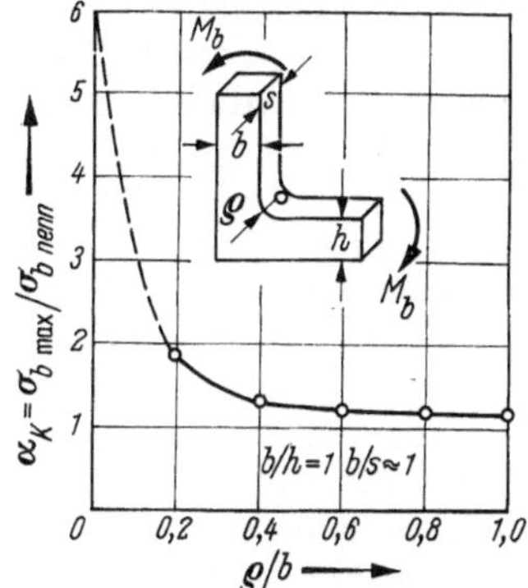

Bild 198. Formzahlen an Winkelecken bei Biegung.
Nach v. Widdern [33].

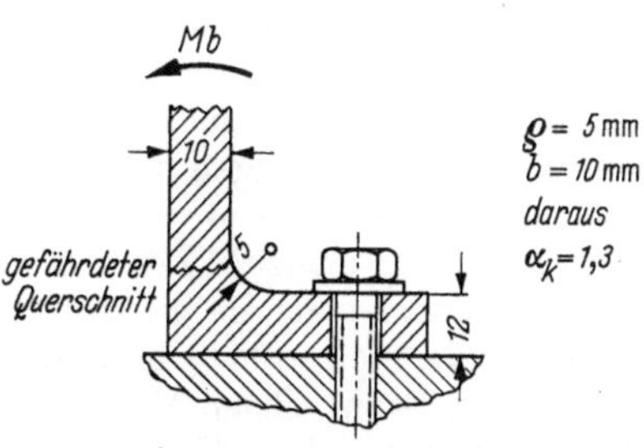

Bild 199. Formzahl eines biegebeanspruchten
geraden Flansches.

11 Hentze, Gußstücke

stoffkennwerten zu ersehen ist, daß der Werkstoff innerhalb der vorgesehenen Betriebszeit zäh ist, kann man als Bruchnennspannung die Zugfestigkeit einsetzen. Durch stets vorhandene äußere Kerben wird dann die Bruchnennspannung normalerweise nicht herabgesetzt. Da an allzu scharfen Kerben (z. B. Spitzkerben) bei überlagertem ungünstigem Spannungszustand (auch bei Schlagbeanspruchung) das „Verformungsvermögen" eines zähen Werkstoffes doch unzureichend sein kann, sollten derartige Kerben auf jeden Fall vermieden werden.

Werden rel. spröde Gußwerkstoffe eingesetzt, so ist die Bruchnennspannung an den gefährdeten Querschnitten kleiner als die Zugfestigkeit. Sie ist um so kleiner, je kleiner z. B. die Bruchdehnung des Werkstoffes ist. Nimmt man (sicherheitshalber) eine sehr kleine Bruchdehnung an, so ist die Bruchnennspannung $= \sigma_{zB}/\alpha_k$. α_k ist hierbei die Formzahl am gefährdeten Querschnitt. Die Formzahlen können der einschlägigen Literatur entnommen werden [29, 37]. Einige Formzahlen mögen als Beispiel angeführt werden (Bilder 192 bis 198). Ein nur auf Biegung beanspruchter gerader Flansch würde die in Bild 199 ermittelte Formzahl haben. Die Ausdehnung des Flansches kann nach [29] berücksichtigt werden. Für das gegebene Beispiel ist damit die Bruchbiegenennspannung $= = \sigma_{lB}/\alpha_k$. Wie ermittelt man nun die Biegefestigkeit σ_{bB}? Im Gegensatz zur Zugfestigkeit ist sie nicht nur werkstoff-, sondern auch formabhängig. Als Beispiel hierfür seien die Versuche an glatten, bearbeiteten Biegestäben aus GG nach UDE [30] angeführt. (Tab. 31). Daraus ist zu ersehen, daß das Verhältnis σ_{bB}/σ_{zB}

Tabelle 31. *Einfluß der Biegequerschnittsform auf das Verhältnis der Biegefestigkeit zur Zugfestigkeit für Gußeisen mit Lamellengraphit.* Nach H. UDE [30]

Querschnitt: 1 2 3 4
Gußabmessung: 30 ∅

Werkstoff	GG-18				GG-26			
Querschnitt	1	2	3	4	1	2	3	4
Zugfestigkeit σ_{zB} [kp/mm²]	19,2	19,5	18,6	20,2	29,5	28,8	29,8	29,0
Biegefestigkeit σ_{bB} [kp/mm²]	31,4	35,3	37,1	48,4	47,5	49,7	55,5	64,0
$\dfrac{\sigma_{bB}}{\sigma_{zB}}$	1,64	1,81	2,0	2,4	1,61	1,72	1,86	2,21

mit zunehmendem Elastizitätsmodul, mit zunehmendem Widerstandsmoment und wie andere Messungen gezeigt haben mit zunehmender Höhe des Biegequerschnittes kleiner wird und gegen 1 geht (es wird daran erinnert, daß hier nur von rel. spröden Werkstoffen gesprochen wird). Nimmt man als Werkstoff für den Flansch in Bild 199 GG-20 an, so wird σ_{bB} für einen 10 mm dicken Flachstab (angegossen an das Gußstück) etwa $1,8 \cdot \sigma_{zB}$, also $1,8 \cdot 22 = 39$ kp/mm². Daraus erhält man eine Bruchbiegenennspannung von ungefähr $39/1,3 = 30$ kp/mm². Für schubbeanspruchte Querschnitte gelten entsprechende Gesetzmäßigkeiten. Bei zusammengesetzter Beanspruchung kann mit einer geeigneten Vergleichsspannung und der ungünstigsten Formzahl gerechnet werden (genauere Methoden siehe [29]). Ab welcher Form und Größe müssen nun z. B. Oberflächenriefen bei der Ermittlung der Formzahl berücksichtigt werden? Grundsätzlich dann, wenn sie größer und schärfer als die inneren Kerben im Werkstoff sind [38]. So ergeben sich bei Graugußsorten oft erhebliche Unterschiede, je nachdem z. B. A- der D-Graphit (nach Stahl–Eisen-Prüfbl. 1560—57) entsprechender Größe vorliegt.

Nach der theoretischen Ermittlung der Bruchnennspannung zur Dimensionierung ist es ggf. zweckmäßig, ein fertiges Werkstück betriebsähnlich bis zum

Bruch zu belasten. Damit lassen sich dann die tatsächlichen Bruchnennspannungen bestimmen und die Konstruktion gegebenenfalls korrigieren. Soweit der Aufwand gerechtfertigt ist, sollten an den gefährdeten Stellen auch Dehnungsmessungen zur Bestimmung der Spannungsspitzen durchgeführt werden. Bei

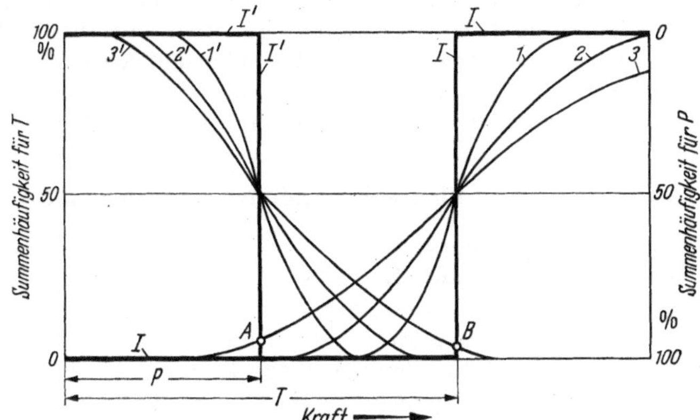

Bild 200. Summenhäufigkeit der Tragkraft und der Höchstlast bei unterschiedlichen Standardabweichungen (Streuungen) und gleichbleibendem Mittelwert (Zentralwert) beider Größen. Nach W. SPÄTH [34].
T Tragkraft (Zentralwert); P Höchstlast (Zentralwert); I, I' Summenlinie für T bzw. für P bei Streuungsfreiheit; 1 bis 3 Summenlinien für T bei verschiedener, endlich großer Streuung; 1' bis 3' Summenlinien für P bei verschiedener, endlich großer Streuung; A, B Schnittpunkt der Linie 3 mit der Linie I' bzw. der Linie 3' mit der Linie I.

sehr kostspieligen Werkstücken lohnen sich oft auch Modellversuche [32]. Bisher wurden Methoden zur Bestimmung der Bruchnennspannung angegeben. Wie hoch sollte nun die „zulässige Spannung" σ_{zul} (gegen Bruch) angesetzt werden? Sind für ein Gußstück die Tragkraft T (aus Bruchnennspannung) und die Höchst-

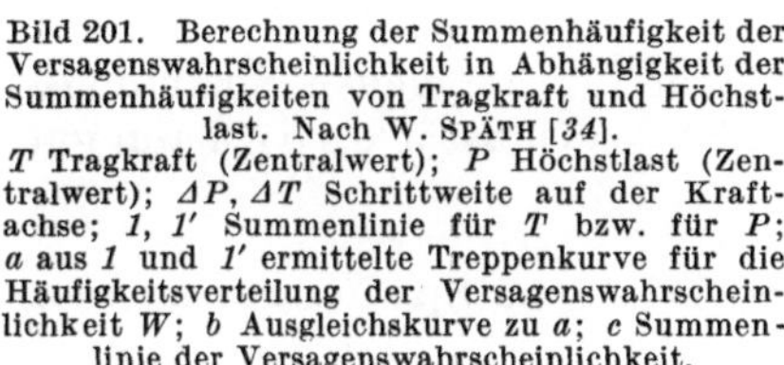

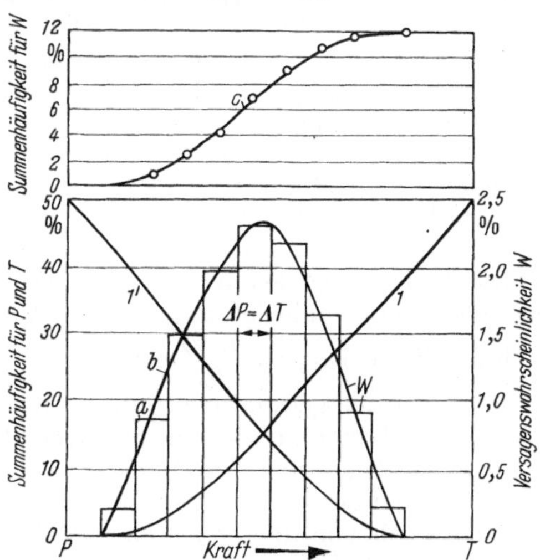

Bild 201. Berechnung der Summenhäufigkeit der Versagenswahrscheinlichkeit in Abhängigkeit der Summenhäufigkeiten von Tragkraft und Höchstlast. Nach W. SPÄTH [34].
T Tragkraft (Zentralwert); P Höchstlast (Zentralwert); ΔP, ΔT Schrittweite auf der Kraftachse; 1, 1' Summenlinie für T bzw. für P; a aus 1 und 1' ermittelte Treppenkurve für die Häufigkeitsverteilung der Versagenswahrscheinlichkeit W; b Ausgleichskurve zu a; c Summenlinie der Versagenswahrscheinlichkeit.

last P genau bekannt, so kann P fast so groß wie T sein (Bild 200, Linie I, I'). Die Sicherheit wäre dann 1, größer kann sie nicht werden. Der sogenannte Sicherheitskoeffizient $\nu = T/P$ oder Bruchnennspannung/Lastnennspannung ist hier etwas größer als 1 (leider wird ν nicht immer so angegeben, sondern als Verhältnis einer oft weit über der Bruchnennspannung liegenden Zugfestigkeit zur Lastnennspannung). Ist man sich dagegen wie üblich über Tragkraft und Höchstlast nicht

11*

ganz sicher, so kann man bei angenommener Gaußverteilung von T und P das Klassen- oder Summenhäufigkeitsbild für die Versagenswahrscheinlichkeit W konstruieren (Bilder 200 und 201). Im Beispiel ist also die Versagenswahrscheinlichkeit für eine größere Zahl von gleichen Werkstücken 0,12 und die Sicherheit 0,88. Dies Beispiel zeigt deutlich, daß ein großer Sicherheitskoeffizient zunächst ein Zeichen für die Höhe der Unsicherheit des Konstrukteurs über T und P ist (THUM soll gelegentlich auch den Ausdruck Unsicherheitskoeffizient gebraucht haben). Die Sicherheit kann trotzdem niedrig sein. Je genauer also T und P bekannt sind, um so kleiner kann ν bei einer bestimmten Sicherheit werden.

4.4 Festigkeit gegenüber schwingender Beanspruchung

Der Bruchwiderstand eines vorwiegend schwingend beanspruchten Bauteiles wird entweder Gestaltfestigkeit oder Betriebsfestigkeit genannt, je nachdem ob die Schwingungsbeanspruchung (z. B. σ_o, σ_u) über die geplante Lebensdauer konstant oder unregelmäßig ist. Das letztere ist normal. Zur Bestimmung der Betriebsfestigkeit werden fertige Bauteile oder ganze Baugruppen betriebsähnlicher Beanspruchung ausgesetzt und geprüft. Derartige Betriebsfestigkeitsuntersuchungen einschl. Beanspruchungsaufnahmen können normalerweise nur mit Hilfe besonders dafür eingerichteter Laboratorien durchgeführt werden [35]. Wird eine hohe Sicherheit verlangt, so sind derartige Untersuchungen unumgänglich. Bei nicht so hohen Sicherheitsansprüchen können schwingend beanspruchte Bauteile mit Hilfe von Regeln, die aus Gestaltfestigkeitsversuchen abgeleitet wurden, konstruiert werden.

Stellvertretend für die zahlreichen Beziehungen mögen anhand einer bekannten Formel die Stoff-, Gestalt- und Beanspruchungseinflüsse auf die Gestaltfestigkeit eines Gußstückes erörtert werden. Nimmt man an, daß das Gußstück gleichmäßig mit der höchsten, im Betrieb auftretenden Schwingungsbelastung beansprucht wird, so beträgt die Gestaltfestigkeit an einem bestimmten gefährdeten Querschnitt z. B. $\sigma_{Dg} = \sigma_m \pm \sigma_{Ag}$ entsprechend DIN 50100. Sinkt der gerade noch ertragene Spannungsausschlag nach der Grenzlastspielzahl 0,5 bis 10 mal 10^7 kaum noch ab, so nennt man ihn bei der Grenzlastspielzahl σ_A, bzw. σ_{Ag}. Das ist bei den meisten Metallen bei Raumtemperatur zulässig. Bei Kunststoffen und bei Metallen, beansprucht bei erhöhten Temperaturen ist statt σ_D, bzw. σ_A eine Zeitschwingfestigkeit nach DIN 50100 einzusetzen.

Die Ermittlung des gerade noch praktisch dauernd ertragenen Spannungsausschlages am gefährdeten (gekerbten) Querschnitt des Gußstückes σ_{Ag} kann gut nach der Formel $\sigma_{Ag} = \dfrac{b_1 \cdot \sigma_A}{\beta_K}$ erfolgen.

σ_A　ist darin der gerade noch praktisch dauernd ertragene Spannungsausschlag für Zug–Druck an glatten, polierten Proben.

b_1　berücksichtigt den Oberflächenzustand. b_1 ist zusätzlich abhängig von der Größe und Schärfe der inneren Kerben im Gefüge des Werkstoffes. Weiterhin auch noch von der Zähigkeit des Grundgefüges. Für sehr feinkörnigen, gewalzten Stahl ($E_0 = 2,1 \cdot 10^4$ kp/mm²) gilt etwa nach Lehr das Bild 202. Grauguß mit nicht zu feinem A-Graphit ($0,8 \cdot 10^4 < E_0 < 1,3 \cdot 10^4$ kp/mm²) hat bei gegossener oder grob geschlichteter Oberfläche ungefähr $b_1 = 0,9$. Für rel. zum Stabstahl grobkörnigen Stahlguß werden fast die gleichen Werte erreicht.

β_K　könnte für quasihomogene und quasiisotrope Werkstoffe näherungsweise nach SIEBEL-STIELER oder nach PETERSEN ermittelt werden. Hier wird die

Methode nach PETERSEN [37, 38] angegeben, da nach SIEBEL-STIELER die
Werte für Eisen–Graphit-Werkstoffe bei kleinem bezogenen Spannungsgefälle
χ zu ungenau sind (im Prinzip sind beide Methoden gleichwertig).

$$\beta_K = \alpha_K \frac{1 + \sqrt{\varrho^* \cdot \chi_{\text{glatt}}}}{1 + \sqrt{\varrho^* \cdot \chi_{\text{gekerbt}}}}$$

Der Radius der Ersatzkerbe ϱ^* ist eine stoffabhängige Rechengröße, die
Bild 203 zu entnehmen ist. Sie hängt in starkem Maße von der Korngröße
oder der Größe von Einschlüssen, die dem Grundgefüge artfremd sind, ab.
Relativ grobkörniger Stahlguß wird im Diagramm durch eine Gerade zu
berücksichtigen sein, die näher zur oberen Geraden liegt. Wie schon ange-

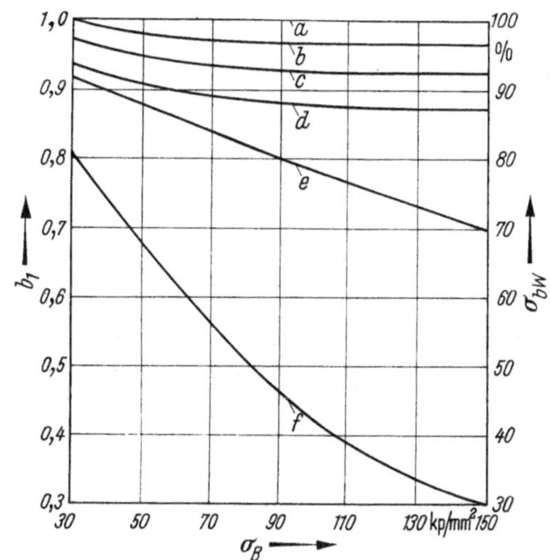

Bild 202. Beiwert b_1 für die Oberflächengüte am gefährdeten Querschnitt. Nach E. LEHR [36].
a Probestab, feinpoliert ($R_p = 0 \ldots 1\,\mu$); b feingeschliffen
($R_p = 1,5 \ldots 2\,\mu$); c mittelfein geschliffen ($R_p = 2,5 \ldots 6\,\mu$);
d geschlichtet ($R_p = 6 \ldots 16\,\mu$); e geschruppt; f mit Walzhaut.

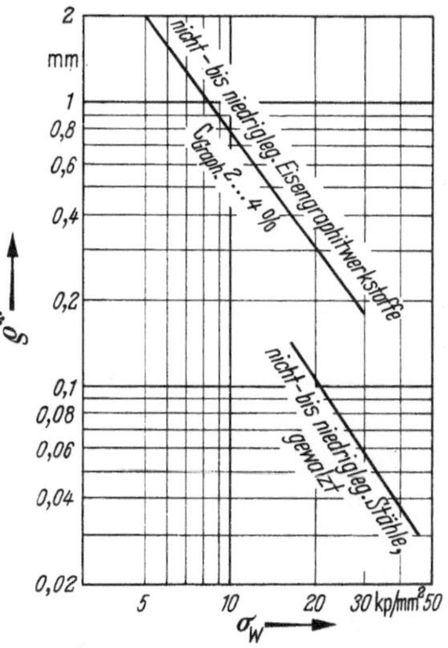

Bild 203. Radius ϱ^* der Ersatzkerbe in Abhängigkeit
von der Wechselfestigkeit σ_w für Zug-Druck.
Nach C. PETERSEN, ergänzt [37, 38].

gebene Stoffwerte zeigen, sind die ϱ^*-Werte für Eisen–Graphit-Werkstoffe mit
höherem σ_W ($E_{0\,zug} > 1,4 \cdot 10^4\,\text{kp/mm}^2$) etwas zu niedrig. Die Gerade für
Eisen–Graphit-Werkstoffe müßte also etwas flacher und damit günstiger ver-
laufen. Da aber ϱ^*-Werte für Eisen–Graphit-Werkstoffe mit extrem feiner
Graphitausbildung eher etwas niedriger liegen, wird die Geradensteigung
belassen. Das bezogene Spannungsgefälle $\chi = \dfrac{1}{\sigma} \cdot \dfrac{d\sigma}{dx}$ wird angenähert in
Bild 204 dargestellt.

Die zulässige Spannung im gefährdeten Querschnitt wird unter Berücksichtigung des sogenannten Sicherheitskoeffizienten ν niedriger gewählt. Hierbei berücksichtigt man jetzt nicht nur die Unsicherheit über die Höchstlast P und die
Tragkraft T, sondern auch den prozentualen Anteil der Anzahl der Höchst-
spannungsausschläge an der Gesamtzahl der Spannungsausschläge (Bild 205).
Bei besonders großer Unsicherheit über die Lastspitzen P berücksichtigt man
noch die Stoßzahl φ (Tab. 32). Damit ergibt sich die Formel für den zulässigen
Spannungsausschlag $\sigma_{A\,zul} = \dfrac{b_1 \cdot \sigma_A}{\beta_K \cdot \nu \cdot \varphi}$ bei der Mittelspannung σ_m. Zu beachten ist
hierbei, daß die zulässige Spannung nur für den zugrunde gelegten gefährdeten

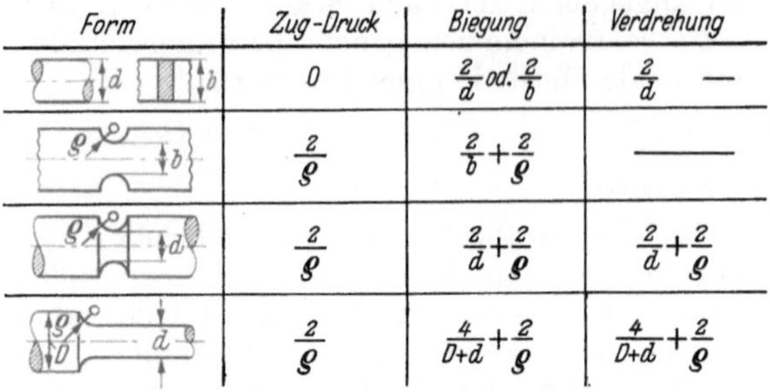

Bild 204. Näherungsformeln zur Bestimmung des bezogenen Spannungsgefälles. Nach SIEBEL/PFENDER [39, 29].

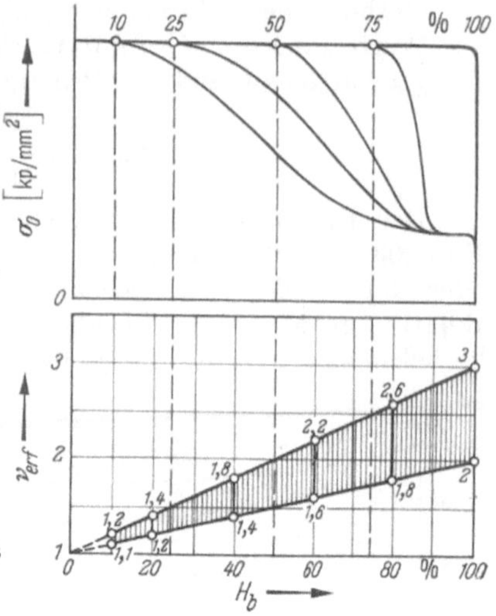

Bild 205. Sicherheitskoeffizient ν in Abhängigkeit der Häufigkeit der Höchstbeanspruchung, z. B. σ_0. Nach R. HÄNCHEN [36].

Tabelle 32. *Stoßzahlen* ψ. Nach R. HÄNCHEN [36]

Nr.	Maschinenart	Art der Stöße	Stoßzahl φ
1	Umlaufende Maschinen (Dampf- und Wasserturbinen, Verdichter), Schleifmaschinen, Elektrische Maschinen	leicht	1,0⋯1,1
2	Kolbenmaschinen (Dampf- und Brennkraftmaschinen, Pumpen, Verdichter), Hobelmaschinen, Stoßmaschinen.	mittelstark	1,2⋯1,5
3	Schmiedepressen (Spindel- und Gesenkpressen), Abkantpressen, Profileisenscheren, Lochmaschinen, Ziehbänke, Kollergänge	stark	1,6⋯2,0
4	Mechanische Hämmer, Walzwerksmaschinen, Steinbrecher	sehr stark	2⋯3

Querschnitt gilt. Hat ein Bauteil mehrere gefährdete Querschnitte, so muß für jeden dieser Querschnitte die zulässige Spannung bestimmt werden. Die oben angeführte Beziehung gilt umgewandelt auch für Biegung, bzw. Verdrehung:

$$\sigma_{bA\,zul} = \frac{b_1 \cdot \sigma_{bA}}{\beta'_K \cdot \nu \cdot \varphi}$$

$$\tau_{tA\,zul} = \frac{b_1 \cdot \tau_{tA}}{\beta''_K \cdot \nu \cdot \varphi}$$

Die β_k-Werte sind dann für die jeweilige Beanspruchungsart neu auszurechnen. $\tau_{A(\chi=0)}$ kann entweder sehr grob $\tau_{A(\chi=0)} \approx \frac{\sigma_A}{\sqrt{3}}$ oder etwas besser mit Hilfe der Beziehung $\tau_{A(\chi=0)} \approx \frac{\tau_{tA}}{1+\sqrt{\varrho^* \cdot \chi_{glatt}}}$ aus einer gemessenen Verdrehungsschwingfestigkeit $\tau_{tD} = \tau_{tm} \pm \tau_{tA}$ ermittelt werden. Ebenso ist σ_A aus der Beziehung

$$\sigma_{Ag} = \frac{\sigma_A}{\alpha_K}\,(1+\sqrt{\varrho^* \cdot \chi}) \cdot b_1$$

zu ermitteln [37, 38]. Bei zusammengesetzter Beanspruchung muß mit einer geeigneten Vergleichsspannung und der dazugehörigen Kerbwirkungszahl gerechnet werden.

Als Anwendungsbeispiel für dieses Näherungsverfahren soll wieder der Flansch nach Bild 199 dienen.

Beanspruchung: schwellend um $\sigma_{bm} = 10$ kp/mm²

Werkstoff: GG-20 entsprechender Wanddicke.

$$\sigma_{bW} = \pm\, 10 \text{ kp/mm}^2 \text{ bei } 6{,}74 \text{ mm Probendurchmesser}$$

$$\sigma_{bD} = 10 \pm 7{,}5 \text{ kp/mm}^2 \text{ bei } 6{,}74 \text{ mm Probendurchmesser}$$

daraus $\quad \sigma_A = \dfrac{\sigma_{bA}}{1 + \sqrt{\varrho^* \cdot \chi}} = \dfrac{7{,}5}{1 + \sqrt{1{,}4\cdot 0{,}3}} = 4{,}5\,\dfrac{\text{kp}}{\text{mm}^2}$ [ϱ^* für geschätzte $\sigma_W = 6{,}6$

Kontrolle oder Iteration:

$$\sigma_{bW} = \sigma_W\,(1 + \sqrt{\varrho^* \cdot \chi}) = 6{,}6\,(1 + \sqrt{1{,}4\cdot 0{,}3}) = 10{,}9\,\frac{\text{kp}}{\text{mm}^2}\ \text{bei } 6{,}74\,\text{mm}$$

Probendurchmesser

Der Fehler beträgt 9%. Er wird belassen.

daraus $\quad \sigma_{bA} = \sigma_A\,(1 + \sqrt{\varrho^* \cdot \chi}) \quad$ für 10 mm Wanddicke

$$= 4{,}5\,(1 + \sqrt{1{,}4 \cdot 0{,}2}) \qquad\qquad \text{,,}$$

$$= 6{,}9 \text{ kp/mm}^2 \qquad\qquad\qquad \text{,,}$$

Gestaltfestigkeit: $\qquad \beta_K = 1{,}3\,\dfrac{1 + \sqrt{1{,}4\cdot 0{,}2}}{1 + \sqrt{1{,}4\cdot 0{,}6}} = 1{,}04$

$$\underline{\sigma_{bAg}} = \frac{b_1 \cdot \sigma_{bA}}{\beta_K} = \frac{0{,}9 \cdot 6{,}9}{1{,}04} = \underline{6 \text{ kp/mm}^2}$$

zweiter Lösungsweg:

$$\sigma_{bAg} = \frac{\sigma_A}{\alpha_K}\,(1 + \sqrt{\varrho^* \cdot \chi}) \cdot b_1$$

$$\underline{\sigma_{bAg}} = \frac{4{,}5}{1{,}3}\,(1 + \sqrt{1{,}4 \cdot 0{,}6}) \cdot 0{,}9 = \underline{6 \text{ kp/mm}^2}$$

damit $\qquad \underline{\underline{\sigma_{bDg} = 10 \pm 6 \text{ kp/mm}^2}}$

Dieses Ergebnis stimmt gut mit Meßergebnissen überein [40].

Die angegebenen Beziehungen über die Umrechnung von Schwingungsfestigkeiten an Proben zu solchen an ggf. größeren Gußstücken gelten nur bei vollkommen gleichen Werkstoffeigenschaften. Das bedeutet, daß man praktisch nur Kennwerte von angegossenen Proben hier einsetzen darf. Diese Voraussetzung ist meistens nicht gegeben. Mit Hilfe der im Werkstoffkapitel angegebenen Beziehungen kann man aber näherungsweise umrechnen.

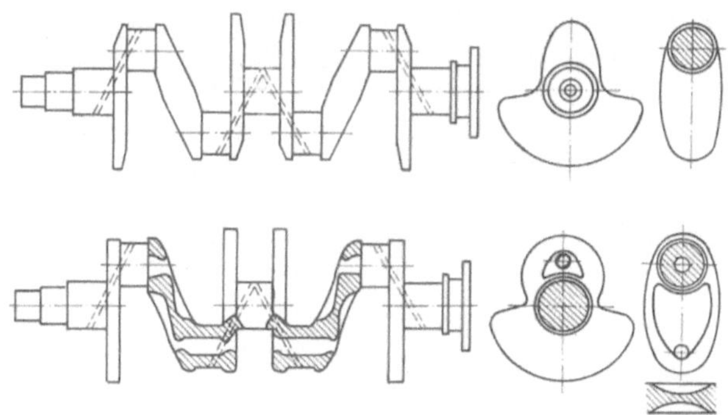

Bild 206. Umkonstruktion einer geschmiedeten Stahlkurbelwelle zu einer entsprechenden Gußeisenkurbelwelle. Nach K. BANDOW [11].

Zur Minderung des Gewichtes und der Kosten können gerade bei Gußkonstruktionen die Möglichkeiten zur Erhöhung der Gestaltfestigkeit voll ausgenutzt werden. Beispielgebend für gestaltfestigkeitsgerecht konstruierte Gußkonstruktionen sind u. a. Kurbelwellen (Bilder 206, 207). Hierbei ist auch auf Steifigkeit gegenüber Verdrehung zu achten. Durch Wahl geeigneter Gußstückstoffe ist es sogar unter Beibehaltung der Form möglich, kritischen Drehzahlen auszuweichen. In Bild 208 ist dies für eine Kurbelwelle ähnlich Bild 207 aus GG über GTS und GGG bis GS dargestellt.

Eine weitere Möglichkeit zur Erhöhung der Gestaltfestigkeit besteht in der Oberflächenbehandlung durch Nitrieren, Flammen- bzw. Induktionshärten, Ein-

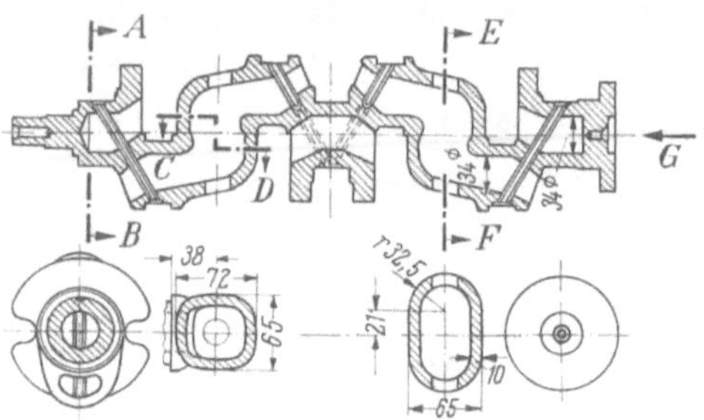

Bild 207. Gußkurbelwelle für Ford-PKW aus GGG.

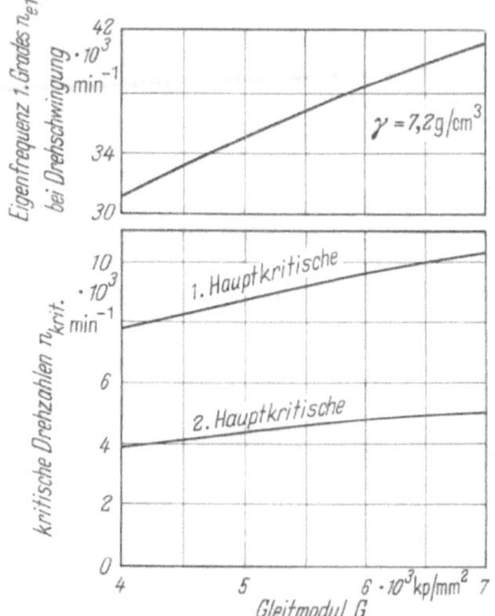

Bild 208. Eigenfrequenz und kritische Drehzahl einer Gußkurbelwelle in Abhängigkeit vom Gleitmodul des Gußwerkstoffes.

satzhärten und Prägepolieren [41]. Richtig angewandt mindern diese Verfahren Spannungsspitzen an äußeren Kerben durch Überlagerung von Druckeigenspannungen. Hierbei ist allerdings Voraussetzung, daß die Druckeigenspannungszone tiefer ist als die Ausdehnung der größten inneren Kerben im Werkstoffgefüge. Diese Druckeigenspannungszone sollte jedoch 10% der Wanddicke im allgemeinen nicht überschreiten [42].

Korrosion kann eine erhebliche Minderung der Gestaltfestigkeit zur Folge haben. Die Dauer eines ausreichenden Korrosionsschutzes muß also mit der Lebensdauer des Bauteiles in Einklang gebracht werden. Vor allem verursacht durch galvanische Verfahren ist ggf. eine Erhöhung der Kerbwirkungszahl zu berücksichtigen (z. B. bei der Hartverchromung).

Schließlich sollte angefügt werden, daß bei schwingungsbeanspruchten Gußstücken sich Gußfehler stark auswirken können. Mikrolunker sind wegen ihrer Kerbschärfe besonders gefährlich. Der zerstörungsfreien Prüfung kommt damit bei der Fertigungskontrolle erhebliche Bedeutung zu.

Literaturverzeichnis

Lehr- und Handbücher

[1] Handbuch der Gießerei-Technik, hrsg. von F. Roll, Bd. I u. II, Berlin/Göttingen/Heidelberg: Springer 1959, 1960 u. 1963.

[2] DIN-Taschenbuch Nr. 4 A, hrsg. vom Deutschen Normenausschuß, Berlin u. Köln: Beuth-Vertrieb 1964.

[3] DIN-Taschenbuch Nr. 4 B, hrsg. vom Deutschen Normenausschuß, Berlin u. Köln: Beuth-Vertrieb 1963.

[4] Gußfehler-Atlas, hrsg. vom Verein Deutscher Gießereifachleute, Bd. I u. II, Düsseldorf: Gießerei-Verlag 1955 u. 1956.

[5] Piwowarsky, E.: Hochwertiges Gußeisen (Grauguß), 2. Aufl. (2. Neudruck), Berlin/Göttingen/Heidelberg: Springer 1961.

[6] Gußeisen-Handbuch (The Gray Iron Castings Handbook), bearbeitet von W. Patterson, Düsseldorf: Gießerei-Verlag 1963.

[7] Werkstoff-Handbuch Nichteisenmetalle, hrsg. von der Deutschen Gesellschaft für Metallkunde und dem Verein Deutscher Ingenieure, Düsseldorf: VDI-Verlag 1960.

[8] Konstruieren und Gießen, hrsg. vom Verein Deutscher Ingenieure und vom Verein Deutscher Gießereifachleute 1957.

[9] Doliwa, H. U.: Gegossene Werkstücke, München: Hanser 1960.

[10] v. Reimer, V.: Druckguß, München: Hanser 1959.

[11] ZGV-Mitteilungen und ZGV-Nachrichten, hrsg. von der Zentrale für Gußverwendung.

[12] VDI-Handbuch Betriebstechnik, hrsg. vom Verein Deutscher Ingenieure, VDI-Fachgruppe Betriebstechnik (ADB), ab 1960.

Einzelveröffentlichungen

[13] Pahl, G.: Konstruktionstechnik im thermischen Maschinenbau. Konstruktion (1963) H. 3, S. 91—98.

[14] Patterson, W., S. Engler u. W. Risch: Größe und Aufteilung des Volumendefizits bei Platten aus Stahlguß. Gießerei (1963) H. 24, S. 737—748.

[15] Gießerei-Kalender 1955 bis 1965.

[16] Schmidt, G.: Gießgerechtes Konstruieren beim Stahlformguß. Gießerei, Sonderausgabe Konstrukteur u. Gießer 1951, S. 41—47.

[17] Konstruktionshinweise des Metallwerkes der Fa. Robert Bosch GmbH für Sandguß, Kokillenguß und Druckguß 1963.

[18] Lieby, G.: Gießtechnik bei Metallen und Kunststoffen (Druckguß-Spritzguß). Gießerei (1964) H. 9, S. 245—254.

[19] Wittmoser, W.: Stranggießen von Gußeisen. Gießerei (1956) H. 18, S. 473—485.

[20] Hucks, H.: Zerspanungskräfte und Werkstoffmechanik. Fortschrittliche Fertigung und moderne Werkzeugmaschinen 1957, S. 73—80.

[21] Weber, G.: Beitrag zur Analyse des Standzeitverhaltens. Fortschrittliche Fertigung und moderne Werkzeugmaschinen 1957, S. 80—90.

[22] Wiest, P.: Die Bearbeitbarkeit des Werkstückstoffes. VDI-ADB-Lehrgang: Zerspanung von Stahl und Gußeisen, Stuttgart 1960.

[23] Beutel, H.: Die Auswirkung der Zerspanungsforschung auf den Aufbau der Hartmetalle und deren Zuordnung zur Zerspanungsaufgabe im Spiegel des ISO-Ordnungssystemes. Maschinenmarkt (1960) H. 11, S. 35—36 und H. 19, S. 35—41.

[24] Altenwerth, F.: Warum Schneidkeramik und wann erfolgt zweckmäßig ihr Einsatz? Werkstatt u. Betrieb (1960) H. 7, S. 432—436.

[25] Kerbusch, J.: Anwendung der Zerspanungsprüfung auf eine wirtschaftliche Fertigung. VDI-ADB-Lehrgang: Zerspanung von Stahl und Gußeisen, Stuttgart 1960.

[26] Bühler, H., u. H. G. Pfalzgraf: Einfluß einer Langzeitlagerung auf die Eigenspannungen in Gußeisen. Gießerei (1963) H. 26, S. 797—802.

[27] Wiegand, H., u. H. Huff: Dauerhaltbarkeit warmgeschweißter Bauteile aus grauem Gußeisen. Konstruktion (1964) H. 6, S. 205—207.

[28] Ruttmann, W.: Dauerstand-Zugfestigkeit von Zinkdrähten. Forsch. Ing.-Wes. (1941) H. 4, S. 186—195.

[29] Thum, A., C. Petersen u. O. Svenson: Verformung, Spannung und Kerbwirkung, Düsselforf: VDI-Verlag 1960.

[30] Ude, H.: Zur Kenntnis der mechanischen Eigenschaften des Gußeisens, Dissertation, Düsseldorf: Gießerei-Verlag 1930.

[31] Amedick, E.: Einfluß der Form auf die Dauerhaltbarkeit von Schmiedestücken, insbesondere Kurbelwellen. Technische Blätter Wuppermann 3 (1958).

[32] Handbuch der Spannungs- und Dehnungsmessung, hrsg. von K. Fink u. C. Rohrbach, Düsseldorf: VDI-Verlag 1958.

[33] Thum, A.: Feindehnungsmessungen und Dauerprüfungen an Flanschen als Grundlage für eine Flanschberechnung. Maschinenelementetagung Düsseldorf 1938, Tagungsbericht (VDI-Verlag).

[34] Späth, W.: Sicherheit und Lebensdauer von Bauteilen, Teil 1 u. 2. VDI-Z. (1964) H. 1 u. 2.

[35] Gassner, E., u. G. Jakoby: Experimentelle und rechnerische Lebensdauerbeurteilung von Bauteilen mit Start-Lande-Lastwechsel. Luftfahrttechnik-Raumfahrttechnik (1965) H. 6, S. 138—148.

[36] Hänchen, R.: Neue Festigkeitsberechnung für den Maschinenbau, München: Hanser 1956.

[37] Sigwart, H.: Werkstofftechnische Grundlagen der Konstruktion, in Dubbels Taschenbuch für den Maschinenbau, 12. Aufl. (2. Neudruck), hrsg. von F. Sass, Ch. Bouché u. A. Leitner, Bd. I, Berlin/Heidelberg/New York: Springer 1966, S. 491—510.

[38] Petersen, C.: Die Vorgänge im zügig und wechselnd beanspruchten Metallgefüge III. Metallkunde 42 (1951) H. 6, S. 161—170.

[39] Köhler/Rögnitz: Maschinenteile, Teil 1, Stuttgart: Teubner 1960, S. 18.

[40] Thum, A.: Das Gußeisen und seine heutige Stellung als Konstruktionswerkstoff. Internationaler Gießereikongreß Düsseldorf 1936 (Sonderdruck Gießerei-Verlag).

[41] Wiegand, H.: Wechselfestigkeit und Oberflächenbeschaffenheit metallischer Werkstoffe. Jahrbuch der Oberflächentechnik 15 (1959) 25—50.

[42] Wiegand, H., u. H. Hentze: Dauerschwingfestigkeit und Verschleißverhalten von salzbadnitrierten Zahnrädern aus Gußeisen mit Kugelgraphit. Metalloberfläche (1959) H. 8, S. 238—242.

[43] Wiegand, H.: Welche Eigenschaften machen das Kugelgraphitgußeisen zu einem wertvollen Konstruktionswerkstoff? Werkstatt u. Betrieb (1956) H. 5, S. 253—257.

[44] Wiegand, H.: Eisen-Kohlenstoff-Gußlegierungen als Konstruktionswerksztoff, Guß im Fahrzeugbau, S. 13—29, hrsg. von der Zentrale für Gußverwendung 1960.

[45] Hentze, H.: Grauguß, Temperguß, Kugelgraphitguß — Übersichtliche Darstellung der Festigkeitseigenschaften für den Konstrukteur. Kalender Werkstatt u. Betrieb 1960, S. 237—246.

[46] Wiegand, H., u. H. Hentze: Gefügeaufbau und Festigkeitseigenschaften von Eisen-Graphit-Werkstoffen. Industrieblatt (1960) H. 2, S. 66—74.

[47] Wiegand, H., u. H. Huff: Der Spannungszustand unter dem Einfluß innerer Kerben in den Eisen-Graphit-Werkstoffen. Materialprüfung (1965) H. 3, S. 81—112.

[48] Pohl, D., u. D. Holzwarth: Metallographische Untersuchungen zur Wechselfestigkeit von Gußeisen mit Kugelgraphit. Gießerei, techn. -wiss. Beihefte (1964) H. 2, S. 111—116.

[49] Hentze, H.: Mechanische Eigenschaften von Grauguß, Temperguß, Kugelgraphitguß. Werkstattblatt 284/285 (1960).

[50] Wiegand, H., u. H. Hentze: Bestimmung von Werkstoffkennwerten an Eisen-Graphit-Werkstoffen mit Ultraschall. Metall (1959) H. 12, S. 1110—1113.

[51] Thum, A., u. C. Petersen: Die Vorgänge im zügig und wechselnd beanspruchten Metallgefüge II. Betrachtungen zur Dämpfungsfähigkeit. Z. Metallkd. (1942) H. 2, S. 39—46.

[52] Patterson, W., u. W. Iske: Zusammenhang zwischen den mechanischen Eigenschaften im Gußstück und im getrennt gegossenen Probestab. Gießerei, techn.-wiss. Beihefte (1958) H. 22, S. 1147—1169.

[53] Unterlagen der Metallgesellschaft AG.

[54] Hagen, J.: Konstruktions- und Modellgestaltung. Gießerei, Sonderausgabe Konstrukteur u. Gießer 1951, S. 79—84.

[55] Hentze, H.: Glühen und Härten von Eisen-Graphit-Werkstoffen. Industrie-Anzeiger (1960) H. 92, S. 1579—1582.

[56] Wiegand, H., u. H. Hentze: Gefügeveränderungen bei der Wärmebehandlung von Eisen-Graphit-Werkstoffen. Gießerei, techn.-wiss. Beihefte (1960) H. 29, S. 1629—1638.

[57] Die Ni–Resist-Gußeisenwerkstoffe, hrsg. vom Nickel-Informationsbüro 1961.

[58] Atlas zur Wärmebehandlung der Stähle, hrsg. vom Max-Planck-Institut für Eisenforschung (ab 1954).

[59] ZEUNER, H.: Guß-Verbund-Schweißung. Der Guß und seine Verwendung, H. 9, hrsg. von der Zentrale für Gußverwendung 1961.

[60] ROESCH, K., u. H. ZEUNER: Der Einfluß von Molybdän auf das Gefüge und die mechanischen Eigenschaften bei hoher Temperatur in gegossenen, hochwarmfesten Nickel-Chrom-Legierungen. Gießerei (1959) H. 9, S. 202—215.

[61] THUM, A., u. K. RICHARD: Versprödung und Schädigung warmfester Stähle bei Dauerstandbeanspruchung. Arch. Eisenhüttenw. (1941/42) H. 1, S. 33—45.

[62] Aluminium, Lehrheft 1, hrsg. von der Aluminiumzentrale 1960.

[63] JAKOBY, G.: Beitrag zur Verformung metallischer Werkstoffe bei kombinierter Temperatur-, Dauerstand- und Schwingbeanspruchung. Materialprüfung (1964) H. 4, S. 113—122.

[64] BEUTEL, H.: Grundsätzliche Gesichtspunkte zur Anwendung des ISO-Ordnungssystems für Hartmetalle der Zerspanung. Technische Mitteilungen (1959) H. 6, S. 218—228.

[65] Der verschleißfeste Werkstoff Ni-Hard, hrsg. vom Nickel-Informationsbüro 1961.

[66] WITTMOSER, A.: Über das Vollformgießen mit vergasbaren Modellen. Gießerei (1963) H. 17, S. 506—517.

[67] PIPER, H.: Die Verwendung von Schaumstoffmodellen für die Herstellung von Zementsandformen. Gießerei (1964) H. 26, S. 805—814.

[68] EPPSTEIN, H.: Über den Einsatz von Modellen aus Schaumstoff. Gießerei (1964) H. 26, S. 814—816.

[69] RINESCH, R. F., G. KASPAR u. M. KUPPE: Die Bedeutung des LD Verfahrens für die Stahlgußerzeugung. Gießerei (1965) H. 15, S. 471—479 und H. 16, S. 485—493.

[70] CASPERS, K. H.: Untersuchungen zur Gütesicherung beim Erschmelzen von Gußeisen mit Lamellengraphit im Kupolofen. Gießerei (1965) H. 15, S. 461—470.

[71] REIMERS, H.: Betriebserfahrungen mit einer Mittelfrequenz. Induktionsofenanlage zum Schmelzen von Temperguß. Gießerei (1965) H. 4, S. 95—101.

[72] SCHMID, E.: Bedeutung der Energieeinstrahlung für die plastische Verformung von Metallen. Materialprüfung (1962) H. 8, S. 274—283.

[73] JESPER, H., u. G. GRÜTZNER: Nichtrostende Chrom–Nickel-Stähle und Nickellegierungen im Reaktorbau. Nickel-Berichte (1964) H. 6/7/8, S. 195—201 u. 239—242.

[74] GIESEN, K.: Anwendungsgebiete für Molybdän-Metall. Molybdän-Dienst (1961) H. 10, S. 9.

[75] Stahlguß für Atomkraftwerke. Sonderdruck der Fa. Georg Fischer AG 1966.

[76] Feinguß, hrsg. vom Fachausschuß Feinguß im Verein Deutscher Gießerei-Fachleute e.V. 1965 (Sonderdruck).

[77] BERTRAM, E.: Niederdruck-Gießverfahren für Leichtmetallegierungen. Sonderdruck der Fa. Karl Schmidt GmbH.

[78] WIEGAND, H., u. H. HUFF: Spannungszustand und Spannungsverlauf in heterogenen Werkstoffen. Gießerei, techn.-wiss. Beihefte (1966) H. 1, S. 31—46.